机械类“3+4”贯通培养系列教材

先进制造技术

主　编　彭子龙　王　飞

副主编　姜芙林　刘庆玉　魏云玲

科学出版社

北　京

内 容 简 介

本书是按照高等学校机械类“3+4”贯通培养的本科专业规范、培养方案和课程教学大纲的要求，结合山东省本科教学质量与教学改革工程项目，在作者所在学校的教育教学改革、课程改革经验的基础上编写而成的。

全书主要内容包括先进特种加工技术、自动化制造技术以及先进机器人技术三部分，具体涉及特种加工、自动化制造系统、柔性制造系统、增材制造技术以及机器人技术。每章后面附有一定数量的思考题。本书在教学内容上针对不同的专业进行了适当的取舍，理顺了与前导课、后续课程之间相互支撑与依托的关系，落实了知识盲点的讲解。本书重视学生获取知识、分析问题及解决工程技术问题能力的培养，特别注重学生工程素质及其应用与创新能力的提高。为此，本书内容既注重理论密切联系生产实际，又结合生产实际进行了具体案例的解释。

本书可作为高等学校机械类、近机类各专业的教材，也可作为高职类工科院校及机械工程技术人员的学习参考书。

图书在版编目(CIP)数据

先进制造技术/彭子龙，王飞主编. —北京：科学出版社，2020.6
(机械类“3+4”贯通培养系列教材)
ISBN 978-7-03-064811-2

Ⅰ. ①先… Ⅱ. ①彭… ②王… Ⅲ. ①机械制造工艺-高等学校-教材
Ⅳ. ①TH16

中国版本图书馆 CIP 数据核字(2020)第 060597 号

责任编辑：邓 静 张丽花 / 责任校对：王 瑞
责任印制：吴兆东 / 封面设计：迷底书装

科 学 出 版 社 出版
北京东黄城根北街 16 号
邮政编码：100717
http://www.sciencep.com
北京盛通数码印刷有限公司印刷
科学出版社发行 各地新华书店经销
*
2020 年 6 月第 一 版 开本：787×1092 1/16
2024 年 8 月第四次印刷 印张：10 3/4
字数：275 000

定价：59.00 元
(如有印装质量问题，我社负责调换)

机械类“3+4”贯通培养系列教材

前　言

“先进制造技术”课程是高等工科院校机械类、近机类各专业的重要专业类课程，本课程注重培养学生对先进特种加工工艺方法、自动化装备、增材制造模式及机器人技术等先进制造技术的理解，在扩展其专业领域能力、综合设计能力和工程实践能力等方面占有重要地位。本课程的目的是通过课堂教学、实验教学和相关教学项目研究等，使学生获得先进制造工艺及装备技术方面的基本知识，培养学生在机械设计和制造中进行先进制造技术综合应用的能力，支撑专业学习成果中相应指标点的达成。

本书根据高等学校机械类“3+4”贯通培养“先进制造技术”课程教学大纲要求，按照近几年的全国高等学校教学改革的有关精神，结合作者多年教学实践并参照国内外有关资料和书籍编写而成。全书突出体现出以下几个特点。

(1) 紧密结合教学大纲，在内容上注重基础知识的强化，系统性强、内容精。

(2) 紧扣贯通式培养新特点，精选教学内容，强化基础知识。

(3) 精选教学案例，突出应用能力和工程素质的培养。

(4) 对增材制造、机器人技术等新兴技术内容进行讲解。

(5) 为方便学生自学和进一步理解课程的主要内容，各章后面均编入了一定数量的思考题，做到理论联系实际，做到学以致用。

本书由青岛理工大学彭子龙、王飞担任主编，姜芙林、刘庆玉、魏云玲担任副主编。本书第 1、2、5 章由彭子龙编写，第 7、8 章由王飞编写，第 9、10 章由姜芙林编写，第 3、4 章由刘庆玉编写，第 6 章由魏云玲编写，全书由彭子龙统稿和定稿。

在本书的编写过程中得到了许多专家、同仁的大力支持和帮助，参考了许多教授、专家的有关文献，在此一并向他们表示衷心的感谢。

本书的出版得到科学出版社和青岛理工大学的大力支持，在此表示衷心感谢！

由于作者水平有限，书中难免存在不足之处，恳请广大读者批评指正。

《先进制造技术》编写组

2019 年 12 月于青岛

目　录

第一篇　先进特种加工技术

第二篇　自动化制造技术

第三篇 先进机器人技术

第一篇　先进特种加工技术

第 1 章　电-热蚀除特种加工技术

基于放电腐蚀现象的特种加工是指利用电腐蚀现象熔化、汽化多余材料，以达到零件尺寸、精度和表面粗糙度的控制要求的一类特种加工方法。其共性特点是加工中的放电能量高度集中，可以获得很高的能量密度（也称为功率密度），足以熔化、汽化被加工材料并抛离材料母体，达到被加工的目的。这类加工方法大多为非接触式加工模式，材料蚀除的特性主要取决于其熔点、沸点等热学常数，受强度、硬度等的限制很小，非常适用于加工超硬、脆等难加工材料。常见的放电腐蚀特种加工方法有电火花加工（electrical discharge machining，EDM）和电火花线切割加工（wire-electrical discharge machining，wire-EDM）。

1.1　电火花加工

1.1.1　电火花加工的基本原理

电腐蚀现象早在 19 世纪初就被人们发现了，例如，在插头或电器开关触点开、闭时往往产生火花而把接触表面烧毛，腐蚀成粗糙不平的凹坑而逐渐损坏。长期以来，电腐蚀一直被认为是一种有害的现象，人们不断地研究电腐蚀并设法减轻和避免它。直到 1943 年莫斯科大学学者拉扎林科（Lazarenko）夫妇将这种电腐蚀现象创造性地加以利用，开发出一套用于难加工材料的加工系统，为后来研究人员更深入系统地研究电火花加工技术奠定了良好的基础。

经过近 80 年的发展，电火花加工技术以其固有的工艺特点，逐渐成为现代制造领域的重要组成部分。它把平时人们不愿见到的电火花腐蚀现象转化为在众多加工领域中发挥重要作用的加工方法。目前电火花加工已经发展成为一种极其重要的加工手段，成为特种加工技术一个重要组成部分，在机械、宇航、航空、电子、仪器、轻工、汽车等领域获得广泛的应用。

电火花加工又称为放电加工、电蚀加工。它是在一定绝缘性介质中，基于工具电极和工件电极之间脉冲性火花放电时的电腐蚀作用来蚀除多余的材料，以达到对零件的尺寸、形状及表面质量加工要求的一种工艺方法。由于放电过程可见到火花，故称为电火花加工。

电火花加工的基本工作原理如图 1-1 所示。工件与工具分别与脉冲电源的正负电极相连接，为加工提供放电能量。自动进给调节装置使工具和工件间经常保持合理的放电间隙，当脉冲电压加到两极之间时，便在当时条件下相对某一间隙最小处或绝缘强度最低处击穿介质，在该局部产生火花放电，瞬时高温使工具和工件表面都蚀除一小部分金属，形成一个小的凹坑，达到蚀除金属材料的目的。

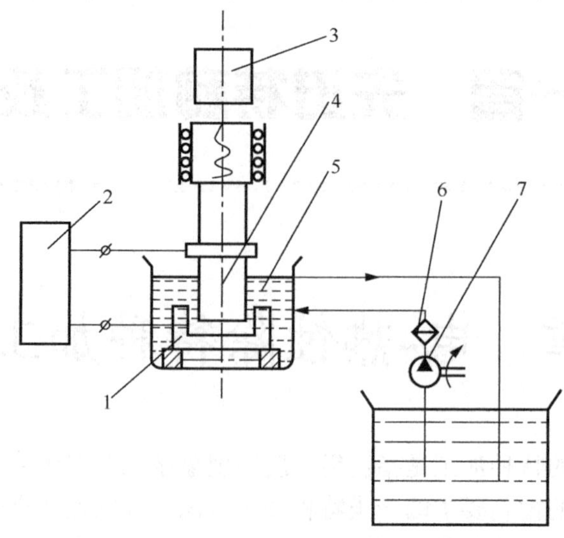

图 1-1　电火花加工系统示意图

1-工件；2-脉冲电源；3-自动进给调节装置；4-工具(电极)；5-工作液；6-过滤器；7-工作液泵

电火花加工要达到加工目的，必须满足以下基本条件。

(1) 工具电极与工件间始终保持一个合理的放电间隙，通常为几微米至几百微米。如果间隙过大，极间电压就不能击穿极间介质，不会产生火花放电；如果间隙过小，就很容易形成短路接触，同样不能产生火花放电。

(2) 火花放电必须为瞬时的脉冲性放电，并在放电延续一段时间(一般为 10^{-7}～10^{-3}s)后，停歇一小段时间。这样才能使放电所产生的热量来不及传导扩散到其余部分，把每一次的放电蚀除点分别局限在很小的范围内。

(3) 火花放电必须在具有较高电绝缘强度的工作介质(又称工作液)中进行，如煤油、皂化液或去离子水等。

(4) 两次脉冲放电之间，要有足够的间歇时间以排出放电间隙中的电蚀产物，使极间介质充分消电离和恢复绝缘状态，保证放电点位置顺利转移。

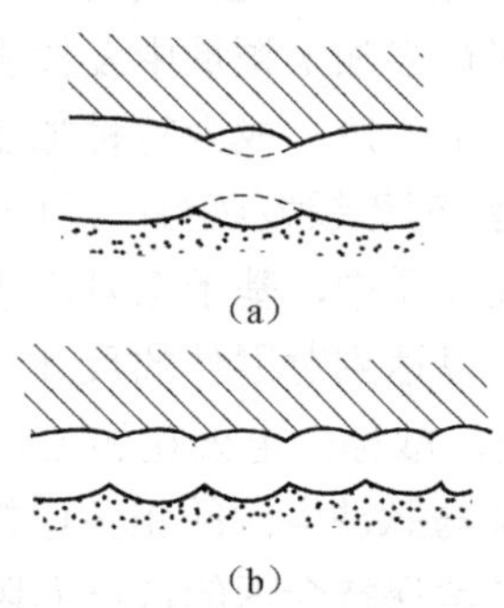

图 1-2　电火花加工表面局部放大示意图

图 1-2 为电火花加工后的材料表面局部放大示意图，其中图 1-2(a) 表示单个脉冲放电后的电极表面，图 1-2(b) 表示多个脉冲放电后的电极表面。脉冲放电结束后，经过脉冲间隔时间，工作液恢复绝缘，第二个脉冲电压又加到两极上，又会在当时极间距离相对最近或绝缘强度最弱处击穿放电，又电蚀出一个小凹坑。这样伴随着高频率、连续不断地重复放电，工具电极不断地向工件进给，就可将工具的形状复制在工件上，加工出所需要的零件。整个加工表面是由无数个小凹坑所组成的。

1.1.2 电火花加工的特点

电火花加工与机械加工相比有其独特的加工特点，经过近 80 年的发展，尤其是数控技术与电火花加工技术集成以后，其应用领域日益扩大，已经从模具制造领域发展到航空、宇航、机械、电子、仪表、轻工等领域的难加工材料及复杂零部件的制造，成为传统切削加工的有力补充。

电火花加工的特点可概括为“以柔克刚、隔空打物、化繁为简、无微不至”四个方面。

1. 以柔克刚

电火花加工材料的去除是靠放电时的电热作用实现的，材料的可加工性主要取决于材料的导电性及热学特性，如熔点、沸点(汽化点)、比热容、热导率、电阻率等，而几乎与其力学性能(硬度、强度等)无关。这样就可以用相对较软的纯铜或石墨电极加工模具钢、聚晶金刚石等硬材料。

2. 隔空打物

电火花加工是一种非接触式加工，工具电极与工件之间没有宏观作用力，减少了加工中的力学负荷，因此在细长轴、薄壁件等低刚度零件的加工中具有显著优势。

3. 化繁为简

采用简单的工具电极形状，通过数控技术实现电火花分层铣削的方法可以对复杂形状的工件进行加工。电火花分层铣削方法中的分层厚度要小于电火花加工中的放电间隙，以保证加工层面的一致性。加工完一个分层厚度，主轴进给一定距离，进行下一层的铣削加工，直至零件加工完成。通常，电火花分层铣削加工要考虑工具电极损耗补偿算法，以保证加工的连续进行。

4. 无微不至

这一特点主要体现在电火花加工的放电能量易于控制方面，由于加工中无宏观作用力的特点，特别适合于微细加工领域。随着放电能量的进一步降低，微细电火花加工方法目前能够稳定加工出直径在几十微米到几百微米的微细孔，以及特征尺寸在微米级尺度的微细结构。

当然，电火花加工也具有一些局限性，主要表现在如下几方面。

(1) 主要用于加工金属等导电材料。虽然在一定条件下也可加工半导体和聚晶金刚石等非导体超硬材料，但加工机理有待深入研究，且工艺成本与加工效果等仍不够理想。

(2) 加工速度一般较低。一般安排工艺时，需采用其他工艺去除大部分余量，再进行电火花加工，以提高生产率。

(3) 存在工具电极损耗。由于电火花加工靠电热作用来蚀除金属，工具电极也会遭受损耗，影响成形精度。

(4) 最小角部半径有限制。一般电火花加工能得到的最小角部半径略大于加工放电间隙(通常为 0.02～0.30mm)，若电极有损耗或采用平动头加工，则角部半径还要增大。

(5) 加工表面有变质层和微裂纹。在某些特定场合，需要采用后续工艺去掉变质层。

1.1.3 电火花加工的微观过程

电火花加工的微观过程指火花放电时电极表面的金属材料被蚀除下来的微观物理过程。目前比较公认的理论认为，每次电火花放电的微观过程都是电场力、磁力、热力、流体动力、电化学和胶体化学等综合作用的过程。这一过程大致可分为以下四个连续阶段：极间介质的电离、击穿，形成放电通道；介质热分解、电极材料熔化、汽化热膨胀；电极材料的抛出；极间介质的消电离，一次放电结束。下面介绍整个放电过程。

1. 放电通道的形成

在电火花加工中，参与放电的两极(工具电极和工件)之间充满着加工介质。极间介质在两极不施加电压时，不显电性。当两极间施加一定的电压后，极间即形成一个电场，电场强度与极间电压成正比，与极间距离成反比。工具电极和工件表面的微观不平度会导致极间电场强度不均匀，使得两极间距离最近的突出点或尖端处的电场强度最大。同时液体介质中不可避免地含有某种杂质(如金属微粒、碳粒子、胶体粒子等)，也有一些自由电子，使介质呈现一定的电导率。在强电场作用下，这些杂质将使极间电场更不均匀。随着工具电极向工件的进给运动，当两极之间的电场强度增大到足以破坏极间介质的绝缘强度时(达到 10^5V/mm)，阴极表面会逸出电子，在电场作用下电子高速向阳极运动，并撞击工作液介质中的分子或中性原子，产生碰撞电离，形成带负电的粒子和带正电的粒子，导致带电粒子雪崩式增多，使介质击穿而电阻迅速降低，形成放电通道。

从雪崩电离开始到建立放电通道的过程非常迅速，理论上仅需 10^{-8}～10^{-7}s(0.01～0.1μs)，间隙电阻从绝缘状态迅速降低到几分之一欧姆，间隙电流迅速上升到最大值(几安到几百安)。由于通道直径很小，所以通道中的电流密度可高达 10^5～10^6A/cm^2。间隙电压则由击穿电压迅速下降到火花维持电压(一般为20～30V)，电流则由0上升到某一峰值电流。

放电通道是由数量大体相等的带正电粒子(正离子)和带负电粒子(电子)以及中性粒子(原子或分子)组成的等离子体。正、负带电粒子相反方向高速运动相互碰撞，产生大量的热，使通道温度相当高，但分布是不均匀的，从通道中心向边缘逐渐降低，通道中心温度可高达10000℃以上。电子流动形成的电流按电工学右手螺旋定则产生磁场，磁场又反过来对电子流产生向心的磁压缩效应，电子流动又同时受周围介质惯性动力压缩效应的作用，使通道瞬间扩展受到很大阻力，故放电开始阶段通道截面很小，而通道内由高温热膨胀形成的初始压力可达数十兆帕。高压高温的放电通道以及随后瞬时金属汽化形成的气体(以后发展成气泡)急速扩展，产生一个强烈的冲击波向四周传播。在放电过程中，同时还伴随着一系列派生现象，其中有热效应、电磁效应、光效应、声效应及频率范围很宽的电磁辐射和爆炸冲击波等。

单个脉冲放电时有可能出现多次击穿(一个脉冲内间隙击穿后，有时产生短路或开路，接着又产生击穿放电)。另外，也会出现通道受某些随机因素的影响而产生游动的现象，因而在单个脉冲周期内先后会出现多个(或形状不规则)电蚀坑。

2. 介质热分解、电极材料熔化、汽化热膨胀

极间介质一旦被电离、击穿，形成等离子体放电通道后，通道内的电子高速奔向正极，正离子奔向负极。电能变成动能，动能通过碰撞又转变为热能。于是在通道内正极和负极表面分别成为瞬时热源，达到很高的温度。通道高温将工作液介质热裂分解汽化，正负极表面的高温除使工作液汽化、热分解外，也使金属材料熔化甚至汽化。这些汽化的工作液和金属蒸气瞬间体积猛增，在放电间隙内成为气泡，迅速热膨胀，就像火药、爆竹点燃后那样具有爆炸的特性，观察电火花加工过程，可以看到放电间隙间冒出气泡，工作液逐渐变黑，听到轻微而清脆的爆炸声。电火花加工主要靠热膨胀和局部微爆炸，使熔化、汽化了的电极材料抛出蚀除。

3. 电极材料的抛出

放电通道和正负极表面放电点的瞬时高温使工作液汽化和金属材料熔化、汽化，将产生很高的瞬时压力。通道中心的压力最高，使汽化了的气体体积不断向外膨胀，形成一个扩张的“气泡”。气泡上下、内外的瞬时压力并不相等，压力高处的熔融金属液体和蒸气就被排挤、抛出而进入工作液中。

由于表面张力和内聚力的作用，抛出的材料具有最小的表面积，冷凝时凝聚成细小的圆球颗粒(直径为 0.1～300μm，随脉冲能量而异)。图 1-3(a)～(d)为放电过程中四个阶段放电间隙的状态。

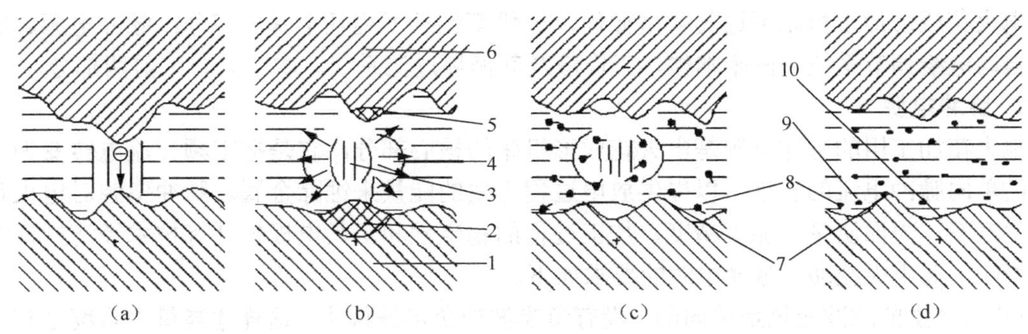

图 1-3　放电间隙状态

1-正极；2-从正极上熔化并抛出金属的区域；3-放电通道；4-气泡；5-从负极上熔化并抛出金属的区域；6-负极；7-翻边凸起；8-在工作液中凝固的微粒；9-工作液；10-放电形成的凹坑

熔化和汽化的金属在抛离电极表面时，向四处飞溅，除绝大部分被抛入工作液中收缩成小颗粒外，有一小部分飞溅、镀覆、吸附在对面的电极表面上。这种互相飞溅、镀覆以及吸附的现象，在某些条件下可以用来减少或补偿工具电极在加工过程中的损耗。半裸在空气中进行电火花加工时，可以见到橘红色甚至蓝白色的火花四溅，它们就是被抛出的金属高温熔滴和小屑。

实际上，电极金属材料的蚀除、抛出过程远比上述的要复杂。放电过程中工作液不断地汽化，正极受电子撞击，负极受正离子撞击，电极材料不断熔化，气泡不断扩大。当放电结束后，气泡温度不再升高，但液体介质的惯性作用使气泡继续扩展，致使气泡内压力急剧降低，甚至降到大气压以下，形成局部真空，使在高压下溶解在熔化和过热液态金属材料中的气体析出，以及液态金属本身在低压下再沸腾。压力的骤降使熔融金属材料及其蒸气从小坑中再次爆沸飞溅而被抛出。熔融材料抛出后，在电极表面形成单个脉冲的放电凹坑。

4. 极间介质的消电离，一次放电结束

极间介质消电离，即放电通道中的带电粒子复合为中性粒子，恢复本次放电通道处极间介质的绝缘强度，使得下一次放电仍会发生在两极距离相对最近处或电阻率最小处，见图 1-3(d)，保证放电通道的顺利转移，以免总是重复在同一处发生放电而导致稳定电弧放电。

在加工过程中产生的电蚀产物(如金属微粒、碳粒子、气泡等)如果来不及排出、扩散出去，就会改变间隙介质的成分和降低绝缘强度。脉冲火花放电时产生的热量若不及时传出，带电粒子的自由能不易降低，将大大减少复合的概率，使消电离过程不充分，结果将使下一个脉冲放电通道不能顺利地转移到其他部位，而始终集中在某一部位，导致该处介质局部过热而破坏消电离过程，脉冲火花放电将恶性循环地转变为有害的稳定电弧放电，同时工作液

局部高温分解后可能积碳，在该处聚成焦粒而在两极间搭桥，使加工无法进行下去，并烧伤电极对。

由此可见，为了保证电火花加工过程正常进行，在两次脉冲放电之间一般都应有足够的脉冲间隔时间，这一脉冲间隔时间的选择，不仅要考虑介质本身消电离所需的时间(与脉冲能量有关)，还要考虑电蚀产物排离出放电区域的难易程度(与脉冲爆炸力大小、放电间隙大小、抬刀及加工面积有关)。

1.1.4 电火花加工机床

电火花成形加工机床不论其类型如何，一般都包括下列几个基本部分：脉冲电源、放电间隙自动进给调节系统、机床本体、工作液及其循环过滤系统。本节只介绍前两部分。

1. 脉冲电源

电火花加工用的脉冲电源是电火花成形机床的核心部分，它是把工频交流电转变为一定频率的单向脉冲电流的装置，以提供放电过程需要的能量来蚀除金属。脉冲电源对电火花加工的生产率、表面质量、加工精度、加工过程的稳定性和工具电极损耗等技术经济指标有很大的影响。对电火花加工脉冲电源的要求如下。

(1)所产生的脉冲应该是单向的，没有负半波或负半波很小，这样才能最大限度地利用极性效应，提高生产率和减少工具电极的损耗。

(2)脉冲电压波形的前后沿应该较陡，这样才能减少电极间隙的变化及油污程度等对脉冲放电宽度和能量等参数的影响，使工艺过程较稳定，因此一般常采用矩形波脉冲电源。

(3)脉冲的主要参数，如峰值电流、脉冲宽度（简称脉宽）、脉冲间隔等应能在很宽的范围内调节，以满足粗、中、精加工的要求。

(4)脉冲电源不仅要考虑工作稳定可靠、成本低、寿命长、操作维修方便和体积小等问题，还要考虑节省电能。

电火花加工用脉冲电源按其作用原理和所用的主要元件、输出脉冲波形等可分为多种类型，见表1-1。

表1-1　电火花加工用脉冲电源分类

按主回路中主要元件种类分类	RC弛张式、晶体管式、大功率集成器件式
按输出脉冲波形分类	矩形波、三角波、阶梯波、高低压复合波等
按间隙状态对脉冲参数的影响分类	非独立式、独立式
按工作回路分类	单回路式、多回路式

1) RC脉冲电源

RC脉冲电源是利用电容充电储存电能，而后瞬间释放，形成放电蚀除金属。因为电容时而充电，时而放电，一弛一张，故又称弛张式脉冲电源。其工作原理如图1-4所示。它由两个回路组成：一个是左边的充电回路，由直流电源E、充电电阻R(可调节充电速度，同时可改变放电时的间隙电流，故又称为限流电阻)和电容C(储能元件)所组成；另一个是右边的放电回路，由电容C、工具电极和工件及其间的放电间隙所组成。

当直流电源接通后，电流经限流电阻R向电容C充电，电容C两端的电压按指数曲线逐步上升。电容两端的电压就是工具电极和工件间隙两端的电压，因此当电容C两端的电压上升到等于工具电极和工件间隙的击穿电压 U_d 时，间隙就被击穿，电阻变得很小，电容器上储存的能量瞬时放出，形成较大的脉冲电流 i_C，见图 1-5。电容上的能量释放后，电压下降到接近于零，间隙中的工作液又迅速恢复绝缘状态。此后电容器再次充电，又重复前述过程。若间隙过大，则电容上的电压 U_C 按指数曲线上升到直流电源电压 U。

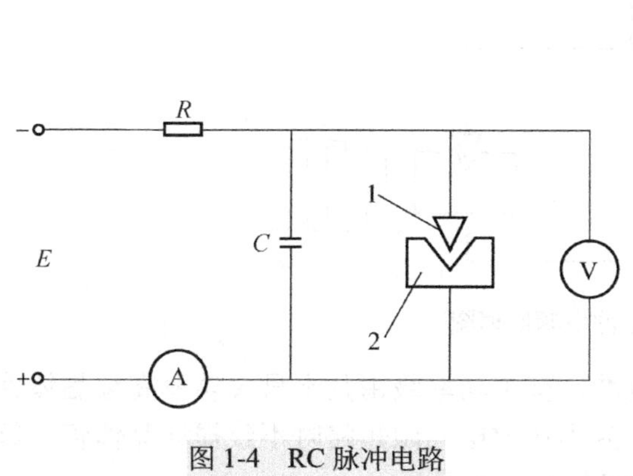

图 1-4　RC 脉冲电路

1-工具电极；2-工件

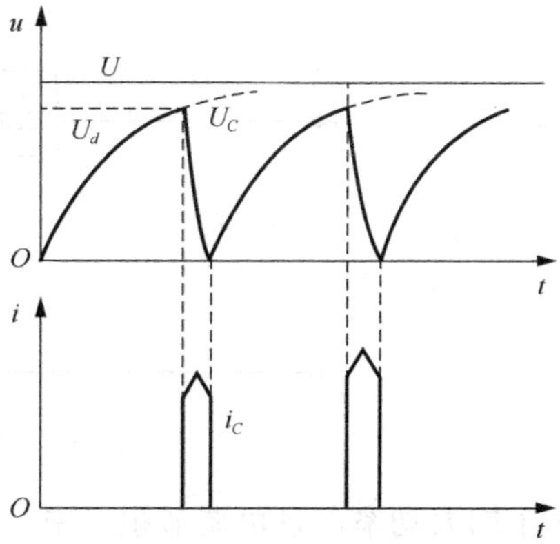

图 1-5　RC 脉冲电压、电流波形图

RC 脉冲电源的优点是结构简单、工作可靠、成本低，在小功率时可以获得很窄的脉宽（小于 0.1μs）和很小的单个脉冲能量，可用作光整加工和精微加工。但是 RC 脉冲电源的电能利用效率很低，最大不超过 36%，因大部分电能经过电阻 R 时转化为热能损失掉了，这在大功率加工时是很不经济的。电容的充电时间比放电时间长 50 倍以上，脉冲间歇系数太大导致生产率低。同时，放电脉冲能量受间隙状态的影响较大，不易得到能量一致的单个脉冲放电能量。

为了克服上述缺点，采用晶体管控制的 VT-RC 脉冲电源实现可控 RC 脉冲电源，见图 1-6。其原理是用大功率的晶体管 VT 代替限流电阻 R。当晶体管 VT 未导通时，电源不工作；当晶体管 VT 被触发导通时，其内阻降得很低，很快向电容 C 充电，并且不会像电阻那样发热消耗电能。当电容 C 上电压充电至等于或高于间隙击穿电压时，工具、工件间即火花放电，电流检测回路使晶体管 VT 截止停歇一段时间进行消电离，然后再令晶体管 VT 导通使电容 C 再充电，反复这一过程。RC 脉冲电源主要用于小功率的精微加工或简式电火花加工机床中。

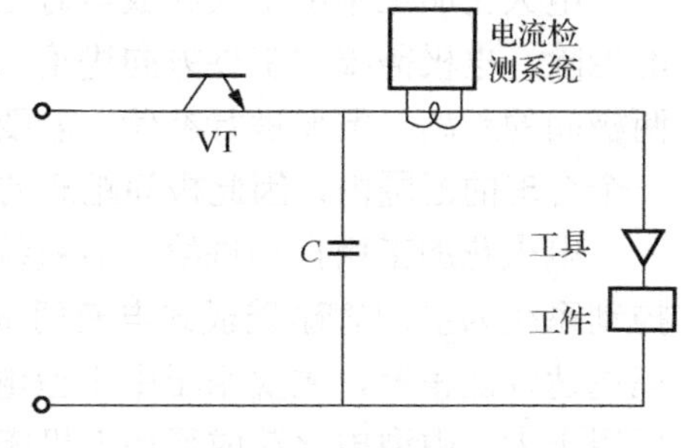

图 1-6　VT-RC 脉冲电源

2）晶体管式脉冲电源

晶体管式脉冲电源是利用功率晶体管作为开关元件而获得单向脉冲的。它具有脉冲频率高、脉冲参数容易调节、脉冲波形较好、易于实现多回路加工等优点，应用广泛。晶体管式脉冲电源由主振级、前置放大、功率输出和直流电源等几部分组成。

图 1-7 为晶体管式脉冲电源原理图，主振级用以产生高频脉冲信号，调节脉冲宽度、脉冲间隔等脉冲电源的主要参数。一般情况下，主振级的信号比较弱，不能直接推动末端功率级实现开关动作，需要在功率级之前设置放大级电路将主振级脉冲信号放大。功率级的主要作用是实现开关功能，它导通时，直流电源电压 U 加在加工间隙上，击穿工作液进行火花放

电。当晶体管截止时，脉冲即行结束，工作液恢复绝缘，准备下一个脉冲的到来。

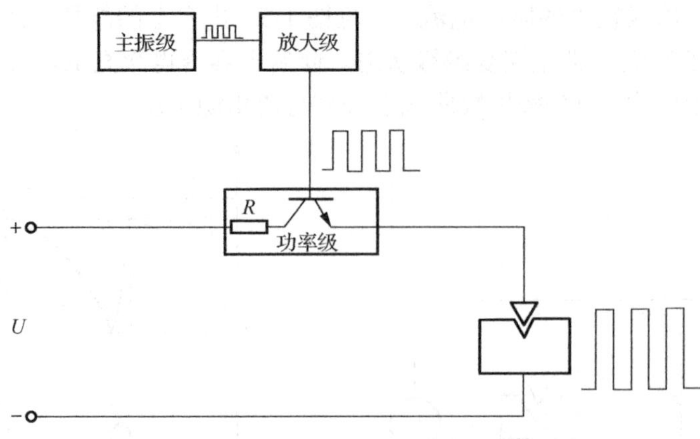

图 1-7　晶体管式脉冲电源原理图

为了加大功率，且可调节粗、中、精加工规准，整个功率级由几十只大功率高频晶体管分为若干路并联，精加工只用其中一路或两路。为了在放电间隙短路时不致损坏晶体管，每只晶体管均串联有限流电阻 R，并可以在各管之间起均流作用。

近年来随着微电子技术、元器件的发展，脉冲电源技术得到较快发展。在脉冲利用率、高效性、稳定性等方面都有较大的提高。在晶闸管式或晶体管式脉冲电源的基础上，派生出不少新型电源和线路，如高、低压复合脉冲电源，多回路脉冲电源，以及多功能电源等。

2. 放电间隙自动进给调节系统

电火花加工中由于火花放电时正负电极都要受到不同程度的蚀除，一方面随着工件材料的蚀除，电极需要向工件方向进给，以保证放电加工的持续进行；另一方面电极损耗会增加两极间的距离，需要进行补偿。若要保证放电加工的稳定进行，放电间隙的距离应该保持在一个合理的范围内，因此极间距离的自动进给调节系统的作用非常重要。

电火花加工用自动进给调节系统的种类很多，目前，以步进电动机和伺服电动机控制的控制系统为主，喷嘴-挡板式电液伺服系统已停止生产。其中，步进电动机伺服系统价格低廉，但调速性能稍差，主要用于中小型电火花机床及数控线切割机床；直流、交流伺服电动机主要用于大、中型电火花成形加工机床。

自动进给调节系统的类型构造不同，但都是由几个基本环节组成的，包括测量环节、比较环节、放大驱动环节、执行环节(也称为执行机构，常采用伺服电动机)和调节对象(工具和工件间的放电间隙)等几个主要环节。图 1-8 是自动进给调节系统的基本组成方框图。实际上根据电火花加工机床的简繁或不同的完善程度，基本组成部分可能略有增减。

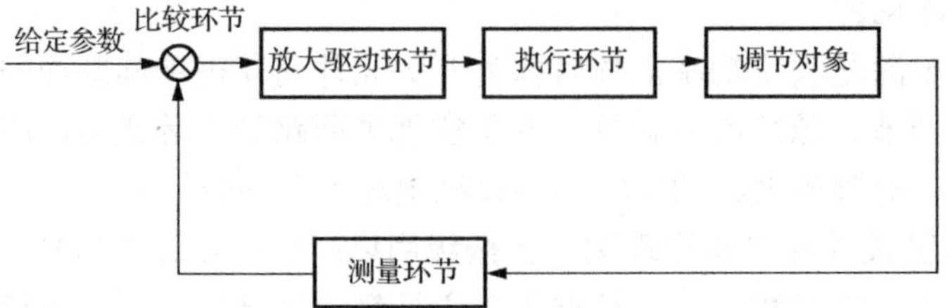

图 1-8　自动进给调节系统的基本组成

1) 测量环节

直接测量电极间隙大小及其变化是很困难的，都是采用测量与放电间隙呈比例关系的电参数(如电压)来间接反映放电间隙的大小。因为当间隙较大、开路时，间隙电压最大或接近脉冲电源的峰值电压；当间隙为 0、短路时，间隙电压为 0，虽不成正比，但有一定的相关性。

常用的信号检测方法有两种：一种是平均间隙电压测量法，见图 1-9(a)。图中间隙电压经电阻 R_1 由电容 C 充电滤波后，成为平均值，又经 R_2 分压，输出的 U 即表征间隙平均电压的信号。图中充电时间常数 R_1C 应略小于放电时间常数 R_2C，即充得快、放得慢。图 1-9(b)是带整流桥的检测电路，其优点是工具、工件的极性变换不会影响输出信号 U 的极性。

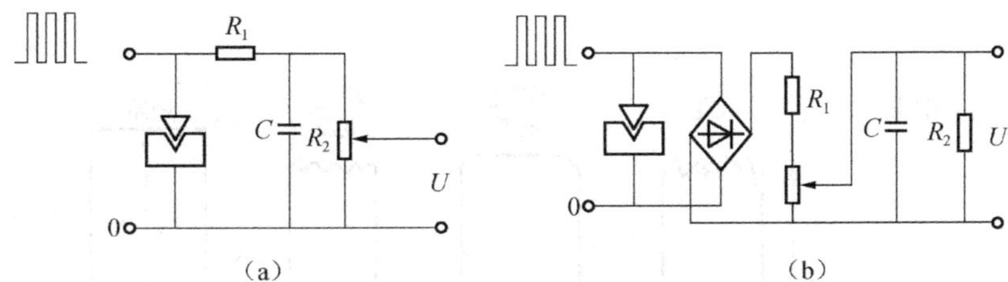

图 1-9　平均间隙电压测量电路

另一种是利用稳压管来测量脉冲电压的峰值信号。图 1-10 中的稳压管 VS 选用 30～40V 的稳压值，它能阻止和滤除比其稳压值低的火花维持电压，只有当间隙上出现大于设定值的空载、峰值电压时，才能通过稳压管 VS 及二极管 VD 向电容 C 充电，滤波后经电阻 R 及电位器分压输出，突出了空载峰值电压的控制作用，常用于需加工稳定、尽量减少短路率、宁可欠进给的场合。

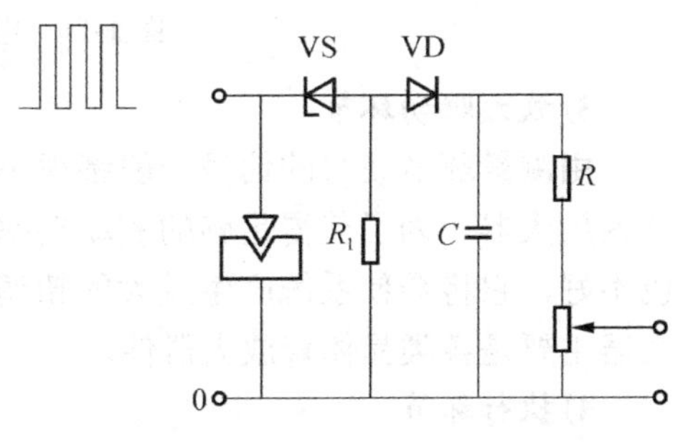

图 1-10　峰值电压测量电路

对于 RC 弛张式脉冲电源，一般采用平均值检测法。对于晶体管等独立式脉冲电源，则采用峰值检测法，因为在晶体管电源脉冲间歇期间，两极间电压总是为零，放电平均电压很低，对极间距离变化的反映不及峰值电压灵敏。

更合理的是应检测间隙间的放电状态。通常放电状态有空载、火花、短路三种，更完善一些还应能检测、区分稳定电弧和不稳定电弧(电弧前兆)，共五种放电状态，如图 1-11 所示。

根据空载有电压、无电流，短路有电流、无电压，火花有电压、有电流，利用逻辑门电路，可以区别空载、火花、短路三种放电状态。再检测火花放电时高频分量的大、中、小，用电压比较器根据门槛电压可以区分火花、不稳定电弧和稳定电弧。

2) 比较环节

比较环节用以根据进给量或间隙平均电压的“设定值”(称为伺服参考电压)来调节进给速度，以适应粗、中、精不同的加工规准。它实质上是把从测量环节得来的信号和“给定值”的信号进行比较，再按此差值来控制加工过程。大多数比较环节包含或合并在测量环节之中。

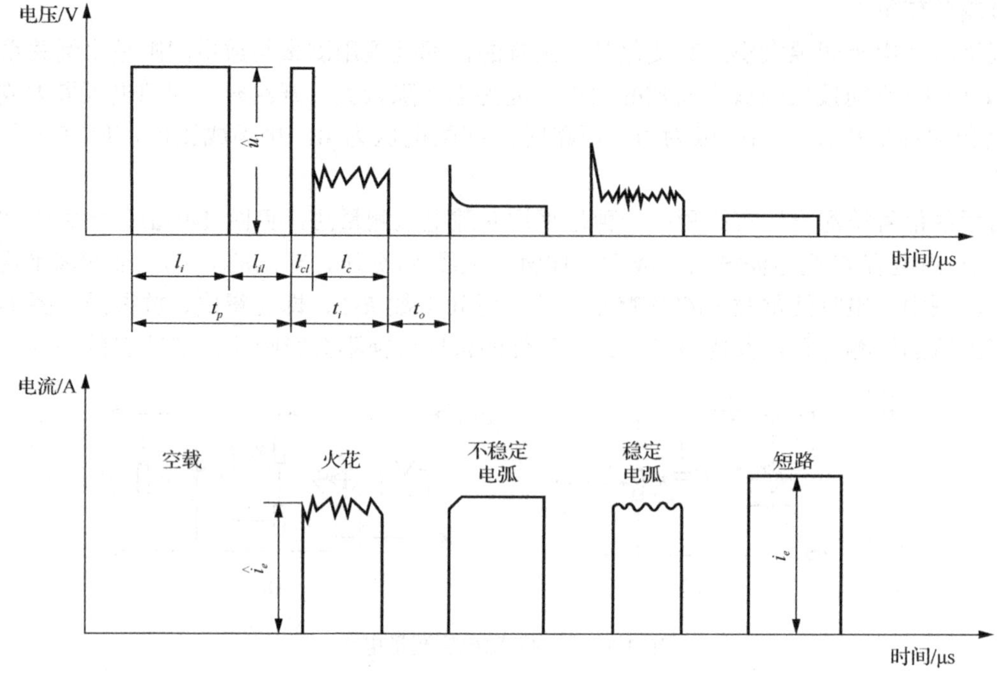

图 1-11 电火花加工时的五种放电状态

3) 放大驱动环节

由测量环节获得的信号一般都很小，难以驱动执行元件，必须要有一个放大环节，通常称为放大器。为了获得足够的驱动功率，放大器要有一定的放大倍数。然而，放大倍数过高也不好，它将会使系统产生过大的超调，即出现自激现象，工具电极调节不稳定。常用的放大器主要是各类晶体管放大器件。

4) 执行环节

执行环节也称执行机构，常采用不同类型的伺服电动机，它能根据控制信号的大小及时地调节工具电极的进给速度，以保持合适的放电间隙，从而保证电火花加工正常进行。由于它对自动调节系统有很大影响，通常要求它的机电时间常数尽可能小，以便能够快速地反映间隙状态变化；机械传动间隙和摩擦力应当尽量小，以减少系统的不灵敏区；应具有较宽的调速范围，以适应各种加工规准和工艺条件的变化。

5) 调节对象

工具电极和工件之间的放电间隙就是调节对象。放电间隙应控制在 0.01～0.1mm。

目前，以步进电动机和直、交流伺服电动机为核心的伺服系统，传动链短、灵敏度高、体积小、结构简单、惯性小，有利于加工中实现自动控制，在现代电火花加工机床中得到广泛应用。测量环节的间隙状态信号经过放大驱动，直接控制步进电动机或伺服电动机进行正反转控制，相应地实现工具电极的进给与回退。近年来，国内外的高档电火花机床多采用伺服电机直接拖动丝杠的传动方式，并配以高精度光栅尺作为位置检测元件，因此机床的进给精度、性能及自动化程度等方面都得到较大提高。

1.1.5　电火花加工基本规律

1. 影响电腐蚀加工的主要因素

电火花加工过程中，材料被放电腐蚀是加工的实质表现，其规律是十分复杂的综合性问题。研究影响材料放电腐蚀的因素，对于应用电火花加工方法，提高电火花加工的生产率，降低工具电极的损耗是极为重要的。

1) 极性效应

电火花加工的微观过程决定了在放电过程中，无论是正极还是负极，都会受到不同程度的蚀除。即使是相同材料，正、负电极的电蚀量也是不同的。这种单纯由于正、负极性不同而电蚀量不一样的现象称为极性效应。若两电极材料不同，则极性效应更加复杂。在生产中，我国以工件为目标，接脉冲电源的正极(工具电极接负极)时，称为“正极性”加工；反之，工件接脉冲电源的负极(工具电极接正极)时，称为“负极性”加工，又称为“反极性”加工。

产生极性效应的原因很复杂，一般认为，在火花放电过程中正、负电极表面分别受到电子和正离子的轰击与瞬时热源的作用，两极表面所分配到的能量不一样，因而熔化、汽化抛出的电蚀量也不一样。电子的质量和惯性均小，放电初期即容易获得很高的加速度和速度，在击穿放电的初始阶段就有大量的电子奔向正极，把能量传递给阳极表面，使电极材料迅速熔化和汽化；而正离子则由于质量和惯性较大，起动和加速较慢，在击穿放电的初始阶段，大量的正离子来不及到达负极表面，而到达负极表面并传递能量的只有小部分正离子。因此，在用窄脉宽加工时，电子的轰击作用大于离子的轰击作用，正极的蚀除速度大于负极的蚀除速度，这时工件应接正极。相反，在采用长脉宽(放电持续时间较长)加工时，质量和惯性大的正离子将有足够的时间加速，到达并轰击负极表面的离子数将随放电时间的延长而增多。由于正离子的质量大，对负极表面的轰击破坏、发热作用强，故长脉宽负极的蚀除速度将大于正极，这时工件应接负极。因此，当采用窄脉冲精加工时，应选用正极性加工；当采用长脉冲粗加工时，应采用负极性加工，这样可以得到较高的蚀除速度和较低的电极损耗。

能量在两极上的分配对两个电极电蚀量的影响是一个极为重要的因素，而电子和正离子对电极表面的轰击则是影响能量分布的主要因素，因此，电子轰击和正离子轰击无疑是影响极性效应的重要因素。但是，近年来的生产实践和研究结果表明，正的电极表面能吸附工作液中分解游离出来的带有负电荷的碳微粒，形成熔点和汽化点较高的薄层炭黑膜，保护正极，减小电极损耗。例如，铜打钢时，当脉宽为 12s、脉间为 15s 时，炭黑膜不易形成，正极蚀除速度往往大于负极，应采用正极性加工。当脉宽不变时，如果逐步把脉间减少(应配之以抬刀，以防止拉弧)，有利于炭黑膜在正极上的形成，就会使负极蚀除速度大于正极而可以改用负极性加工。这实际上是极性效应和正极吸附炭黑(覆盖效应)之后对正极的保护作用的综合效果。

从提高加工生产率和减少工具损耗的角度来看，极性效应越显著越好，故在电火花加工过程中必须充分利用极性效应。当用交变的脉冲电流加工时，单个脉冲的极性效应便相互抵消，增加了工具的损耗。因此，电火花加工一般都采用单向脉冲直流电源，而不能采用交流电源。

为了充分利用极性效应，最大限度地降低工具电极的损耗，应合理选用工具电极的材料。根据电极材料的物理性能、加工要求选用最佳的电参数，正确地选用极性，使工件的蚀除速度最高，工具损耗尽可能小。

2) 电参数对电蚀量的影响

电火花加工的电参数主要是指电压脉冲宽度、电流脉冲宽度、脉冲间隔、脉冲频率、峰值电流和峰值电压等。

研究结果表明，在电火花加工过程中，无论正极或负极，都存在单个脉冲的蚀除量与单个脉冲能量在一定范围内成正比的关系。某一段时间内的总蚀除量 q 约等于这段时间内各单个有效脉冲蚀除量的总和，故正、负极的蚀除速度与单个脉冲能量、脉冲频率成正比。用公式表示为

$$\begin{cases} q_{\mathrm{a}} = K_{\mathrm{a}} W_M f \phi t \\ q_{\mathrm{c}} = K_{\mathrm{c}} W_M f \phi t \end{cases} \tag{1-1}$$

式中，q_{a}、q_{c} 为工件、电极的总蚀除量；W_M 为单个脉冲放电能量；f 为脉冲频率；t 为加工时间；K_{a}、K_{c} 为与电极材料、脉冲参数、工作液等有关的工艺系数；ϕ 为有效脉冲利用率。以上符号中，下角标 a 表示工件电极，c 表示工具电极。

单个脉冲放电所释放的能量取决于极间放电电压、放电电流和放电持续时间，所以单个脉冲放电能量为

$$W_M = \int_0^{t_e} u(t)\, i(t) \mathrm{d}t \tag{1-2}$$

式中，W_M 为单个脉冲放电能量(J)；t_e 为电流脉冲宽度(s)；$u(t)$ 为放电间隙中随时间变化的电压(V)；$i(t)$ 为放电间隙中随时间变化的电流(A)。

由于火花放电间隙的电阻的非线性特性，击穿后间隙上的火花维持电压是一个与电极对材料及工作液种类有关的数值(如在煤油中用纯铜加工钢时约为 25V，用石墨加工钢时约为 30V)。火花维持电压与脉冲电压幅值、极间距离以及放电电流等的关系不大，因而正负极的电蚀量正比于平均放电电流的大小和电流脉宽；对于矩形波脉冲电流，实际上正负极的电蚀量正比于放电电流的幅值。

3) 金属材料热学常数对电蚀量的影响

热学常数是指熔点、沸点(汽化点)、热导率、比热容、熔化热、汽化热等。表 1-2 为几种常用材料的热学常数。

表 1-2 常用材料的热学常数

热学常数	材料				
	铜	石墨	钢	铝	钨
熔点 T_{r}/℃	1083	3727	1535	657	3410
比热容 c/(J/(kg·K))	393.56	1674.7	695.0	1004.8	154.9
熔化热 q_{r}/(J/kg)	179258.4	—	209340	385185.6	159098.4
沸点 T_{f}/℃	2595	4830	3000	2450	5930
汽化热 q_{q}/(J/kg)	5304256.9	46054800	6290667	10894053.6	—
热导率 λ/(J/(cm·s·K))	3.998	0.800	0.816	2.378	1.700
热扩散率 α/(cm^2/s)	1.179	0.217	0.150	0.920	0.568
密度 ρ/(g/cm^3)	8.9	2.2	7.9	2.54	19.3

注：热扩散率 $\alpha = \lambda / (c\rho)$。

每次脉冲放电时，通道内及正、负电极放电点都瞬时获得大量热能。而正、负电极放电点所获得的热能，除一部分由于热传导散失到电极其他部分和工作液中外，其余部分将依次

消耗在以下几个方面。热量使局部金属材料温度升高直至达到熔点(每克金属材料升高 1℃(或 1K)，所需的热量即为该金属材料的比热容)；熔化金属材料(每熔化 1g 材料所需的热量即为该金属的熔化热)；使熔化的金属液体继续升温至沸点(每克材料升高 1℃所需的热量即为该熔融金属的比热容)；使熔融金属汽化(每汽化 1g 材料所需的热量称为该金属的汽化热)；使金属蒸气继续加热成过热蒸气(每克金属蒸气升高 1℃所需的热量为该金属蒸气的比热容)。

显然，一方面，当脉冲放电能量相同时，金属的熔点、沸点、比热容、熔化热、汽化热越高，电蚀量将越少，越难加工；另一方面，热导率越大的金属，由于较多地把瞬时产生的热量传导散失到其他部位，因而降低了本身的蚀除量。而且当单个脉冲能量一定时，脉冲电流幅值越小，脉冲宽度越长，散失的热量也越多，从而影响电蚀量的减少；相反，若脉冲宽度越短，脉冲电流幅值越大，热量过于集中而来不及传导扩散，虽使散失的热量减少，但抛出的金属中汽化部分比例增大，多耗用不少汽化热，电蚀量也会降低。因此，电极的蚀除量与电极材料的热导率以及其他热学常数、放电持续时间、单个脉冲能量有密切关系。由此可见，当单个脉冲能量一定时，都会有一个使工件蚀除量最大的脉宽。

4) 工作介质对电蚀量的影响

电火花加工中工作介质的作用可概括为：形成火花击穿放电通道，并在放电结束后迅速恢复间隙的绝缘状态；对放电通道产生压缩作用；帮助电蚀产物的抛出和排出；对工具、工件产生冷却作用。因而，工作介质对电蚀量也有较大的影响。

近年来随着理论和试验研究的不断深入，对电火花加工的工作介质的研究有了更深入的认识，除了传统的将火花油或煤油作为工作介质，以氧气作为介质气的电火花加工可以获得较好的表面粗糙度、以气雾为加工介质的近干式电火花加工可以得到较好的加工速度和表面质量。新型水基工作液可以获得较高的加工速度，甚至接近切削加工。

2. 加工速度

电火花加工时，单位时间内工件的电蚀量称为加工速度，即生产率。

加工速度一般采用体积加工速度 v (mm³/min) 来表示，即被加工掉的体积 V 除以加工时间 t：

$$v = V / t \tag{1-3}$$

有时为了测量方便，也采用质量加工速度 v_m (g/min) 来表示。

根据电参数对电蚀量的影响可知，提高加工速度的主要途径在于提高脉冲频率和增加单个脉冲能量以及设法改善工艺条件，如合理选用电极材料和工作液，改善工作液循环过滤方式等。由于这些因素间的相互制约和对其他工艺指标的影响，故在加工过程中，加工速度不能完全一致。一般经验是粗加工(Ra 为 10～20μm)时加工速度可达 200～1000mm^3/min，半精加工(Ra 为 2.5～10μm)时则降到 20～100mm^3/min，精加工(Ra 为 0.32～2.5μm)时一般都在 10mm^3/min 以下。随着表面粗糙度值的减小，加工速度显著下降。

3. 工具电极损耗

工具电极和工件在加工过程中同时被不同程度地电蚀，单位时间内工件的电蚀量称为加工速度，也就是生产率；单位时间内工具的电蚀量称为损耗速度，它们是矛盾的两个方面。

降低工具电极的相对损耗，是生产中追求的目标。利用好加工过程中的各种效应，是实现低损耗的有效途径。

1) 正确选择极性

一般情况下，在长脉冲粗加工时采用负极性加工，在短脉冲精加工时采用正极性加工，有利于降低工具电极的相对损耗。图 1-12 为纯铜工具电极加工钢材料时的电极相对损耗与极性、脉宽的试验曲线。工具电极为直径 6mm 的纯铜，工件为钢，工作介质为煤油，采用矩形波脉冲电源，加工峰值电流为 10A。

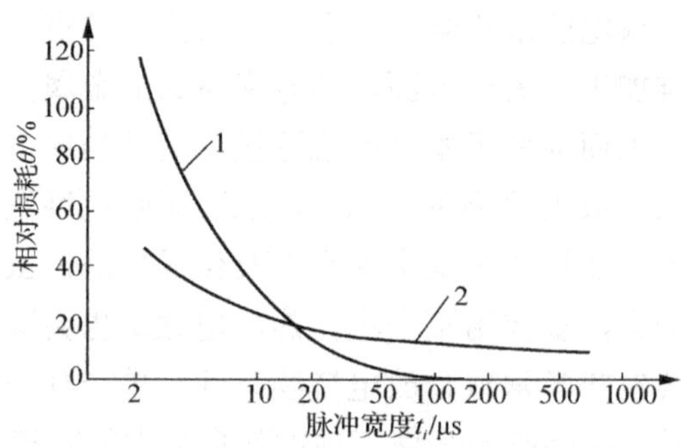

图 1-12　电极相对损耗与极性、脉冲宽度的关系

1-负极性加工；2-正极性加工

由图 1-12 可见，当脉冲宽度大于 120μs 时，用负极性加工，电极相对损耗将小于 1%；当脉冲宽度小于 15μs 时，用正极性加工，则电极相对损耗比负极性加工小。

2) 合理利用吸附效应

用石油产物的油类碳氢化合物作为工作液，加工时在高温作用下易分解出大量的碳粒子，碳粒子带负电荷，它在电场的作用下，使正极表面形成一定厚度的化学吸附碳层，通常称为炭黑膜，可对电极起到保护和补偿作用，从而实现“低损耗”加工。由于炭黑膜只能在正极表面形成，故要利用炭黑膜的补偿作用来实现电极的低损耗，必须采用工件接脉冲电源负极的负极性加工形式。

试验表明，当峰值电流、脉冲间隔一定时，炭黑膜厚度随脉宽的增加而增厚；而当脉冲宽度和峰值电流一定时，炭黑膜厚度随脉冲间隔的增大而减薄。这是由于脉冲间隔加大，电极为正的时间相对变短，且引起放电间隙中介质的消电离作用增强，放电通道分散，电极表面温度降低，使吸附效应减少。除上述电参数影响吸附效应外，还有冲、抽油的影响。采用强迫冲、抽油有利于间隙内电蚀产物的排出，使加工稳定；但强迫冲、抽油使吸附、镀覆效应减弱，从而增加了电极的损耗。因此，在加工过程中采用冲、抽油时要注意控制其冲、抽油压力不要过大。

3) 利用传热效应

电极表面放电点的瞬时温度不仅与瞬时放电能量有关，而且与放电通道的截面积有关，还与电极材料的导热性能有关。因此，在放电初期限制脉冲电流的增长率对降低电极损耗是有利的，可使电流密度不致太高，也就使电极表面温度不致过高而遭受较大的损耗。脉冲电流增长率太高时，对在热冲击波作用下易脆裂工具电极(如石墨)的损耗的影响尤为显著。另外，由于一般采用的工具电极的导热性能比工件好，如果采用较大的脉冲宽度和较小的脉冲电流进行加工，导热作用使电极表面温度较低而减少损耗，工件表面温度仍比较高而得到有效蚀除。

4)选用合适的电极工具材料

钨、铂的熔点和沸点较高，损耗小，但其机械加工性能不好，价格又贵，因此，除线切割外很少采用。铜的熔点虽较低，但其导热性好，又易于制成各种精密、复杂电极，常用作中、小型腔加工的工具电极。石墨电极不仅热学性能好，而且在长脉冲粗加工时能吸附游离的碳来补偿电极的损耗，所以相对损耗很低，目前已广泛用作型腔加工的电极。铜碳、铜钨、银钨合金等复合材料，不仅导热性好，而且熔点高，因而电极损耗小。但由于其价格较贵，制造成形比较困难，因而一般只在精密电火花加工时采用。

除以上因素外，其他工艺条件对电极损耗也有一定影响，如二次放电、排屑条件不好及间隙污染严重会增大电极损耗；总之，电极损耗是上述诸因素综合作用的结果。一般通过实际加工试验，获得一定加工条件下电极的相对损耗率。

4. 影响加工精度的因素

同传统的机械加工一样，机床本身的各种误差，以及工件和工具电极的定位、安装误差都影响加工精度。但电火花加工中，与电火花加工工艺有关的因素对电火花加工精度影响较大，其主要因素有放电间隙大小及其一致性、工具电极损耗及二次放电现象。

1)放电间隙大小及其一致性

电火花加工时，工具电极与工件之间存在一定的放电间隙。若加工过程中放电间隙能保持不变，则可以通过修正工具电极的尺寸，预先对放电间隙进行补偿，能够获得较高的加工精度。但是，放电间隙的大小实际上是变化的，从而影响了加工精度。

为了减少加工误差，除保持放电间隙一致，还应尽量采用较弱小的加工规准，缩小放电间隙，这样不但能提高仿形精度，而且放电间隙越小，产生的间隙变化量也越小。精加工的放电间隙一般为 0.01mm，粗加工则可达 0.5mm 以上。

2)工具电极损耗

工具电极的损耗对尺寸精度和形状精度都有影响。电火花穿孔加工时，电极可以贯穿工件型孔而补偿电极的损耗。型腔加工时无法采用这一方法，精密型腔加工时，常采用更换电极的方法。对电火花分层铣削加工，通常用定长补偿方法来补偿损耗，即横向加工给定轨迹长度后，电极纵向补偿固定的长度。

3)二次放电现象

二次放电是在已加工表面上由于电蚀产物的影响而发生的再次非正常放电，它直接影响工件的形状精度。具体反映在加工深度方向产生斜度和加工棱角、棱边变钝，如图 1-13 所示。

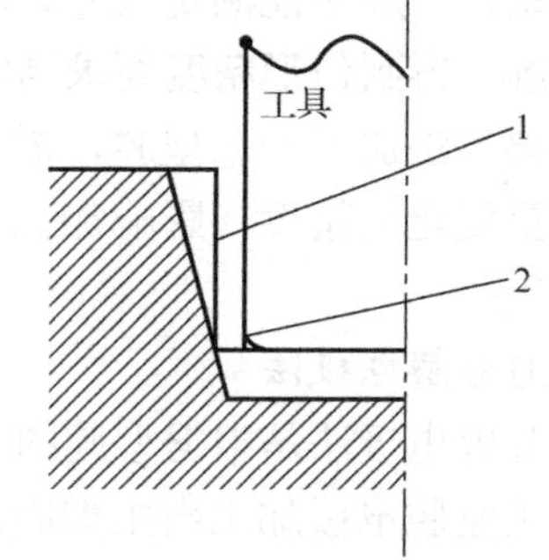

图 1-13　电火花加工时的加工斜度
1-电极无损耗时的工件轮廓线；2-电极有损耗而不考虑二次放电时的工具轮廓线

由于工具电极下端部加工时间长，绝对损耗大，而电极入口处的放电间隙由于电蚀产物的存在，以及二次放电的概率增大而变大，因而产生了加工斜度。除此以外还有其他各种因素，加工的稳定性、工作液性能、强迫油循环工作方式、加工中的热等都会影响加工的精度。

1.1.6 电火花加工的典型工艺及应用

1. 电火花型腔加工

电火花加工型腔的工艺方法较多，主要有单电极平动法、多电极更换法、分解电极法、集束电极加工法等，选用时应根据工件成形的技术要求、复杂程度、工艺特点、加工材料、电源类型等而定。

1) 单电极平动法

单电极平动法在型腔模的电火花加工中应用最广，利用电火花放电间隙与电规准成比例的特点，用一个工具电极完成粗、半精、精加工过程，在加工中依次降低采用的电规准。同时，依次增大电极的平动量，以补偿前后相邻电规准之间的放电间隙差值，实现型腔的加工。平动是指工具电极在进行深度方向加工时，在水平方向的微小移动，一般是由机床附件“平动头”来实现的。

单电极平动法加工中不需更换电极，减少了电极重复安装次数及定位误差，加工精度较高。此外，平动头的运动改善了排屑条件，加工过程容易稳定。但是普通平动头难以获得高精度的型腔模，特别是难以加工出内清角，因为平动头的原理使得电极上的每一个点都按平动头的偏心半径做圆周运动，清角半径由偏心半径决定。

采用三轴数控电火花加工机床时，可利用数控程序实现工具电极的平动，称为“摇动”加工，即工具电极在主程序执行加工轨迹的同时，围绕轨迹中心点做小幅度的有规律运动。摇动轨迹通常为圆形、正方形、十字形等。摇动加工能有效地排出间隙产物，并能获得较好的“清根”效果。

2) 多电极更换法

多电极更换法即将粗、精加工分开进行，通过更换不同的电极加工同一个型腔的方法。当每个电极加工时，必须把上一规准的放电痕迹去掉，因此多电极加工仿型精度高，适用于尖角、窄缝多的型腔加工。

先用粗加工电极去除大部分金属。粗加工以去除金属为目的，采用电规准较大，电极损耗严重，一般不能满足尺寸、精度要求，需要更换半精加工、精加工电极，配合以合适的放电规准，得到仿形精度要求高的型腔。

该方法加工一个型腔，需要两到三个相同的工具电极，加工过程中更换工具电极需要较高的重复定位精度，影响加工效率，有时还需要附件和夹具来配合，因此一般适用于精密型腔加工。

3) 分解电极法

分解电极法是根据型腔的几何形状，把电极分解成主型腔电极和副型腔电极，分别制造。先用主型腔电极加工出主型腔，后用副型腔电极加工尖角、窄缝等部位的副型腔。此方法的优点是能根据主、副型腔不同的加工条件，选择不同的加工规准，有利于提高加工速度和改善加工表面质量，同时还可简化电极制造，便于电极修整。缺点是主型腔和副型腔间的精确定位较难解决。

4) 集束电极加工法

集束电极加工法是将块状电极数字离散化、将棒状单元电极集束化的制备成形电极方法，如图 1-14 所示。采用空心管状电极进行集束，按照所需型腔的形状，调整集束管电极的端面组成。该方法将三维复杂型腔简化成由大量微小截面单元组成的近似曲面，这些电极单元组合后形成端面与原曲面形状近似的集束电极。集束电极中每个管电极的中空位置可以强迫工作液冲出，以改善加工效果。该方法在快速制造电极方面具有较大优势，而且节约了电极制造成本，用过的电极经端面处理后，仍能重新集束利用，是一种比较有优势的方法。

(a) 集束电极整体

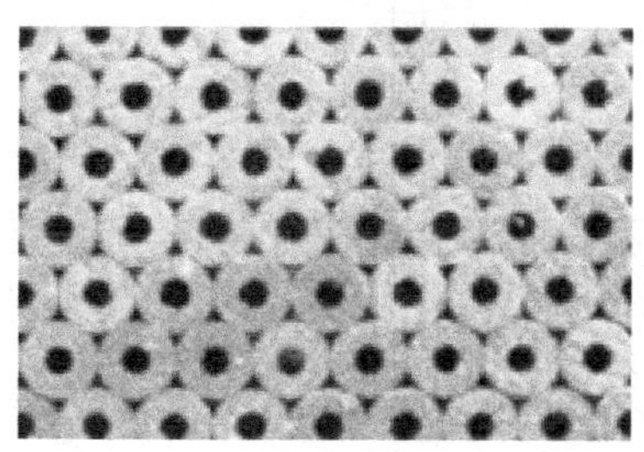

(b) 集束电极端面

图 1-14　电火花加工用集束电极

2. 电火花铣削加工

电火花铣削加工近年来得到较快的发展，随着自动化技术的快速发展，多轴数控电火花加工机床得到了越来越广泛的应用。采用简单形状的工具电极(一般为圆柱形)，对三维型腔进行分层处理，在每一层内规划单层的路径轨迹，实现二维层面的累加，实现三维型腔的加工，如图 1-15 所示。

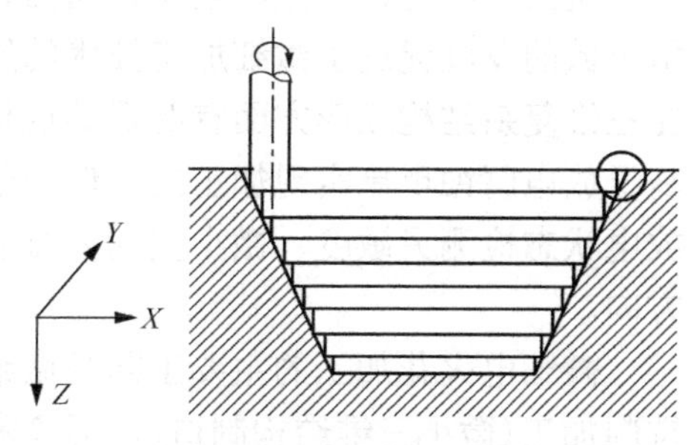

图 1-15　电火花铣削加工原理图

电火花铣削加工方法在微小型腔加工中优势较明显，一方面，微小成形电极制作困难，采用离线制作的方法会带来安装定位误差；另一方面，电极损耗补偿相对容易，通常采用电极定长补偿方法来补偿电极损耗。采用该方法加工时，理想的加工状态是电极底面放电去除工件的多余金属材料，因此在分层设计时，要求分层厚度小于放电间隙，以保证加工精度。

3. 电火花高速小孔加工

电火花高速小孔加工是一种利用大能量放电、高压冲液实现小孔加工的高效电加工工艺。其主要用于线切割加工的穿丝孔加工、精度不高的通孔加工等场合。其工作原理的要点有三：一是采用中空的管状电极；二是管中通高压工作液冲走加工屑；三是加工时电极做回转运动，可使端面损耗均匀，不致受高压、高速工作液的反作用力而偏斜，反之，高压流动的工作液在小孔孔壁按螺旋线轨迹流出孔外，像静压轴承那样，使工具电极管“悬浮”在孔心，不易产生短路，可加工出直线度和圆柱度都很好的小深孔。图 1-16 为电火花高速小孔加工原理示意图。

用一般空心管状电极加工小孔，容易在工件上留下毛刺料心，阻碍工作液的高速流通，过长过细时会歪斜，以致引起短路。为此电火花高速加工小深孔时采用双孔管状电极，其截面上有两个半月形的孔，这样加工中电极转动时，在工件上不会留下毛刺料心。

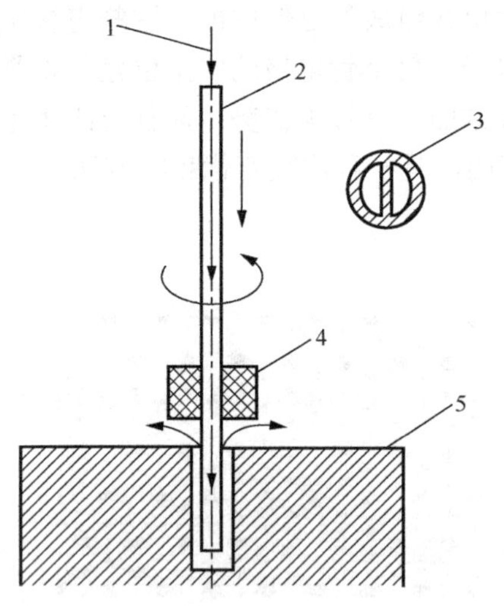

图 1-16 电火花高速小孔加工原理示意图

1-高压工作液；2-管电极；3-管截面放大图；4-导向器；5-工件

加工时工具电极做轴向进给运动，管电极中通入 1～5MPa 的高压工作液(自来水、去离子水、蒸馏水、乳化液)。由于高压工作液能迅速将电极产物排出，且能强化火花放电的蚀除作用，因此这一加工方法的最大特点是加工速度高，一般小孔加工速度可达 20～60mm/min，比普通钻削小孔的速度还要快。这种加工方法适用于加工直径为 0.3～3mm 的小孔，且深径比可超过 100。

电火花高速小孔加工主要用于加工不锈钢、淬火钢和硬质合金等难加工导电材料工件上的小孔，如化纤喷丝孔、滤板孔、发动机叶片和缸体的散热孔以及液压与气动阀体的油路孔、气路孔、深孔、钻孔等，并能方便地从工件的斜面、曲面穿入。

4. 微细电火花加工

航天、航空、机械、电子、通信、国防等工业部门不断要求零部件小型化和微型化，微型机械的发展促进了微细加工技术的发展。微细电火花加工技术与其他微细加工技术相比，在三维复杂结构成形方面有明显的优势。其工作原理与传统电火花加工并无本质区别，都是基于放电腐蚀现象实现加工的，但由于加工尺度的减小，出现了新的研究问题需要解决，如放电状态检测灵敏度、微小空间内排屑、微小能量脉冲电源、精度保障等都是其发展的主要方向。

微细电火花加工的主要工艺是微细孔加工(孔直径在几十微米至几百微米)和微细电火花铣削加工(微小三维结构制造)。后者利用简单形状的工具电极(圆形或方形)、采用电极端部放电扫描加工，也就是将三维形状分层切片为两维轮廓，逐层扫描加工，获得微三维结构。

由于微细电极尺寸很小，很难像传统电火花加工一样离线制作工具电极，二次装夹误差会直接导致加工的失败。因此，实现微细电火花加工的关键在于微小工具电极的在线制作、微小能量放电电源、工具电极的微量伺服进给。微细工具电极的在线制作一般采用电火花磨削；微小能量放电电源一般采用 RC 弛张式微小能量电火花电源；工具电极的微量伺服进给一般采用以压电元件为动力的蠕动式微进给机构。

微细电火花加工中，工具电极的在线制备非常重要，能减少电极安装及定位误差。电火花线电极磨削加工装置如图 1-17 所示。图 1-17 中工具电极装夹在高回转精度主轴上，利用线电极向工具电极进给，在线电极与工具电极之间接入脉冲电源，实现对工具电极的加工。线电极沿导轮移动以补偿放电造成的损耗。这一方法具有很高的加工精度，目前能加工出直径为 2.5μm(人的头发的直径大约为 70μm)的工具电极。工具电极完成后，即可反转加工极性，实现对工件的去除加工，加工出直径为 5μm 的微细孔，代表了本方向的世界前沿。

线电极磨削在线制备工具电极属于点放电，依靠电极线的进给保证微细电极的成形尺寸，加工精度高；但效率很低，适用于微细电极的精加工。对直径在几百微米尺度的微细电极，常采用图 1-18 所示的反铸块法制备。图 1-18 中工具电极旋转并接正极，块电极采用铜钨或银钨合金，接负极。放电时，工具电极向块电极进给，实现电极材料的去除。由于整个电极参与放电，加工效率较线电极磨削法有很大提高。目前，反铸块法能够稳定加工出直径在几十微米的微细工具电极。

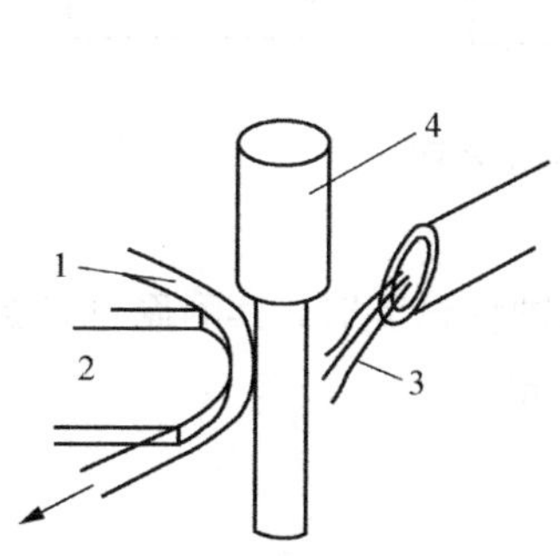

图 1-17　线电极磨削制备电极

1-电极线；2-导轮；3-电加工绝缘液；4-工件或细轴

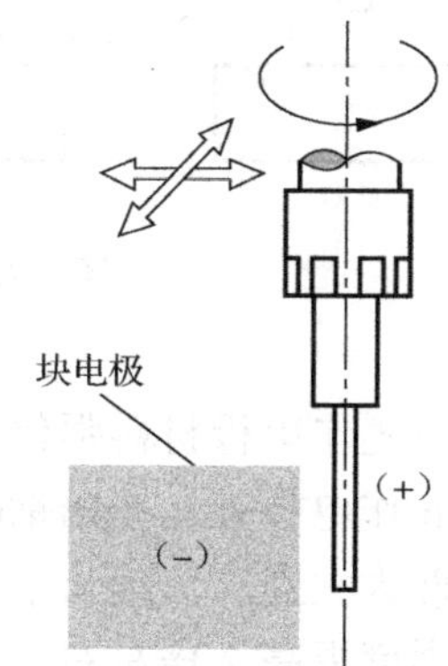

图 1-18　微细电火花反铸块法制备电极

5. 电火花表面强化和刻字工艺

电火花表面强化也称为电火花表面合金化。图 1-19 是电火花表面强化器的加工原理示意图。在工具电极和工件之间接上 RC 电源，由于振动器 L 的作用，电极与工件之间的放电间隙开路、短路频繁变化，工具电极与工件间不断产生火花放电，从而实现对金属表面的强化。

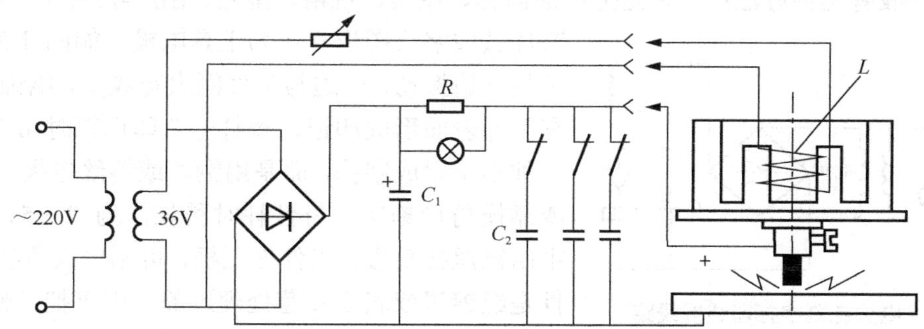

图 1-19　电火花表面强化器加工原理图

电火花表面强化过程如图 1-20 所示。当工具电极与工件之间距离较大时，如图 1-20(a)所示，电源经过电阻并对电容 C_2 充电，同时工具电极在振动器的驱动下向工件运动。当间隙接近到某一距离时，间隙中的空气被击穿，产生火花放电(图 1-20(b))，使工具电极和工件材料局部熔化，甚至汽化。当工具电极继续接近工件并与工件接触时(图 1-20(c))，在接触点处流过短路电流，使该处继续加热，并以适当压力压向工件，使熔化了的材料相互黏结、扩散形成熔渗层。图 1-20(d)为工具电极在振动作用下离开工件，由于工件的比热容比工具电极大，靠近工件的熔化层首先急剧冷凝，从而使工具电极的材料被黏结，覆盖在工件上。

电火花表面强化层具有如下特性。

(1)当采用硬质合金作电极材料时，硬度可达 1100～1400HV(约 70HRC 以上)或更高。

(2)当使用铬锰、钨铬钴合金、硬质合金制作工具电极强化 45 号钢时，其耐磨性比原表层提高 2～5 倍。

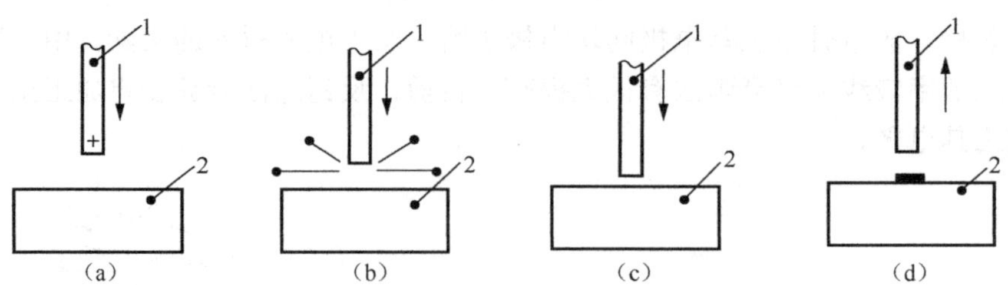

图 1-20　电火花表面强化过程原理示意图

1-工具电极；2-工件

(3) 当用石墨作电极材料强化 45 号钢，用食盐水做腐蚀性试验时，其耐腐蚀性提高 90%。用 WC、CrMn 作电极强化不锈钢时，耐腐蚀性提高 3～5 倍。

(4) 耐热性大大提高，延长了工件的使用寿命。

(5) 疲劳强度提高 2 倍左右。

(6) 硬化层厚度为 0.01～0.03mm。

电火花强化工艺方法简单、经济、效果好，因此广泛应用于模具、刃具、量具、凸轮、导轨、水轮机和涡轮机叶片的表面强化。

电火花表面强化的原理也可用于在产品上刻字、打印记。过去有些产品上的规格、商标等印记都是靠涂蜡及仿形铣刻字，然后用硫酸等酸洗腐蚀，有的靠钢印打字，工序多，生产率低，劳动条件差。国内外在刃具、量具、轴承等产品上用电火花刻字、打印记取得了很好的效果。一般有两种办法：一种是把产品商标、图案、规格、型号、出厂年/月/日等用铜片或铁片做成字头图形，作为工具电极，如图 1-21 所示，工具一边振动，一边与工件间火花放电，电蚀产物镀覆在工件表面形成印记，每打一个印记耗时 0.5～1s；另一种不用现成字头，而是用铜丝或钨丝电极，按缩放尺或靠模仿形刻字，每件耗时稍长，为 2～5s。图 1-21 中用钨丝接负极，工件接正极，可刻出黑色字迹。若工件是经镀黑或表面发蓝处理过的，则可把工件接负极，钨丝接正极，可以刻出银白色的字迹。

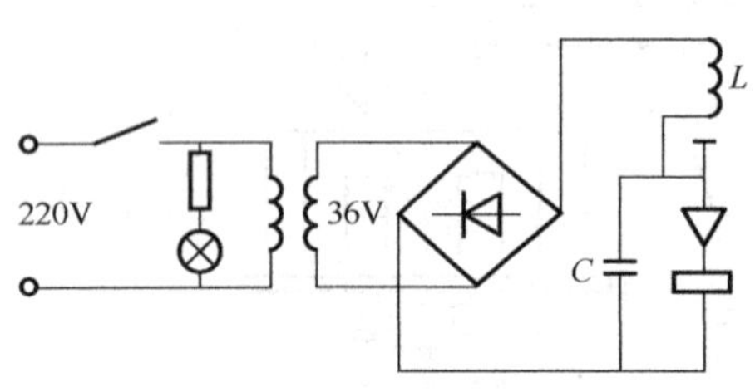

图 1-21　电火花刻字打印装置线路

6. 电火花加工弱导电及绝缘材料

高阻抗材料的电火花加工一般是指聚晶金刚石、立方氮化硼和具有一定导电性的导电工程陶瓷的加工。其原理是靠火花放电时的高温将导电的黏结剂熔化、汽化蚀除掉，对于聚晶金刚石可能由于高温使金刚石微粉“碳化”而成为可加工的石墨，也可能因黏结剂被蚀除掉后而整个金刚石微粒自行脱落下来。

近年来，研究者采用多种工艺方法，扩宽了电火花加工的应用领域。如采用辅助电极法、电火花机械复合加工法等对绝缘陶瓷进行加工，都获得了较好的加工效果。图 1-22 为辅助电极法加工绝缘陶瓷材料的原理图。在绝缘的材料表面放置一层很薄的金属箔片，作为辅助电极，并接正极。采用煤油工作介质，利用电火花放电过程中的吸附效应，实现放电加工。

加工初始阶段，金属箔片与工具电极之间放电，裂解煤油工作介质形成带负电荷的碳胶团，吸附于绝缘陶瓷表面，形成导电层，保证放电加工的继续进行。此后，加工过程在炭黑膜形成、吸附、放电蚀除、形成新的炭黑膜、吸附之间反复进行，直至加工结束。为了获得较高的加工效率，该工艺所采用的脉冲电源常采用长短脉冲交替的形式，长脉冲段利于生成炭黑膜，而短脉冲段利于材料的蚀除。

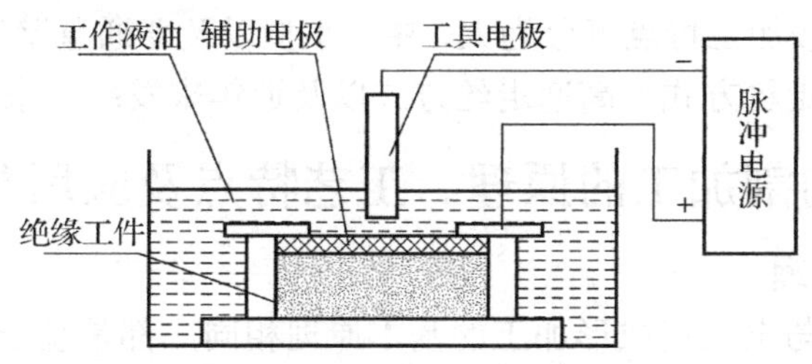

图 1-22　辅助电极法加工绝缘陶瓷材料的原理图

图 1-23 为电火花铣削与机械磨削复合加工绝缘陶瓷材料的原理图。加工时端面电火花铣磨复合加工工具电极被安装在机床的主轴头上，在工具电极轴的带动下做高速旋转运动和 Z 方向的移动，工具电极和工件分别与脉冲电源的负极和正极相连，工件安装在数控工作台上向工具电极做进给运动，工作液为水基乳化液，通过喷嘴浇注于工具电极与工件之间，当工具电极与工件之间某处的电场强度达到介质的击穿强度时，产生火花放电，利用放电时产生的瞬时高温、高压作用进行蚀除加工。放电铣削在去除工件材料的同时，还在工件表面形成一层变质层，由磨削棒磨削去除该变质层，又为下一次放电提供了有利条件，工具电极轴不断旋转，电火花铣削和机械磨削不断交替进行，从而较好地实现了电火花铣削与机械磨削的复合加工。

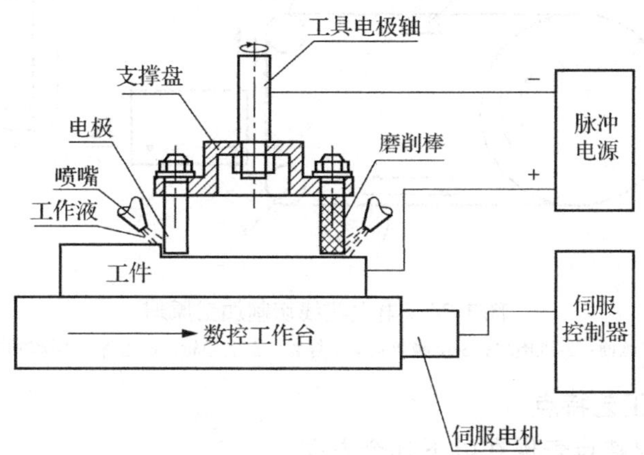

图 1-23　电火花铣削与机械磨削复合加工绝缘陶瓷材料的原理图

随着电火花加工理论及试验研究的不断深入，新方法不断涌现，在加工介质、加工材料、加工条件等方面都有较大发展，电火花加工技术与其他加工方法的复合加工、组合加工等已经成为其发展的重要方向，并在特种加工领域发挥着越来越重要的作用。

1.2　电火花线切割加工

电火花线切割加工是在电火花加工基础上于 20 世纪 50 年代末发展起来的一种新的工艺形式，由于用线状电极(钼丝或铜丝等)依靠火花放电对工件进行切割加工，故称为电火花线切割，常简称为线切割。目前国内的线切割机床已占电火花加工机床总数的 70%以上。

电火花线切割加工分类方法有很多种，按控制方式可分为靠模仿型控制、光电跟踪控制、数字程序控制及微机控制等；按脉冲电源形式可分为 RC 电源、晶体管电源、分组脉冲电源及自适应控制电源等；按加工特点可分为大、中、小型以及普通直壁切割型与锥度切割型等；按走丝速度可分为低速走丝方式、高速走丝方式以及近年来发展起来的中速走丝方式。

1.2.1　电火花线切割加工的原理、工艺特点及应用范围

1. 线切割加工的原理

电火花线切割加工与电火花成形加工的基本原理相同，都是基于电极间脉冲放电时的电火花腐蚀原理，实现零部件的加工。所不同的是，电火花线切割加工不需要制造复杂的成形电极，而是利用移动的细金属丝(钼丝或铜丝)作为工具电极，工件按照预定的轨迹运动，“切割”出所需的各种尺寸和形状。

电火花线切割加工时，在电极丝和工件之间进行脉冲放电。如图 1-24 所示，电极丝接脉冲电源的负极，工件接脉冲电源的正极。当来一个电脉冲时，在电极丝和工件之间产生一次火花放电，放电通道的中心温度瞬时可高达 10000℃以上，高温使工件金属熔化，甚至有少量汽化，高温也使电极丝和工件之间的工作液部分产生汽化，这些汽化后的工作液和金属蒸气瞬间热膨胀，并具有爆炸的特性。这种热膨胀和局部微爆炸，抛出熔化和汽化了的金属材料而实现对工件材料的电蚀切割加工。

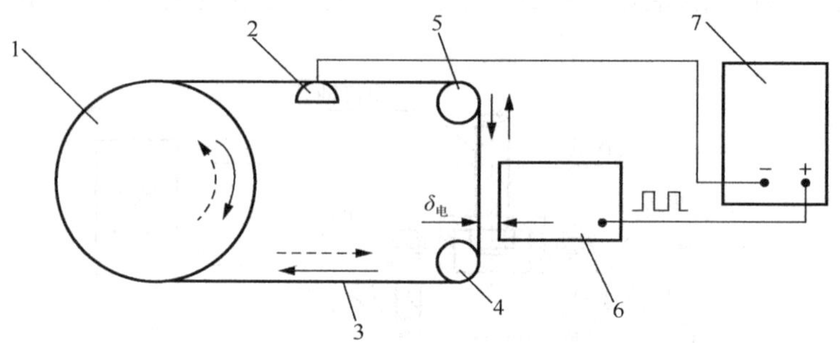

图 1-24　电火花线切割加工原理

1-储丝筒；2-进电块；3-电极丝；4-下导轮；5-上导轮；6-工件；7-脉冲电源

2. 线切割加工的工艺特点

线切割加工的主要特点表现在以下几个方面。

(1) 它以直径为 0.02～0.35mm 的金属丝作为电极工具，不需要制造特定形状的电极，只须输入控制程序即可进行加工，主要切割各种高硬度、高强度、高韧性和高脆性的导电材料，如淬火钢、硬质合金等。

(2) 由于电极工具是直径较小的细丝，故加工工艺参数的范围较小，可加工微细异型孔、窄缝和复杂形状的工件。

(3) 电极丝在加工中是移动的，不断更新(低速走丝机床)或往复利用(高速走丝机床)，电极损耗对加工精度的影响小。

(4) 依靠计算机对电极丝轨迹进行控制，可以方便地调整凹凸模具的配合间隙，依靠锥度切割功能，能实现凹凸配合模具的一次同时加工。

(5) 对低速走丝机床，加工间隙更小，精度更高，常用去离子水为工作介质，对于高速走

丝机床，采用乳化液、复合工作液作为工作介质。

(6)为了防止断丝，脉冲电源加工电流小，脉冲宽度窄，并且采用电极丝接负极的正极性加工方式。

3. 线切割加工的应用范围

电火花线切割加工应用广泛，目前主要用于试制新产品及零件、电火花成形加工电极以及各类复杂模具零件的加工。

1）试制新产品及零件加工

在新产品开发过程中需要单件的样品，使用线切割直接切割出零件，由于不需另行制造模具，可大大缩短制造周期、降低成本。在零件制造方面，电火花线切割加工可用于加工品种多、数量少的零件，特殊难加工材料的零件，材料试验件，各种型孔、型面、特殊齿轮、凸轮、样板、成形刀具等。

2)加工电火花成形加工电极

切割某些高硬度、高熔点的金属时，使用机加工的方法几乎是不可能的，而采用线切割加工既经济，又能保证精度。电火花成形加工用的电极、一般穿孔加工用的电极、带锥度型腔加工用的电极以及铜钨、银钨合金之类的电极材料，用线切割加工特别经济，同时也适用于加工微细复杂形状的电极。

3)加工模具零件

电火花线切割加工主要应用于冲模、挤压模、冷拔模、塑料模、粉末冶金模、镶拼型腔模、电火花型腔模等。由于电火花线切割加工机床的加工速度和精度迅速提高，目前已达到可与坐标磨床相竞争的程度，因此，一些工业发达国家的精密冲模的磨削等工序，已被电火花和电火花线切割加工所代替。

1.2.2　电火花线切割加工设备

电火花线切割机床可分为高速走丝电火花线切割机床、低速走丝电火花线切割机床以及近年来发展起来的中速走丝电火花线切割机床。高速走丝电火花线切割机床具有设备投资小、生产成本低的特点，国内现有的线切割机床大多为高速走丝电火花线切割机床，国外的产品和国内近些年开发的线切割机床大都为低速走丝电火花线切割机床。

线切割机床型号的编制根据国家标准是以 DK77 开头的，如 DK7725 的含义如下：

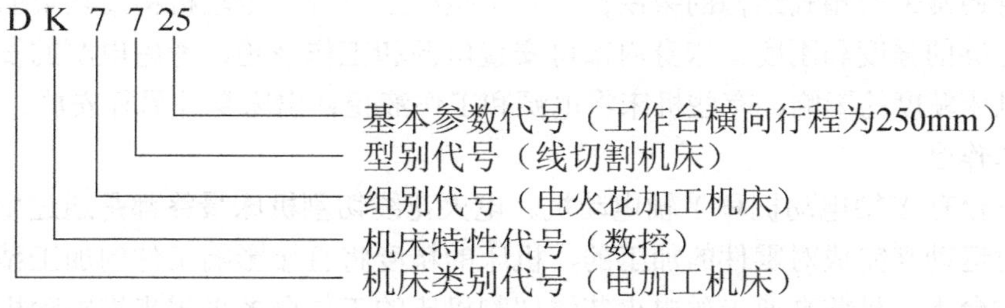

电火花线切割加工机床的种类不同，其设备内容也不一样，通常说来，电火花线切割加工设备主要由机床本体、脉冲电源、控制系统、工作液循环系统和机床附件等多个部分组成。图 1-25 和图 1-26 分别为低速和高速走丝电火花线切割加工设备组成图。本节主要以高速走丝电火花线切割加工设备为例进行介绍。

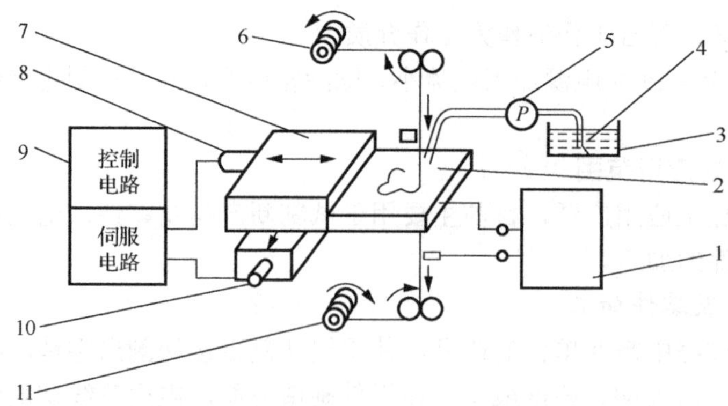

图 1-25　低速走丝电火花线切割加工设备组成

1-脉冲电源；2-工件；3-工作液箱；4-去离子水；5-泵；6-储丝筒；7-工作台；8-X 轴电动机；9-数控装置；10-Y 轴电动机；11-收丝筒

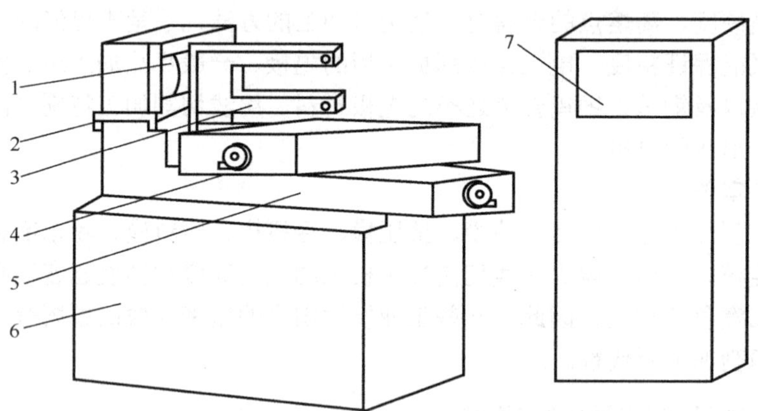

图 1-26　高速走丝电火花线切割加工设备组成

1-卷丝筒；2-走丝溜板；3-丝架；4-上滑板；5-下滑板；6-床身；7-电源及控制柜

1. 机床本体

机床本体主要包括机床床身、坐标工作台、走丝机构、丝架、工作液箱、附件和夹具等多个部分。

机床床身通常采用箱式结构的铸铁件，它是坐标工作台、走丝机构及丝架的支撑和固定基础，应有足够的强度和刚度。床身内部可安置电源和工作液箱，考虑电源的发热和工作液泵的振动对机床精度的影响，有些机床将电源和工作液箱移出床身外另行安放。

1）坐标工作台

坐标工作台有 X 轴电动机和 Y 轴电动机。电火花线切割机床最终都是通过坐标工作台与电极丝的相对运动来完成对零件的加工的，机床的精度将直接影响工件的加工精度。工件装夹在坐标工作台上，目前高速走丝电火花线切割机床的工作台多采用步进电动机作为驱动元件，通过导轨和丝杠传动副将电动机的旋转运动变为直线运动。通过 X、Y 两个坐标方向的插补运动来进行各自的进给移动，合成获得各种平面图形曲线轨迹。为保证工作台的定位精度和灵敏度，传动丝杆和螺母之间必须消除间隙。

2) 走丝机构

走丝机构使电极丝以一定的速度运动并保持一定的张力。在高速走丝机床上，一定长度的电极丝平整地卷绕在储丝筒上(图 1-27)，丝张力与卷绕时的拉紧力有关(为提高加工精度，近来已研制出恒张力装置)，储丝筒通过联轴节与驱动电动机相连。为了重复使用该段电极丝，电动机由专门的换向装置控制并做正反向交替运转。走丝速度等于储丝筒周边的线速度，通常为 8～10m/s。在运动过程中，电极丝由丝架支撑，并依靠导轮保持电极丝与工作台垂直或倾斜一定的几何角度(锥度切割时)。

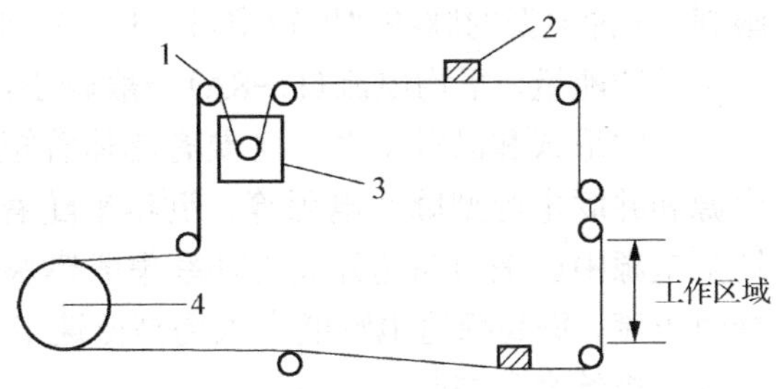

图 1-27　高速走丝系统示意图

1-导轮；2-导电块；3-配重块；4-储丝筒

低速走丝系统如图 1-28 所示。电极丝储丝筒 2(绕有 1～3kg 的金属丝)靠卷丝轮 1 使电极丝以较低的速度(通常在 0.2m/s 以下)移动。为了提供一定的张力(2～25N)，在走丝路径中装有一个机械式或电磁式张力机构 4 和 5。为实现断丝时能自动停车并报警，走丝系统中通常还装有断丝检测微动开关。用过的电极丝集中到卷丝筒上或送到专门的收集器中。

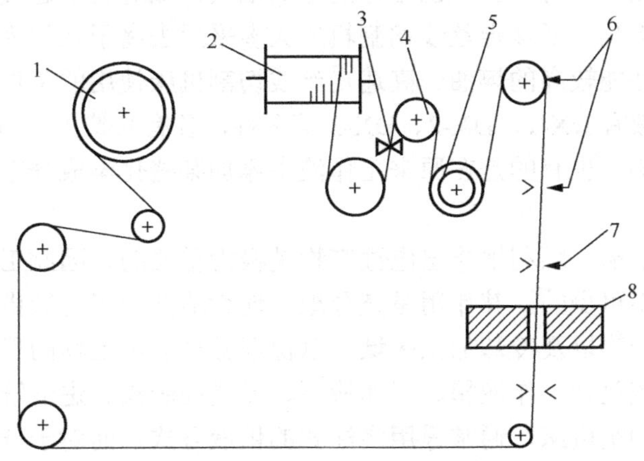

图 1-28　低速走丝系统示意图

1-卷丝轮；2-储丝筒；3-拉丝模；4-张力电动机；5-电极丝张力调节轴；6-退火装置；7-导向器；8-工件

为了减轻电极丝的振动，加工时应使其跨度尽可能小(按工件厚度调整)，通常在工件的上下采用蓝宝石 V 形导向器或圆孔金刚石模块导向器，其附近装有引电部分。

工作液一般通过引电区和导向器再进入加工区，可使全部电极丝的通电部分都能冷却。近代的机床上还装有靠高压水射流冲刷引导的自动穿丝机构，能使电极丝经一个导向器穿过工件上的穿丝孔而被传送到另一个导向器上，在必要时也能自动切断并再穿丝，为无人连续切割创造了条件。

2. 脉冲电源

电火花线切割脉冲电源是数控电火花线切割机床的主要组成部分，是影响线切割加工工艺指标的主要因素之一。设计时要考虑电极丝允许承载电流的限制，线切割脉冲电源通常由脉冲发生器、推动级、功放及直流电源四部分组成。

电火花线切割加工脉冲电源的原理与电火花成形加工脉冲电源是一样的，只是由于加工条件和加工要求不同，对其又有特殊的要求。由于受加工表面粗糙度和电极丝允许承载电流的限制，脉冲电源的脉冲宽度较窄(1～128s)，脉冲间隔较长(5～1500s)，占空比最大可达 1∶12。单个脉冲能量、平均电流(1～8A)一般较小，因此，线切割加工总是采用正极性加工方式。脉冲电源的形式和品种很多，主要有晶体管矩形波脉冲电源、高频分组脉冲电源、阶梯波脉冲电源和并联电容型脉冲电源等。近年来随着大规模集成电路和功率器件的发展，在低速走丝切割电源中已采用高速开关大功率集成模块 IGBT，它能形成 0.1s 级和 500～1000A 的窄脉冲、峰值电流。提高峰值电流能大大提高低速走丝线切割机床的加工速度，但脉冲宽度必须减小，否则电极丝容易烧断。

3. 工作液循环系统

工作液的主要作用是在电火花线切割加工过程中的脉冲间歇时间内及时将已蚀除下来的电蚀产物从加工区域中排出，使电极丝与工件间的介质迅速恢复绝缘状态，保证火花放电不会变为连续的弧光放电，使线切割顺利进行下去。此外，工作液还有两个作用：一方面有助于压缩放电通道，使能量更加集中，提高电蚀能力；另一方面可以冷却受热的电极丝，防止放电产生的热量扩散到不必要的地方，有助于保证工件表面质量和提高电蚀能力。

工作液在线切割加工中对加工工艺指标的影响很大，如对切割速度、表面粗糙度、加工精度和生产率等都有影响。低速走丝线切割机床大多采用去离子水作为工作液，只有在特殊精加工时才采用绝缘性能较高的煤油。高速走丝线切割机床使用的工作液是专用乳化液，目前商品化供应的乳化液有 DX-1、DX-2、DX-3 等多种，各有其特点，有的适用于快速加工，有的适用于大厚度切割，也有的是在原来工作液中添加某些化学成分来改善其切割速度或增加防锈能力等。

由于线切割切缝很窄，顺利地排出电蚀产物是极为重要的，因此工作液的循环与过滤装置是线切割机床所必不可少的。其作用是充分地、连续地向加工区域供给清洁的工作液，及时排出间隙中的电蚀产物以及冷却加工区域，以保证脉冲放电过程的稳定进行。一般线切割机床的工作液循环系统包括工作液箱、工作液泵、流量控制阀、进液管、回液管及过滤网罩等。对于高速走丝线切割机床，通常采用浇注式的供液方式，而对于低速走丝线切割机床，近年来有些已采用浸泡式的供液方式。

1.2.3　电火花线切割控制系统和编程技术

1. 线切割控制系统

控制系统是进行电火花线切割加工的重要组成环节，是机床工作的指挥中心。控制系统的技术水平、稳定性、可靠性、控制精度及自动化程度等直接影响工件的加工工艺指标和工人的劳动强度。

控制系统的主要作用如下：在电火花线切割加工过程中，根据工件的形状和尺寸要求，自动控制电极丝相对于工件的运动轨迹；同时自动控制伺服进给速度，实现对工件的形状和尺寸加工。即控制系统使电极丝相对于工件按一定轨迹运动的同时，还应该实现伺服进给速度的自动控制，以维持正常的放电间隙和稳定切割加工。前者轨迹控制依靠数控编程和数控系统，后者是根据放电间隙大小与放电状态由伺服进给系统自动控制的，使进给速度与工件材料的蚀除速度相平衡。

电火花线切割机床控制系统的主要功能包括以下两个方面，即加工轨迹控制和加工过程控制。

加工轨迹控制即精确控制电极丝相对于工件的运动轨迹，以加工出需要的工件形状和尺寸。加工过程控制主要包括对伺服进给速度、脉冲电源、走丝机构、工作液循环系统以及其他的机床操作的控制。此外，失效、安全控制及自诊断功能等也是一个重要的方面。

2. 线切割程序编制

线切割编程方法分为人工编程和自动编程。人工编程是线切割工作者的一项基本功，它能使操作者比较清楚地了解编程所需要进行的各种计算和编程过程，但人工编程的计算工作比较繁杂、费时间。近年来由于微机的快速发展，线切割加工的编程越来越多地采用微机自动编程。

为了便于机器接收“命令”，必须按照一定的格式来编制线切割加工机床的数控程序。目前我国高速走丝线切割机床一般采用 3B(个别扩充为 4B 或 5B)数控程序格式，而低速走丝线切割机床普遍采用 ISO(国际标准化组织)或 EIA(美国电子工业协会)数控程序格式。早期的高速走丝线切割机床通过特殊的键盘输入 3B 代码程序指令。目前，我国生产的高速走丝线切割机床大部分采用绘图式方法的自动编程功能，操作人员只需根据待加工的零件图形，在计算机上绘制，即可自动转换成 3B 或 4B 代码的线切割程序。

1)3B 程序指令格式

3B 代码的格式见表 1-3，程序段固定，由 3 个 B 组成，故称为 3B 代码。B 为分隔符号，它在程序单上起着把 x、y 和 J 数值分隔开的作用。当程序输入控制器时，读入第一个 B 后，它使控制器做好接收 x 坐标值的准备，读入第二个 B 后做好接收 y 坐标值的准备，读入第三个 B 后做好接收 J 值的准备。B 后的数字若为 0(零)，则此 0 可以不写。

常见的图形都是由直线和圆弧组成的，编程时需用的参数有 5 个：x、y 为直线的终点或圆弧的起点坐标值，以微米(μm)为单位，均取绝对值；J 为切割时的计数长度(切割长度在 x 轴或 y 轴上的投影长度)；G 为切割时的计数方向，分 Gx 或 Gy，可按 x 方向或 y 方向计数，工作台在该方向每进给 1μm，计数累减 1，当减到计数长度 J=0 时，这段程序即加工完毕。Z 为加工指令，切割轨迹的类型，分为直线 L 与圆弧 R 两大类。

表 1-3　3B 程序指令格式

B	x	B	y	B	J	G	Z
分隔符	x 坐标值	分隔符	y 坐标值	分隔符	计数长度	计数方向	加工指令

2)3B 代码参数的选取原则

(1)参数 x、y 为坐标值。加工直线时，把直线起点设为原点(0,0)，(x,y)表示终点相对起点的坐标值。加工圆弧时，把圆心设为原点(0,0)，(x,y)表示圆弧起点相对圆心的坐标值。

(2)计数方向 G 和计数长度 J。①计数方向 G 的选取。为了保证所要加工的圆弧或直线段能按要求的长度加工出来，一般线切割加工机床是将从起点到终点某个滑板进给的总长度作为计数长度的。即在 x 和 y 两个坐标中用哪一个坐标作计数长度，要根据计数方向的选择而定。对于直线，选取进给距离比较长的一个方向作进给长度控制。若线段的终点为 *A*(Xe,Ye)，当｜Ye｜>｜Xe｜时，计数方向取 Gy；当｜Ye｜<｜Xe｜时，计数方向取 Gx，当｜Ye｜=｜Xe｜时，取此程序最后一步的轴向为计数方向。对于圆弧，根据终点的状况决定。当圆弧到达终点时，最后一步是哪个坐标，即计数方向。若圆弧的终点为 *B*(Xe,Ye)，当｜Ye｜>

| Xe | 时，计数方向取 Gx；当 | Ye | < | Xe | 时，计数方向取 Gy；当 | Ye | = | Xe | 时，按习惯选取。②计数长度 J 的选取。当计数方向确定后，计数长度 J 取计数方向上从起点到终点滑板移动的总距离，即直线或圆弧段在计数方向坐标轴上投影长度的总和。

(3) 加工指令 Z 的选取。直线又按走向和终点所在象限而分为 L1、L2、L3、L4 四种，其中，与 *X* 轴正方向重合的直线计为 L1，与 *Y* 轴正方向重合的直线计为 L2，其余类推；圆弧又按第一步进入的象限及走向的顺圆、逆圆而分为顺圆 SR1、SR2、SR3、SR4 及逆圆 NR1、NR2、NR3、NR4 共八种，如图 1-29 所示。

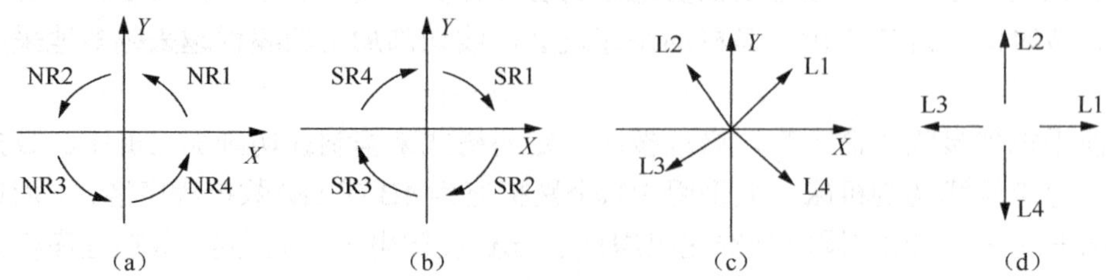

图 1-29　加工指令

3) 3B 代码编程举例

在线切割程序中，x、y 和 J 的值以微米为单位，手工编程时，要先将工件图形分解为若干直线、圆弧，然后逐条编写程序。下面以图 1-30 所示图形的编程过程进行具体分析。

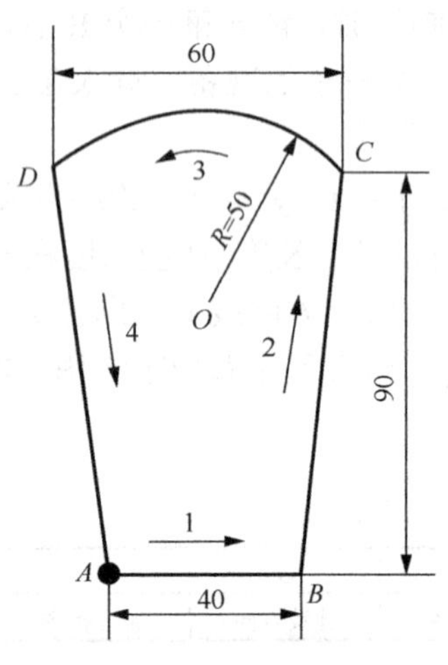

图 1-30　编程图形(单位：mm)

经分析，本图形由三段直线与一段圆弧组成，按照逆时针顺序加工。

(1) *AB* 段直线：取 *A* 为原点，*AB* 与 *X* 正方向重合，x 为 40000，y 为 0，| Ye | < | Xe |，计数方向为 Gx，计数长度 J 为 40000，故程序段为：B40000 B0 B40000 Gx L1。

(2) *BC* 段直线：取 *B* 为原点，直线终点 *C* 相对于直线起点 *B* 的坐标为(10000，90000)，| Ye | > | Xe |，计数方向为 Gy，计数长度 J 为 90000，直线在第一象限，指令为 L1，故程序段为：B10000 B90000 B90000 Gy L1。

(3) *CD* 段圆弧：取 *O* 点为圆心，圆弧起点 *C* 相对于圆弧圆心 *O* 的坐标为(30000，40000)，由于比较结果 | Ye | > | Xe |，计数方向为 Gx，计数长度 J 为 60000，加工指令为 NR1，故程序为：B30000 B40000 B60000 Gx NR1。

(4) *DA* 段直线：取 *D* 为原点，直线终点 *A* 相对于直线起点 *D* 的坐标为(10000，−90000)，由于比较结果 | Ye | > | Xe |，计数方向为 Gy，计数长度 J 为 90000，直线在第四象限，指令为 L4，故程序段为：B10000 B90000 B−90000 Gy L4。

以上编程的轨迹表示电极丝中心点的路径，在实际线切割加工和编程时，应考虑电极丝的半径与单边放电间隙的影响，对于孔类尺寸，应做减小偏移处理，对轴类尺寸，应做增大偏移处理，偏移量通常为电极丝半径与单边放电间隙之和，并通过加工试验进行校准。

4) 自动编程

随着计算机技术的发展，现在很多线切割加工机床都配有微机编程系统。微机编程系统的类型比较多，按输入方式的不同，大致可以分为语言输入、菜单及语言输入、AutoCAD 方式输入、用鼠标器按图形标注尺寸输入、数字化仪输入、扫描仪输入等。从输出方式看，大部分系统都能输出 3B 或 4B 程序、显示图形、打印程序、打印图形等，有的还能输出 ISO 代码，同时把编出的程序直接传输到线切割控制器中。此外，还有编程兼控制的系统。

自动编程中的应用软件(编译程序)是针对数控编程语言开发的。我国研制了多种自动编程软件(包括数控语言和相应的编译程序)，如 XY、SKX-1、SXZ-1、SB-2、SKG、XCY-1、SKY、CDL、TPT 等。通常，经过后置处理可按需要显示或打印出 3B(或 4B、5B 扩展型)格式的程序清单。国际上主要采用 APT 数控编程语言，但一般根据线切割加工机床控制的具体要求做了适当简化，输出的程序格式为 ISO 或 EIA。北京北航海尔软件有限公司的“CAXA 线切割 V2”编程软件就是典型的 AutoCAD 方式输入的编程软件。“CAXA 线切割 V2”可以完成绘图设计、加工代码生成、连机通信等功能，集图样设计和代码编程于一体。“CAXA 线切割 V2”还可直接读取 EXB、DWG、DXF、IGES 等格式的文件，完成加工编程。

微机自动编程系统的主要功能包括以下几项。

(1)处理由直线、圆弧、非圆曲线和列表曲线所组成的图形。

(2)能以相对坐标和绝对坐标编程。

(3)能进行图形旋转、平移、对称(镜像)、比例缩放、偏移、加线径补偿量、加过渡圆弧和倒角等。

(4)具有 CRT 显示、打印图表、绘图机作图、存入磁盘、直接输入线切割加工机床等多种输出方式。

此外，低速走丝线切割机床和近年来我国生产的一些高速走丝线切割机床，本身已具有多种自动编程机的功能，实现了控制机与编程机合二为一，在控制加工的同时，可以“脱机”进行自动编程。

1.2.4　线切割加工的扩展应用

电火花线切割加工是直线电极的展成加工，工件形状是通过控制电极丝和滑板之间的相对坐标运动来保证的。不同的数控机床所能控制的坐标轴数和坐标轴的设置方式不同，从而加工工件的范围也不同。

线切割加工一般只用于切割二维曲面，即用于切割型孔，不能加工立体曲面(三维曲面)。然而一些由直线组成的三维直纹曲面，如螺纹面、双曲面以及一些特殊表面等，用电火花线切割加工仍是可以实现的，只需增加一个数控回转工作台附件，采取数控移动和数控转动相结合的方式编程即可获得。

1. 直壁二维型面的线切割加工

国产高速走丝线切割机床一般都采用 X、Y 两直角坐标轴，可以加工出各种复杂轮廓的二维零件。这类机床只有工作台 X、Y 两个数控轴，钼丝在切割时始终处于垂直状态，因此只能切割直上直下的直壁二维图形曲面，常用以切割直壁没有落料角(无锥度)的冲模和工具电极。它结构简单、价格便宜，由于调整环节少，故可控精度较高，早期绝大多数的线切割机床都属于这类产品。

2. 等锥角三维曲面的线切割加工

在这类机床上除工作台有 X、Y 两个数控轴外，在上丝架上还有一个小型工作台(有 U、V 两个数控轴)，使电极丝(钼丝)上端可做倾斜移动，从而切割出倾斜有锥度的表面。由于 X、

Y 和 U、V 四个数控轴是同步、成比例的，因此切割出的斜度(锥度)是相等的。可以用来切割有落料角的冲模。现在生产的大多数高速走丝线切割机床都属于此类机床。可调节的锥度最早只有 3°～10°，现在已经达到 30°，有的甚至达到 60°以上。

3. 三维直纹曲面的线切割加工

如果在普通的二维线切割加工机床上增加一个数控回转工作台附件，工件装在用步进电动机驱动的回转工作台上，采取数控移动和数控转动相结合的方式编程，用 θ 角方向的单步转动来代替 Y 轴方向的单步移动，即可完成像螺旋面、双曲面和正弦曲面等这些复杂曲面加工工艺。图 1-31 为工件数控转动 θ 角和 X、Y 数控两轴或三轴联动加工各种三维直纹曲面实例的示意图。图 1-31(a)、(b)、(d)为 X 与 θ 转动两轴插补联动；图 1-31(c)为切入后仅 θ 单轴伺服转动；图 1-31(e)为每次 X、Y 轴按宝塔的投影插补联动切割后，经 7 次分度，可切割出八角宝塔；图 1-31(f)为 Y、θ 联动切入后，X、θ 联动切割带窄螺旋槽的绕性联轴套；图 1-31(g)为 X、Y、θ 联动，再经定期多次分度，可以切割出四方或多边锥台。

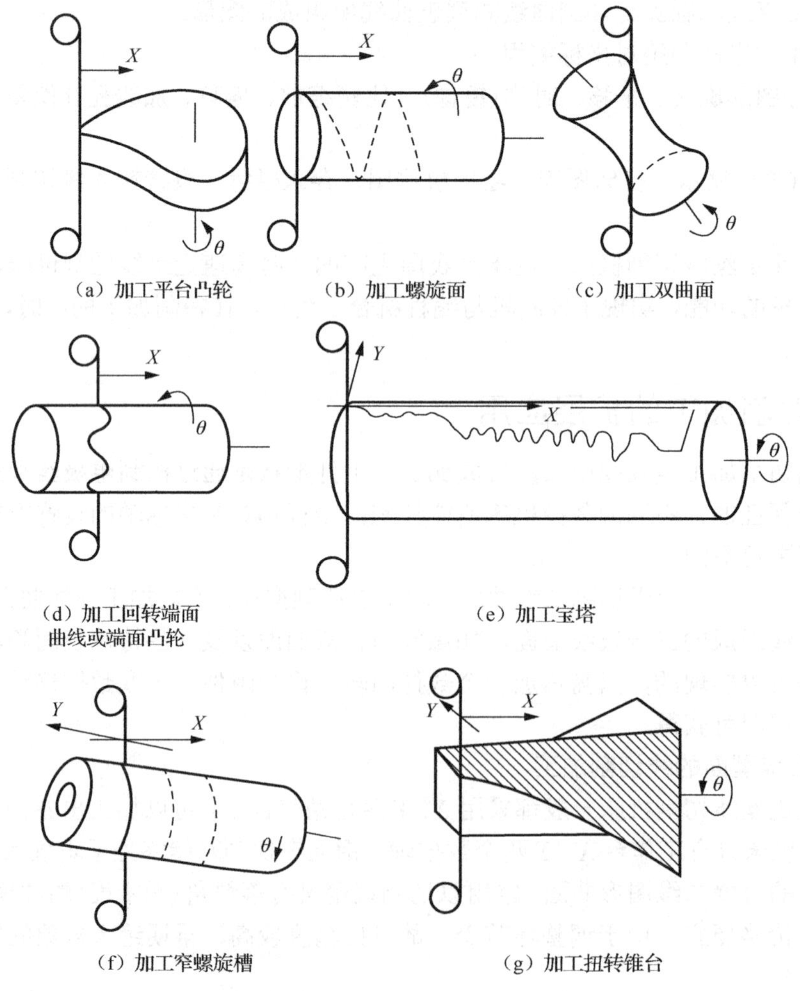

(a) 加工平台凸轮　(b) 加工螺旋面　(c) 加工双曲面

(d) 加工回转端面曲线或端面凸轮　(e) 加工宝塔

(f) 加工窄螺旋槽　(g) 加工扭转锥台

图 1-31　切割各种三维直纹曲面示意图

采用 CNC(计算机数控)控制的四轴联动线切割加工机床，更容易实现三维直纹曲面的加工。目前，一般采用上下面独立编程法，这种方法首先分别编制出工件上表面和下表面二维图形的 APT 程序，经后置处理得到上下表面的 ISO 程序，然后将两个 ISO 程序经轨迹合成后得到四轴联动线切割加工的 ISO 程序。

思 考 题

1-1　电火花加工时的自动进给系统与车、钻、磨削时的自动进给系统在原理上有什么不同？为什么？

1-2　什么是电火花加工的极性效应？试分析脉冲宽度的大小变化对极性效应的影响规律。为减小电极损耗，采用什么电规准较好？

1-3　电火花加工间隙状态检测的原理是什么？为什么不能采用直接测量间隙的办法获得放电间隙数据？间隙检测状态如何反馈给执行元件？

1-4　电火花线切割加工中加工极性如何确定？依据是什么？

1-5　请分别编制题 1-5 图所示零件的线切割加工 3B 代码，已知线切割加工用的电极丝直径为 0.18mm，单边放电间隙为 0.01mm，*O* 点为穿丝孔，加工方向为 *O*—*A*—*B*—*O*。

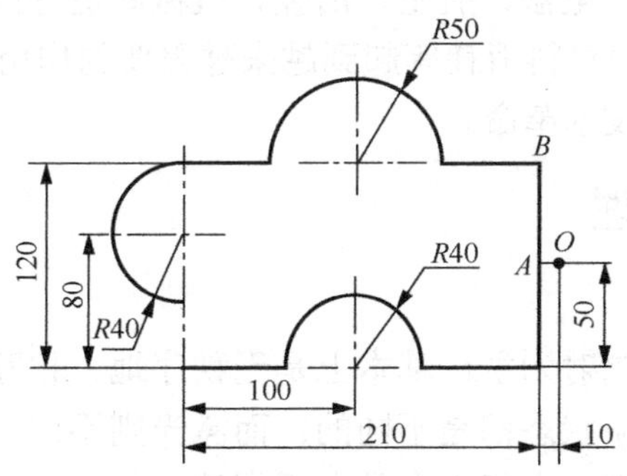

题 1-5 图(单位：mm)

1-6　如题 1-6 图所示的某零件图，*AB*、*AD* 为设计基准，圆孔 *E* 已经加工好，现用线切割加工圆孔 *F*。假设穿丝孔已经钻好，请说明将电极丝定位于欲加工圆孔中心 *F* 的方法。

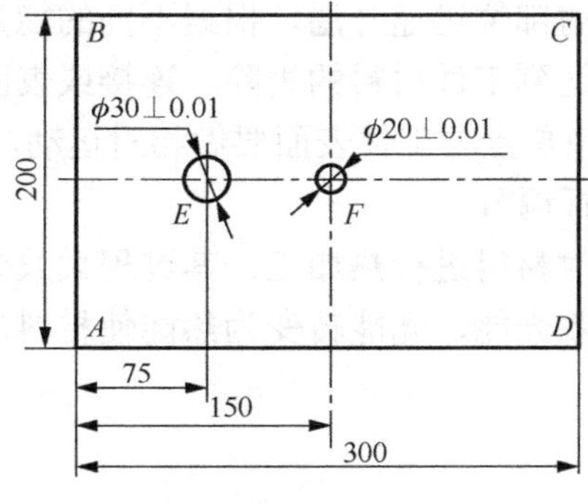

题 1-6 图(单位：mm)

1-7　如何在线切割机床上切割加工出螺旋面零件？

第 2 章　高能束流特种加工技术

2.1　激 光 加 工

激光加工(laser beam machining，LBM)技术是一种高度柔性化和智能化的特种加工技术，主要包括激光打孔、激光切割、激光焊接、激光表面强化与热处理、激光打标、激光清洗、激光微细加工等，被誉为“21 世纪的万能加工工具”。激光技术是 20 世纪 60 年代发展起来的一门新兴的科学，在材料加工方面，已经逐步形成了一种崭新的加工方法。激光加工技术是一门综合性的高科技技术，它交叉了光学、材料科学与工程、机械制造学、数控技术及电子等学科，属于当前国内外科技界和产业界共同关注的热点。激光加工技术作为先进制造技术已广泛应用于汽车、电子、电器、航空、冶金、机械制造等国民经济重要部门，对提高产品质量、劳动生产率以及减少材料消耗等起到越来越重要的作用。有人预测，在 21 世纪，激光加工技术将引起一次新的技术革命。

2.1.1　激光加工的原理

1. 激光的产生

普通光源的发光以自发辐射为主，基本上是无秩序地、相互独立地产生光发射，发出的光波无论方向、位相或者偏振状态都是不同的；而激光则不同，它的光发射是一种经受激辐射产生的加强光，因而发光物质中基本上是有组织地、相互关联地产生光的发射，发出的光具有相同的频率、方向、偏振性和严格的位相关系。正是这个质的区别才导致激光具有高亮度、高方向性、高单色性和高相干性四大综合性能。

激光加工是把具有足够能量的激光束聚焦后照射到所加工材料的适当位置，在极短的时间内，光能转变为热能，被照射部位迅速升温。根据不同的能量输入，材料可以发生汽化、熔化或金相组织的变化，从而达到工件材料的去除、连接或表面改性等目的。激光加工时，为满足不同的加工要求，激光束焦点与工件表面要做相对运动，加工主要参数，如光斑直径、焦点位置、加工功率等都要进行调节。

激光加工以激光为热源，对材料进行热加工，其过程大致分为以下几个阶段：激光束聚焦照射在工件材料上；材料吸收光能，光能转变为热能使材料加热；通过汽化或熔融溅出使材料去除、连接或改性。

2. 激光加工过程

根据激光与物质的相互作用机理，激光加工的物理过程大致可分为材料对激光的吸收和能量转换，材料的加热熔化、汽化、蚀除产物的抛出等几个连续阶段。

1) 材料对激光的吸收和能量转换

激光入射到材料表面上的能量，一部分被材料吸收用于加工，另一部分被反射、透射等损失掉。材料对激光的吸收与波长、材料性质、温度、表面状况、偏振特性等因素有关。

材料吸收激光后首先产生的不是热，而是某些质点的过量能量即自由电子的动能、束缚电子的激发能，或者还有过量的声子。这些有序的原始激发能需经历两个步骤才转化为热能。第一步是受激粒子运动的空间和时间随机化。这个过程在粒子的碰撞时间(弛豫时间)内完成，这个时间比最短的激光脉冲宽度还短，甚至可短于光波周期。第二步是能量在各质点间的均布，这个过程包含大量的碰撞和中间状态，而以非金属材料尤甚。其中可能存在若干能量转换机制，每种转换又具有特定的时间常数。例如，金属中受激运动的自由电子通过与晶体点阵的碰撞将多余能量转化为晶体点阵的振动。对于一般激光加工，均可认为材料吸收的光能向热能的转换是瞬间发生的，在这个瞬间内，热能仅作用于材料的激光辐照区。随后通过热传导使热量由高温区流向低温区。

2) 材料的加热熔化、汽化

材料吸收激光能并转化为热能后，其受辐射区的温度迅速升高，首先引起材料的汽化蚀除，然后才产生熔化蚀除。开始时，蒸气发生在大的立体角范围内，以后逐渐形成深的圆坑，一旦圆坑形成之后，蒸气便以一条较细的气流喷出，这时熔融材料也伴随着蒸气流溅出。在开始阶段，圆坑无论在深度和直径上都在不断增大，但到一定时间之后，圆坑直径变化就很小了。这是因为圆坑侧壁的加热和破坏是受很多因素影响的，其中主要是激光束的散射随着深度的增加而增加，侧壁的温度随着深度的增加而逐渐降低。经过一段时间之后，整个加工区的加热速度有所降低。这是由于光束被蒸气和飞溅物所遮蔽，同时蒸气和飞溅物本身也在不断地吸收热量，但加工区的温度仍在增加，蒸气和熔融物也在不断产生。若激光功率密度不再继续增加(取决于激光脉冲波形)，则熔融液相对增加，同时也会加剧小气泡的增长速度，最后导致液相从激光作用区抛出。

3) 蚀除产物的抛出

由于激光束照射使加工区内材料瞬时急剧熔化、汽化，加工区内的压力迅速增加，并产生爆炸冲击波，使金属蒸气和熔融产物高速地从加工区喷射出来，熔融产物高速喷射时所产生的反冲力，又在加工区形成强烈的冲击波，进一步加强了蚀除产物的抛出效果。

激光加工的主要参数为激光的功率密度、激光的波长、输出的脉宽、激光照在工件上的时间及工件对能量的吸收率等。要根据加工材料的特性，考虑不同激光器输出的激光波长、功率和模式，合理决定被选用激光器的种类，同时对主要参数进行合理配置，激光便可以进行多种类型的加工。

不同的加工工艺有不同的要求，材料焊接与连接工艺不要求材料去除，将材料加热到熔点以上即可。材料表面改性及热处理需要加热到一定温度使材料相变。材料去除加工则需要尽量减少热影响，以去除材料为主。

2.1.2 典型激光器

激光加工系统一般包括激光器、电源、光学系统及机械系统四大部分。目前常用的激光器一般分为固体激光器、气体激光器。

1. 固体激光器

固体激光器常用的工作物质有掺钕钇铝石榴石(YAG)、红宝石和钕玻璃等，图 2-1 是固体激光器的工作原理图。

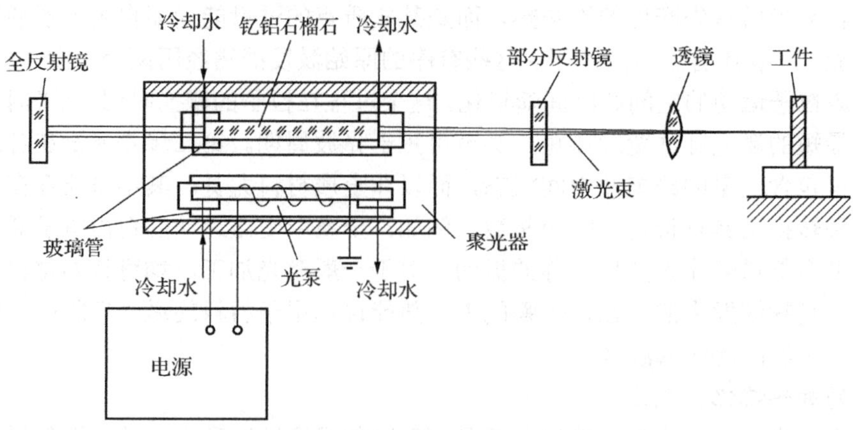

图 2-1 固体激光器的工作原理图

掺钕钇铝石榴石是在钇铝石榴石($Y_3Al_5O_{12}$)晶体中掺杂 1.5%的钕而形成的，属于四能级系统，发射 1.06μm 波长的红外激光。当工作物质钇铝石榴石受到光泵(激励脉冲氙灯)的激发后，吸收具有特定波长的光，在一定条件下可导致工作物质中的亚稳态粒子数大于低能级粒子数，这种现象称为粒子数反转。此时一旦有少量激发粒子产生受激辐射跃迁，就会造成光放大，再通过谐振腔内的全反射镜和部分反射镜的反馈作用产生振荡，最后由谐振腔的一端输出激光。

钇铝石榴石($Y_3Al_5O_{12}$)晶体物理性能好、导热性好、热膨胀系数小、机械强度高，可工作在脉冲方式和连续方式中，工作频率可达 10～100 次/秒，连续输出功率达几百瓦，广泛用于激光打孔、焊接等领域。

2. 气体激光器

气体激光器一般采用电激励，效率高、寿命长、连续输出功率大，广泛应用于激光切缝、激光焊接、激光表面改性等领域，气体激光器中以 CO_2 激光器应用最广，其连续输出功率可达上万瓦，是目前连续输出功率最高的激光器，发出 10.6μm 波长激光，其结构如图 2-2 所示。

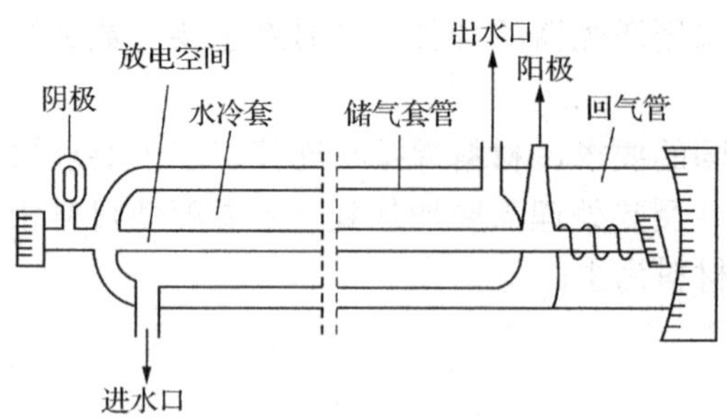

图 2-2 CO_2 激光器的基本结构示意图

CO_2 激光器的主要工作物质由 CO_2、N_2、He 三种气体组成，其中 CO_2 是产生激光辐射的气体，N_2 及 He 为辅助性气体。N_2 的加入主要在 CO_2 激光器中起能量传递作用，为 CO_2 激光上能级粒子数的积累及大功率的激光输出起到强有力的作用。He 的作用是抽空激光较低能级的粒子，He 分子与 CO_2 分子相碰撞，使 CO_2 分子从较低能级尽快回到基级。He 的导热性好，能把激光器工作时气体中的热量传给管壁或热交换器，使激光器的输出功率和效率大大提高。

在放电管中，通常输入几十毫安或几百毫安的直流电流，放电时，放电管中的混合气体内的氮分子由于受到电子的撞击而被激发起来，这时受到激发的氮分子便和 CO_2 分子发生碰撞，氮分子把自己的能量传递给 CO_2 分子，CO_2 分子从低能级跃迁到高能级上，形成粒子数反转从而产生激光，激光通过透镜聚焦形成高能光束照射在工件表面上，即可进行加工。该聚焦光斑的直径大小可根据加工需要调整，一般从几微米到几十微米，其能量密度可达 10^8～10^{10}W/cm^2，温度可达 10000℃以上，因此能在千分之几秒甚至更短的时间内熔化、汽化任何材料。

2.1.3　激光加工的典型工艺方法

1. 激光打孔

激光打孔是激光加工的主要领域之一，主要应用于在特殊零件或特殊材料上加工孔，如火箭发动机和柴油机的喷油嘴、化学纤维的喷丝板、钟表上的宝石轴承和聚晶金刚石拉丝模等零件上的微细孔加工。激光打孔的功率密度一般为 10^7～10^8W/cm^2，加工微孔的直径可以达到几微米。激光打孔可以连续打孔，效率很高，例如，加工钟表行业红宝石轴承上直径为 0.12～0.18mm，深度为 0.6～1.2mm 的小孔，若工件自动传送，每分钟可加工几十件；在直径为 100mm 的不锈钢喷丝板上打 10000 多个直径为 0.06mm 的小孔，采用数控激光加工，不到半天即可完成；在聚晶金刚石拉丝模坯料的中央加工直径为 0.04mm 的小孔，用机械超声钻孔机需要几小时，而用激光仅需几十秒。激光打孔不仅能节省许多昂贵的钻石粉，而且与常规的机械超声加工方法相比，大大提高了加工效率。

激光打孔的成形过程是材料在激光热源照射下产生的一系列热物理现象的综合结果，它与激光束的特性和材料的热物理性质有关，在加工过程中，影响激光打孔的主要因素有激光输出功率与照射时间、焦距与发散角、焦点位置、光斑内能量分布、照射次数及工件材料等。

激光输出功率大、照射时间长，工件所获得的激光能量就大。实践表明，当焦点固定在工件表面时，输出的激光能量越大，所打的孔就越大、越深且锥度越小。

发散角小的激光束，经短焦距的聚焦物镜以后，在焦面上可以获得更小的光斑及更高的功率密度，由于功率密度大，激光束对工件的穿透力大，打出的孔不仅深，而且锥度小。所以要尽量减小激光束的发散角。

焦点位置对于孔的形状和深度有很大影响，当焦点位置很低时，透过工件表面的光斑面积很大，不仅会产生很大的喇叭口，而且由于能量密度减小而影响加工深度，如图 2-3 所示。图 2-3(a)～(c) 中焦点逐步提高，孔深也随之增加。如果焦点太高，同样在工件表面光斑很大而蚀除面积大，但深度浅。图 2-4 表示孔型和离焦量的关系，从图中可见，只要适当控制离焦量和激光功率密度，就能很好地控制孔的形状，并可以找到打锥度小的孔的最佳工艺参数范围。

用脉冲激光照射一次，加工的深度大约是孔径的五倍，且锥度较大。如果用激光多次照射，不仅深度可以大大增加，锥度可以减少，而且孔径几乎不变。但是孔的深度并不与照射次数成比例。而是加工到一定深度后，由于孔壁的反射、透射，激光的散射或吸收，以及抛出力减小、排屑困难等，孔前端的能量密度不断减小，加工量也逐渐减小，以致不能继续打下去。图 2-5 是用红宝石激光器加工蓝宝石时获得的试验曲线，从图中可知，照射 20～30 次以后，孔的深度到达饱和值，如果单脉冲能量不变，则不能继续加工。

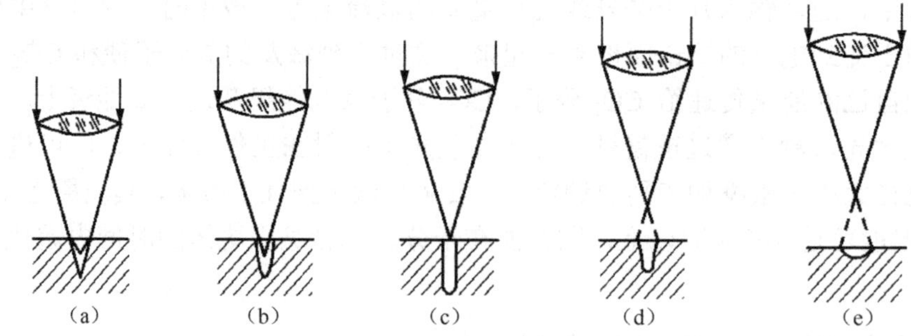

图 2-3　焦点位置与孔的剖面形状

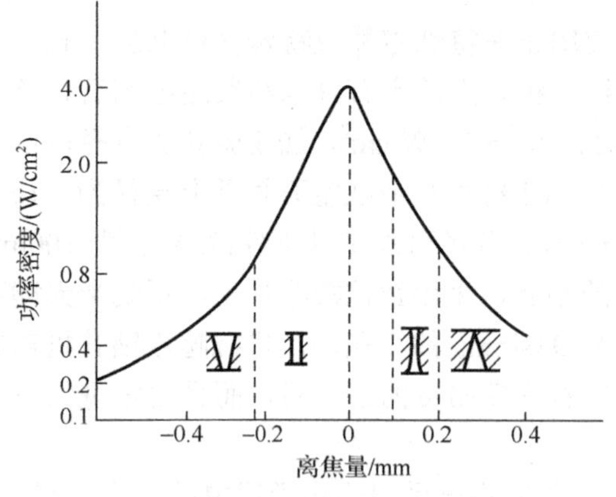

图 2-4　孔型与离焦量的关系

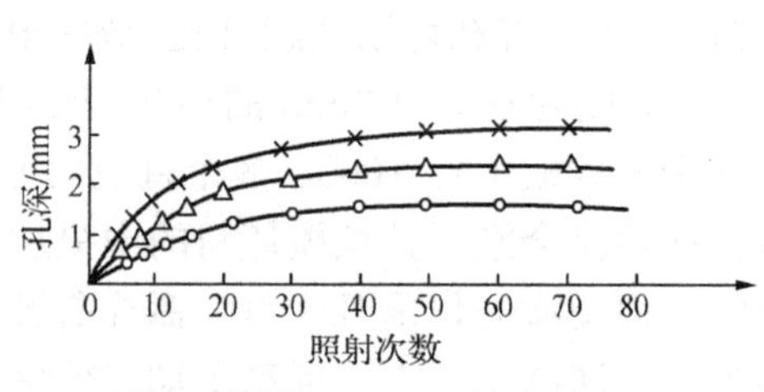

图 2-5　照射次数与孔深的关系

由于各种工件材料对能量的吸收光谱不同，经透镜聚焦到工件上的激光能量不可能全部被吸收，其中有相当一部分能量被反射或透射而散失掉，其吸收效率与工件材料的吸收光谱及激光波长有关，在生产实践中，必须根据工件材料性能(吸收光谱)选择合适的激光器。

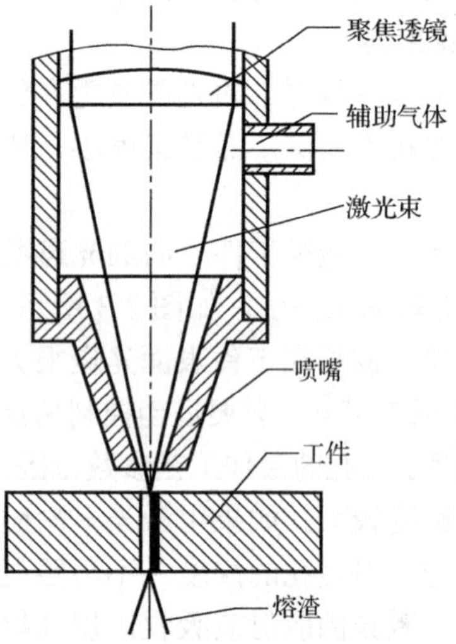

聚焦透镜
辅助气体
激光束
喷嘴
工件
熔渣

图 2-6　激光切割示意图

2. 激光切割

激光切割以其切割范围广、切割速度高、切缝窄、热影响区小、加工柔性大等优点在现代工业中得到了极为广泛的应用，激光切割技术也成为激光加工技术中最为成熟的技术之一。

激光切割的工业应用始于 20 世纪 70 年代初，最初用于硬木板上切割非穿透槽、嵌刀片、制造冲剪纸箱板的模具。随着激光器件和加工技术的进步，其应用领域逐步扩大到各种金属和非金属板材的切割，还可以透过玻璃切割真空管内的灯丝，这是任何其他加工方法都难以实现的。

激光切割的原理和激光打孔的原理基本相同，所不同的是，切割时工件与激光束要有相对移动。激光切割的示意图如图 2-6 所示，聚焦透镜将激光聚焦为一个很小的光斑。焦斑位于待加工表面附近，用以熔化或汽化被切材料。与此同时，与光束同轴的气流由切割头喷出，将熔化或汽化了的材料由切口的底部吹出。随着激光切割头与被切割材料的相对运动，生成切口。如果吹出的气体和被切割材料产生放热反应，则此反应将提供切割所需的附加能源，气流还有冷却已切割表面、减少热影响区和保证聚焦透镜不受污染的作用。

激光切割是激光加工行业中最重要的一项应用技术，已广泛地应用于汽车、机车车辆制造、航空、化工、轻工、电器与电子、石油和冶金等工业部门，并且应用范围越来越广。表 2-1、表 2-2 分别列出了 CO_2 激光器对金属材料和非金属材料切割的有关数据。

表 2-1　CO_2 激光器对金属材料切割的有关数据

材料	厚度/mm	切割速度/(m/min)	激光输出功率/W	喷吹气体
铝	12.7	0.5	6000	空气
	13	2.3	15000	
碳素钢	3	0.6	250	O_2
	6.5	2.3	15000	空气
	7	0.35	500	O_2
淬火钢	25	1.1	10000	N_2
	45	0.4	10000	N_2
不锈钢	2	0.6	250	O_2
	13	1.3	10000	N_2
	44.5	0.38	12000	
锰合金钢	4	0.49	250	O_2
	5	0.85	500	O_2
	8	0.53	350	O_2
钛合金	1.46	1.2	400	空气
	5	3.3	850	O_2
锆合金	1.2	2.2	400	空气
钴基合金	2.5	0.35	500	O_2

表 2-2　CO_2 激光器对非金属材料切割的有关数据

材料	厚度/mm	切割速度/(m/min)	激光输出功率/W	喷吹气体
石英	3	0.43	500	N_2
陶瓷	1	0.392	250	N_2
	4.6	0.075	250	N_2
玻璃钢	1.5	0.491	250	N_2
	2.7	0.392	250	N_2
有机玻璃	20	0.171	250	N_2
	25	15	8000	空气
木材(软)	25	2	2000	N_2

续表

材料	厚度/mm	切割速度/(m/min)	激光输出功率/W	喷吹气体
木材(硬)	25	1	2000	空气
聚四氟乙烯	10	0.171	250	N_2
	16	0.075	250	N_2
压制石棉	6.4	0.76	180	空气
涤卡	130	0.214	250	N_2
聚氯乙烯	3.2	3.6	300	空气
混凝土	30	0.4	4000	
皮革	3	3.05	225	空气
胶合板	19	0.28	225	空气

激光切割加工广阔的应用市场，加上现代科学技术的迅猛发展，使得国内外科技工作者对激光切割加工技术进行了不断深入的研究，推动着激光切割技术不断地向前发展。

(1) 伴随着激光器向大功率发展以及采用高性能的 CNC 及伺服系统，激光切割将向高度自动化、智能化方向发展，将 CAD/CAPP/CAM 以及人工智能运用于激光切割，研制出高度自动化的多功能激光加工系统。使用高功率的激光切割可获得高的加工速度，同时减小热影响区和热畸变，所能够切割的材料板厚也将进一步提高。

(2) 根据激光切割工艺参数的影响情况改进加工工艺，根据加工速度自适应地控制激光功率和激光模式，以数据库为系统核心，面向通用化的 CAPP 开发工具，对激光切割工艺设计所涉及的各类数据进行分析，建立相适应的数据库和专家自适应控制系统，使得激光切割整机性能普遍提高。

(3) 为了满足汽车和航空等工业的立体工件切割的需要，三维激光切割机正向高效率、高精度、多功能和高适应性的多功能的激光加工中心发展，将激光切割、激光焊接以及热处理等各道工序后的质量反馈集成在一起，充分发挥激光加工的整体优势。

(4) 随着 Internet 和 Web 技术的发展，建立基于 Web 的网络数据库，采用模糊推理机制和人工神经网络来自动确定激光切割工艺参数，并且能够远程异地访问和控制激光切割过程也是未来发展的趋势。

3. 激光焊接

激光焊接技术经历了由脉冲波向连续波的发展，从有效功率薄板焊接向大功率厚件焊接的发展，由单工作台单工件加工向多工作台多工件同时焊接的发展，以及由简单焊缝形状向可控复杂焊缝形状的发展。激光焊接的应用也随着激光焊接技术的发展而发展，目前，激光焊接技术已在航空航天、武器制造、船舶工业、汽车制造、压力容器制造、民用及医用等多个领域得到应用。

目前，激光焊接主要使用 CO_2 激光器和 Nd:YAG 激光器。根据激光焊时焊缝的形成特点，可以把激光焊分为热导焊和深熔焊。图 2-7 表明了熔化过程的演变。热导焊使用的激光功率密度低，熔池形成时间长，且熔深浅，多用于小型零件的焊接。热导焊时，激光照射在材料表面时，光能转化为熔化热，表层的热以热传导的方式向材料深处传递，最后将两焊件熔接在一起。

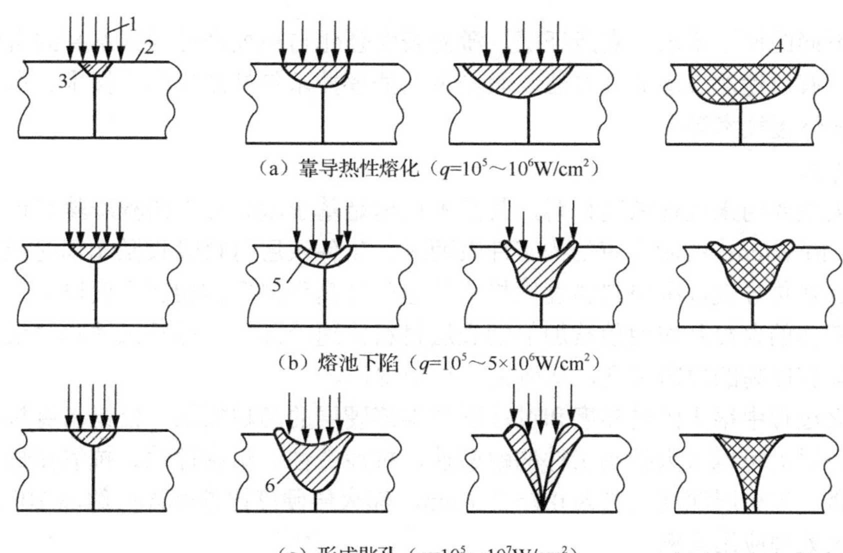

图 2-7　在不同辐射功率密度下熔化的演变过程

1-激光；2-被焊接零件；3-熔化金属；4-已冷却的熔池；5-加深的体积；6-依靠蒸发暂时形成的孔

深熔焊使用的激光功率密度高，激光辐射区金属熔化速度快，在金属熔化的同时伴随着强烈的汽化，使熔化金属向四周排挤，形成凹坑。随着激光的继续照射，凹坑穿入更深，形成匙孔。并在激光停止照射时，利用金属回流使两焊件连接在一起。该方法能获得熔深较大的焊缝，焊缝的深宽比较大，可达 12∶1。

在激光焊接过程中，当激光束触及金属材料时，激光通过光斑向材料“注入”热量，其能量通过热传导传递到工件表面以下更深处。在激光热源的作用下，材料熔化、蒸发，并穿透工件的厚度方向形成狭长空洞，随着激光焊接的进行，小孔在两工件间的接缝区域移动，进而形成焊缝。与一般焊接方法相比，激光焊接具有以下特点。

(1)能量密度高，聚焦后的激光具有很高的功率密度(10^6～10^8W/cm^2 或更高)，焊接以深熔方式进行，可以焊接一般焊接方法难以焊接的材料，如高熔点金属等，甚至可用于非金属材料的焊接，如陶瓷、有机玻璃；焊后无须热处理，适合于某些对热输入敏感的材料的焊接。由于激光加热范围小(<1mm)，在同等功率和焊接厚度条件下，焊接速度高，热输入小，热影响区小，焊接应力和变形小。

(2)焊接位置灵活，激光能发射、透射，能在空间传播相当距离而衰减很小，可以进行远距离或一些难以接近的部位的焊接，激光还可通过光导纤维、棱镜等光学方法弯曲传输、偏转、聚焦，特别适合于微型零件及可达性很差部位的焊接。

(3)焊接材料广，激光在大气中损耗不大，可以穿过玻璃等透明物体，适用于在玻璃制成的密封容器里焊接铍合金等剧毒材料；属于非接触焊接，接近焊区的距离比电弧焊的要求低，与电子束焊相比，不需要真空设备，而且不产生 X 射线，也不受磁场干扰。

(4)激光焊接机体积较大，价格昂贵，一次性投资较大。激光的能量可以灼伤人的身体，所以激光焊机，特别是激光束经常移动的焊机，应该设有保护装置。

4. 激光表面强化与热处理

激光表面强化与热处理技术，是在材料表面形成一定厚度的处理层，可以改善材料表面的力学性能、冶金性能、物理性能，从而提高零件的耐磨、耐腐蚀、耐疲劳等一系列性能，以满足各种不同的使用要求。实践证明，激光表面强化与热处理已因其本身固有的优点而成为发展迅速、有前途的表面处理方法。激光表面处理技术包括激光淬火技术、激光合金化技术、激光表面熔覆技术等。

1）激光淬火

激光淬火主要用来处理铁基材料，其基本机理是基于激光淬火的骤冷骤热过程，当功率密度为 10^4～10^6W/cm^2 的激光束扫描工件表面时，工件表层材料吸收激光辐射能并转化为热能，然后通过热传导使周围材料温度以极快的速度升高到奥氏体相变温度以上、熔点以下，再通过材料基体的自冷却作用使被加热的表层材料快速冷却，使得马氏体本身硬度增高、马氏体细化且具有很高的位错密度，从而完成相变硬化。

激光淬火过程中很大的过热度和过冷度使得淬硬层的晶粒极细、位错密度极高且在表层形成压应力，进而可以大大提高工件的耐磨性、抗疲劳性、耐腐蚀性、抗氧化性等，延长工件的使用寿命。淬火层深度一般为 0.7～1.1mm，淬火层硬度比常规淬火约高 20%。图 2-8 为激光表面淬火处理应用实例。

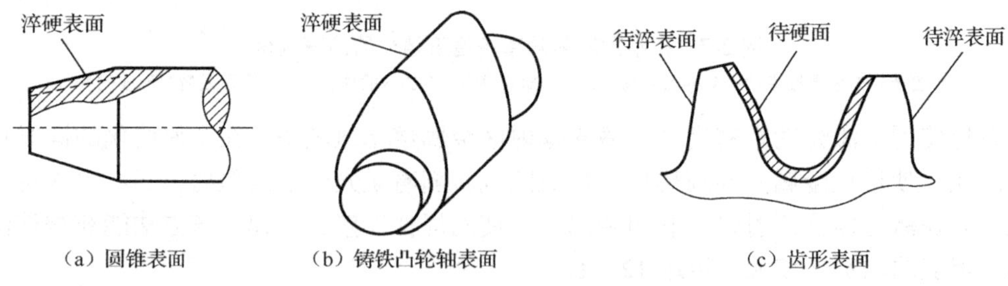

图 2-8　激光表面淬火处理应用实例

2）激光合金化

激光合金化是金属材料表面局部改性处理的一种新方法。它是指在工件基体的表面采用沉积法预先涂一层合金，在高能量激光束的照射下，使基体材料表面的薄层与根据需要加入的合金元素同时快速熔化、混合，形成厚度为 10～1000μm 的表面熔化层，熔化层在凝固时获得的冷却速度可达 10^5～10^8℃/s，相当于急冷淬火技术所能达到的冷却速度，又由于熔化层液体内存在着扩散作用和表面张力效应等物理现象，材料表面仅仅在极短时间内（50μs～2ms）便可形成具有要求深度和化学成分的表面合金化层，快速熔化非平衡过程可使合金元素凝固后的组织达到很高的过饱和度，从而形成普通合金化方法不容易得到的化合物、介稳相和新相，还能在合金元素消耗量很低的情况下获得具有特殊性能的表面合金。采用这种工艺方法能使贵重金属，如铬、钴和镍等熔入低级而廉价的钢表面，达到表面改性处理的目的。

激光表面合金化工艺的最大特点是只在熔化区和很小的影响区内发生了成分、组织和性能的变化，对基体的热效应可减少到最低限度，引起的变形也极小。它既可满足表面的使用需要，又不牺牲结构的整体特性。表面合金化与整体合金化相比，能节约大量贵重金属。

3）激光表面熔覆

激光表面熔覆是材料表面改性技术的一种重要方法，就是利用高能激光束（10^4～10^6W/cm^2）在金属表面辐照，使金属表面迅速熔化，用气动喷注法把粉末注入熔池中，连同工件表层一起熔化形成表面熔覆层，在基材表面熔覆一层具有特殊物理性能、化学性能或力学性能的材料，从而构成一种新的复合材料，以弥补机体所缺少的高性能。这种复合材料能充分发挥两者的优势，弥补相互间的不足。对于某些共晶合金，甚至能得到非晶态表层，具有极好的抗腐蚀性能。除用气动喷注法把粉末注入熔池外，还可以在工件表面预先放置松散的粉末涂层，然后用激光熔化。不过前一种方法被认为能效较高，因为激光束与材料的相互作用区被熔化的粉末层所覆盖，这样可提高对激光能量的吸收能力。激光表面熔覆可在低熔点工件上熔覆一层高熔点的合金，并能局部熔覆，具有良好的接触性，微观结构细致，热影响区小，熔覆层均匀无缺陷。

5. 激光打标

激光打标技术是激光加工最大的应用领域之一。激光打标是利用高能量密度的激光对工件进行局部照射，使表层材料汽化或发生颜色变化的化学反应，从而留下永久性标记的一种打标方法。激光打标可以打出各种文字、符号和图案等，字符大小可以从毫米到微米量级，这对产品的防伪有特殊的意义。

激光打标技术作为一种现代精密加工方法，与化学腐蚀、电火花加工、机械刻划、印刷等传统的加工方法相比，具有无与伦比的优势。

(1)激光打标与工件之间没有加工力的作用，具有无接触、无切削力、热影响小的优点，保证了工件的原有精度；激光刻划精细，线条可以达到毫米到微米量级，采用激光标刻技术制作的标记仿造和更改都非常困难，对产品防伪极为重要；同时，激光打标对材料的适应性较广，可以在多种材料的表面制作出非常精细的标记且耐久性非常好。

(2)激光的空间控制性和时间控制性很好，激光加工系统与计算机数控技术相结合可构成高效自动化加工设备，对加工对象的材质、形状、尺寸和加工环境的自由度都很大，特别适用于自动化加工和特殊面加工，且加工方式灵活，既可以适应实验室式的单项设计的需要，也可以满足工业化大批量生产的要求。可以打出各种文字、符号和图案，易于用软件设计标刻图样，更改标记内容，适应现代化生产高效率、快节奏的要求。

(3)激光加工和传统的丝网印刷相比，没有污染源，是一种清洁无污染的高环保加工技术；激光打标技术已被广泛地应用于各行各业，为优质、高效、无污染和低成本的现代加工生产开辟了广阔的前景。

6. 激光清洗

激光清洗是近年来发展起来的一种新型清洗技术，激光清洗的过程是由高强度、短脉冲激光与污染层之间的相互作用所导致的光物理反应。其物理原理可概括如下。

(1)表面附着物与基体材料对某一激光波长的吸收系数差异较大，激光器发射的光束被需处理表面上的污染层所吸收。

(2)大能量的吸收形成急剧膨胀的等离子体(高度电离的不稳定气体)，产生冲击波。冲击波使污染物变成碎片并被剔除。

(3)光脉冲宽度必须足够短，以避免使被处理表面遭到热积累的破坏。

激光清洗具有无研磨、非接触、无热效应和适用于各种材质的物体等清洗特点，被认为是最可靠、最有效的解决办法。同时，激光清洗可以解决采用传统清洗方式无法解决的问题。例如，工件表面粘有亚微米级的污染颗粒时，这些颗粒往往粘得很紧，常规的清洗办法不能够将它们去除，而用纳米激光辐射工件表面进行清洗则非常有效。另外，由于激光对工件是无接触清洗，对精密工件或其精细部位清洗十分安全，可以确保其精度。所以激光清洗在清洗行业中独具优势。

7. 激光微细加工

近年来，由于激光光源性能的提高，激光微细加工技术得到了迅速发展，广泛应用于加工各种金属、陶瓷、玻璃、半导体等材料制作的具有微米级尺寸的微型零件或装置，在激光技术应用方面具有举足轻重的作用，是一种极有前途的微细加工方法。常用的激光微细加工技术如下。

1) 激光化学微细加工技术

由于激光对气相或液相物质具有良好的透光性，因此强聚焦的紫外光或可见光激光束能穿透稠密的、化学性质活泼的基片表面气体或液体，并可有选择地对气体或液体进行激发，受激发的气体或液体与衬底可进行微观的化学反应，从而进行刻蚀、淀积、掺杂等微细加工。激光化学微细加工是近年来发展起来的新技术，它通过对光刻掩模的修复，以及对各种薄膜或基片进行局部淀积、刻蚀和掺杂，以实现对微结构的添加或去除等。激光化学微细加工是适用于特殊形状微型机械的加工，如与微电路集成的印刷头、记录器等。

2) 准分子激光微型机械加工技术

准分子激光器(excimer laser)的输出波长极短，聚焦光斑直径能达到微米量级，与利用热效应的 CO_2 或 Nd:YAG 等激光束相比，准分子激光束基本属于冷光源，从而在微细加工方面极具发展潜力。准分子激光直写(laser direct writing)为微细加工提供了一个新的发展方向。它将激光技术、CAD/CAM 技术、材料科学及微细加工技术有机地结合起来，利用高分辨率的准分子激光束结合数控技术直接在硅片等基体上刻出微细图形，或直接加工出微型结构。这种技术方法柔性程度高，生产周期短，生产成本有望大幅度降低，从而引起人们的广泛关注。与常用的化学刻蚀工艺相比，工序减少到原来的 1/7，生产成本降低到原来的 1/10 左右。

根据加工的具体方式不同，激光直写微细加工可以分为激光直接刻蚀、气体辅助刻蚀、激光诱导化学气相沉淀(LCVD)和表面处理(包括氧化、退火、掺杂)等。准分子激光直接刻蚀和气体辅助刻蚀是通过去除材料得到微型结构的主要加工手段，在直写加工中占据了非常重要的地位。

3) 飞秒激光微细加工

飞秒激光脉冲具有极窄的脉冲宽度和极高的峰值功率及宽光谱的特性，广泛应用于物理学、化学、生物学、医学以及光通信等领域，并在这些领域产生了深远的影响，特别是与物质相互作用时呈现出强烈的非线性效应和多光子吸收机制，可以加工一些长脉冲激光无法作用的透明材料，飞秒激光脉冲作用时间极短，热效应非常小，因而可以大大提高加工精度。美国 Michigan 大学超快光学科技中心 Mourou 教授领导的研究小组，利用飞秒激光束聚焦后形成尺寸为 3μm 的光斑，在金属薄膜上打出直径为 300nm、深 52nm 的微孔；德国汉诺威大学的 Ostendorf 等在铜、铁等金属上烧蚀出 20～50μm 宽、数十微米深的凹槽；飞秒激光能够在透明材料内部进行微细加工，而且不损伤材料表面。

飞秒激光可以实现对光掩模缺陷的修复，掩模制作是非常昂贵的且很难做到无缺陷。典型的缺陷有在应该去除的地方残留有多余的吸收材料，缺陷的去除必须保证基底和邻近区域不被破坏。利用飞秒激光加工时，由于其吸收材料的烧蚀阈值低于模板基底玻璃，保证了在掩模板被修正的同时基底不被破坏，且空间分辨率非常高。另外，通过飞秒激光直写技术实现对光掩模进行有效、快速的新型制造，利用飞秒激光可实现微型过孔，提高电路互连封装水平。

在特种医疗器械的精密制造方面，对生物相容性和生物降解性的材料要求较高，飞秒激光加工也大有可为。

此外，在无痛和无损伤医疗方面，飞秒激光由于热影响很小，用它做手术刀不会损伤周围的其他组织，对于各种医疗手术也将是理想的选择。利用激光的吸收性还可以治疗龋齿，几乎没有疼痛感。在细胞、分子生物学研究领域，在不损伤细胞的条件下，利用飞秒激光将 DNA 导入细胞内的技术对于身体治疗具有重大意义。

近几年激光作为一种高新技术产业发展尤为迅速，微型机械的出现进一步推动了激光微细加工的迅猛发展。半导体激光微细加工技术以其独特的低温处理和直接写入等优点而广泛应用于半导体器件的制作中，给现代社会带来了空前的物质文明。激光加工与传统技术相互渗透，相互结合，迅速促进了一系列新技术、新工业部门的兴起，并广泛应用于国民经济各个领域，日益深入和广泛地影响人们的工作和生活。在人类通往更高层次文明时代的进程中，激光微细加工技术的作用和影响将与日俱增。

2.2　电子束加工

电子束加工(electron beam machining，EBM)是近年来得到较快发展的特种加工技术。其在精密微细加工方面，尤其是在微电子学领域中得到较多的应用。电子束加工主要用于打孔、焊接等热加工和电子束光刻化学加工。电子束加工是近期发展起来的亚微米加工和纳米加工等主要微细加工技术之一。

2.2.1　电子束加工的设备与原理

1. 加工设备

电子束加工装置的基本结构主要由电子枪系统、真空系统、控制系统和电源系统等组成。电子束加工设备如图 2-9 所示，各种电子束加工设备视其用途不同而稍有差异，如在电子束精微加工中，电子枪还必须具备消像散器等。

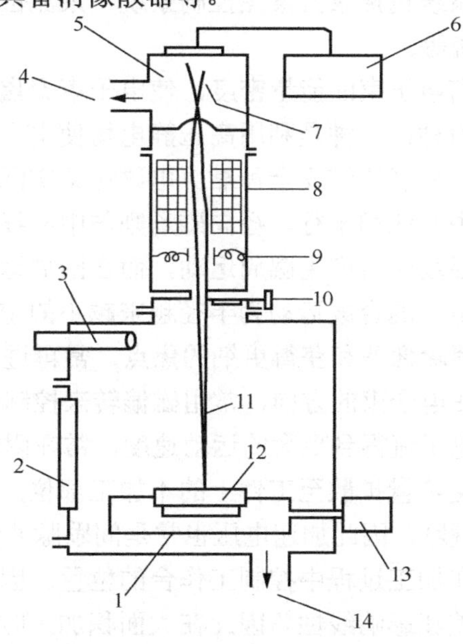

图 2-9　电子束加工设备

1-工作台系统；2-工件更换盖及观察窗；3-观察筒；4、14-抽气；5-电子枪；6-加速电压；7-束流强度控制；8-束流聚焦控制；9-束流位置控制；10-更换工件用截止阀；11-电子束；12-工件；13-驱动电动机

1) 电子枪系统

电子枪是获得电子束的装置，包括电子发射阴极、控制栅极和加速阳极等。阴极经电流加热发射电子，带负电荷的电子高速飞向高电位阳极的过程中，经过加速阳极加速，又通过电磁透镜把电子束聚焦成很小的束斑。

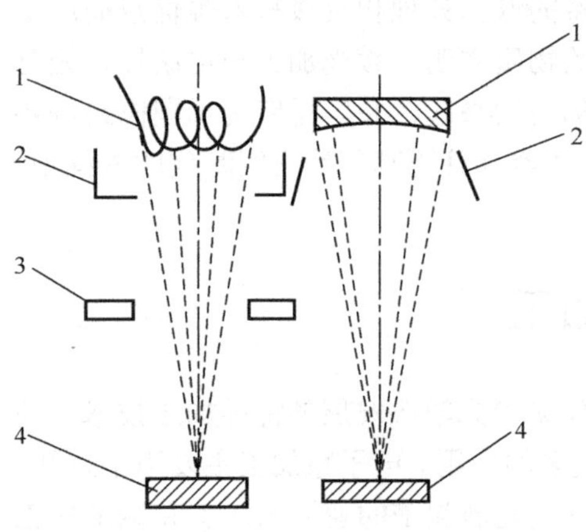

图 2-10　电子枪示意图

1-电子发射阴极；2-控制栅极；3-加速阳极；4-工件

电子发射阴极一般用钨、钽、钨银或硼化镧等材料制成，在加热状态下发射大量电子。小功率时用钨或钽做成丝状阴极，大功率时用钽做成块状阴极，如图 2-10 所示。控制栅极为中间有孔的圆筒形，其上加以负的偏压，既能控制电子束的强弱，又有初步的聚焦作用。加速阳极通常接地，而电子发射阴极带有很高的负电压，所以能驱使电子加速。

2) 真空系统

真空系统是为了保证在电子束加工时达到 $1.33\times10^{-2}\sim1.33\times10^{-4}$Pa 的真空度。因为在真空中电子才能高速运动，电子发射阴极不会在高温下被氧化，同时也防止被加工表面和金属蒸气氧化。为了消除加工时金属蒸气对电子发射不稳定的影响，电子束加工多采用开式真空系统，不断地抽出加工中产生的金属蒸气。真空系统一般由机械旋转泵和油扩散泵或涡轮分子泵两级组成，先用机械旋转泵粗抽到空气压力为 1.4～0.14Pa，然后由二级泵精抽至更高真空度。

3) 控制系统与电源系统

电子束加工装置的控制系统包括束流聚焦控制系统、束流位置控制系统、束流强度控制系统以及工作台位置控制系统等。

束流聚焦控制是为了提高电子束的能量密度，使电子束聚焦成很小的束流。决定加工点的孔径和线宽。聚焦方法有两种：一种是利用高压静电场使电子流聚焦成细束；另一种是利用“电磁透镜”靠磁场聚焦。后者比较安全可靠。电磁透镜实际上为一个电磁线圈，通电后它产生的轴向磁场与电子束中心线相平行，径向磁场则与中心线相垂直。根据左手定则，电子束在前进运动中切割径向磁场时将产生圆周运动，而在圆周运动时在轴向磁场中又将产生径向运动，所以实际上每个电子的合成运动为半径越来越小的空间螺旋线而聚焦交于一点。根据电子光学的原理，为了消除像差和获得更细的焦点，常再进行第二次聚焦。

束流位置控制是为了改变电子束的方向，常用磁偏转来控制电子束交点的位置。

束流强度控制是为了使电子流得到更大的运动速度，常在阴极上加上 50～150kV 的负高压。电子束加工时，为了避免热量扩散至工件上的不加工部位，常使电子束间歇脉冲性地运动(脉冲延时为 1μs 至数十微秒)，因此加速电压也常是间歇脉冲性的。

工作台位置控制是为了在加工过程中控制工作台的位置。因为电子束的偏转距离只能在数毫米之内，过大将增加像差和影响线性。因此在大面积加工时，需要用伺服电动机控制工作台移动，并与电子束的偏转相配合。

电子束加工装置的电源系统提供稳压电源、各种控制电压及加速电压。

2. 电子束加工原理

电子束加工是在真空条件下，利用聚焦后能量密度极高的电子束，以极高的速度(当加速电压为 50～150kV 时，电子速度可达 1.6×10^5km/s)冲击到工件表面的极小面积上，在极短的时间(几分之一微秒)内，其能量的大部分转变为热能，使被冲击部分的工件材料达到几千摄氏度的高温，从而引起材料的局部熔化和汽化，而达到加工的目的。这种利用电子束热效应的加工，称为电子束热加工。

电子束加工的另一种方式是利用电子束流的非热效应。功率密度较小的电子束流和电子胶(又称电子抗蚀剂)相互作用，电能转化为化学能，产生辐射化学效应或物理效应，使电子胶的分子链被切断或重新组合而形成分子量的变化，以实现电子束曝光。这种方法与其他后续工艺方法结合，可以实现材料表面微细槽及其他几何形状的刻蚀加工。

2.2.2　电子束加工的主要应用

控制电子束能量密度的大小和能量注入时间，就可以达到不同的加工目的，如只使材料局部加热就可进行电子束热处理；使材料局部熔化可进行电子束焊接；提高电子束能量密度，使材料熔化和汽化，就可进行打孔、切割等加工。利用较低能量密度的电子束轰击高分子材料时产生化学变化的原理(非热效应)，可进行电子束光刻加工。图 2-11 是电子束加工的应用范围。下面就其主要加工应用加以说明。

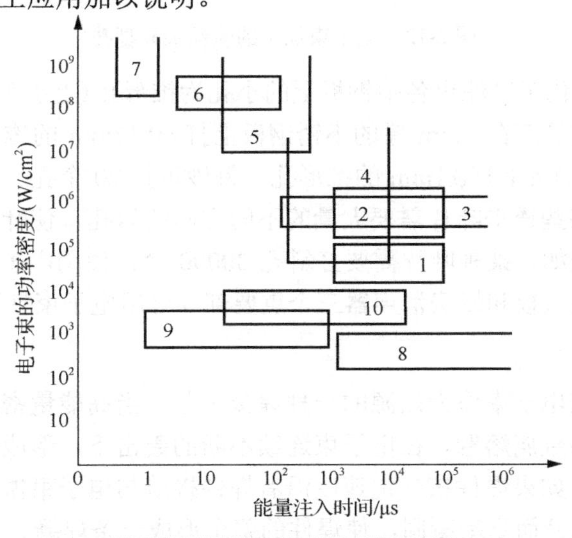

图 2-11　电子束加工的应用范围

1-淬火硬化；2-熔炼；3-焊接；4-打孔；5-钻、切割；6-刻蚀；7-升华；8-塑料聚合；9-电子抗蚀剂；10-塑料打孔

1. 高速打孔

电子束打孔已在航空航天、电子、纺织等工业中实际应用，目前最小加工直径可达 1μm 左右，如喷气发动机套上的冷却孔、机翼的吸附屏上的孔，不仅孔的密度可连续变化，孔数达数百万个，有时还可改变孔径，最宜用电子束高速打孔。高速打孔可在工件运动中进行，例如，在 0.01mm 厚的不锈钢上加工直径为 0.2mm 的孔，速度为每秒 3000 个孔。玻璃纤维喷丝头要打 6000 个直径为 0.8mm、深度为 3mm 的孔，速度为每秒 20 个孔。

在人造革、塑料上用电子束打大量微孔，可以具有如真皮革那样的透气性。现在生产上已出现了专用塑料打孔机，将电子枪发射的片状电子束分成数百条小电子束同时打孔，其速度可达每秒50000个孔，孔径40～120μm可调。电子束打孔还能加工深孔，孔的深径比大于10∶1，如在叶片上打深度为5mm、直径为0.4mm的孔。用电子束加工玻璃、陶瓷、宝石等脆性材料时，由于在加工部位的附近有很大的温差，容易引起变形以致破裂，所以在加工前和加工时，需用电阻炉或电子束进行预热。

2. 切割加工

用电子束切割的复杂型面的切口宽度为3～6μm，边缘表面粗糙度 *Ra* 可控制在0.5μm左右。

图2-12为电子束加工的喷丝头异型孔截面的一些实例。出丝口宽度为0.03～0.07mm，长度为0.80mm，喷丝板厚度为0.6mm。为了使人造纤维具有光泽、松软、有弹性、透气性好，喷丝头的异型孔都是特殊形状的。

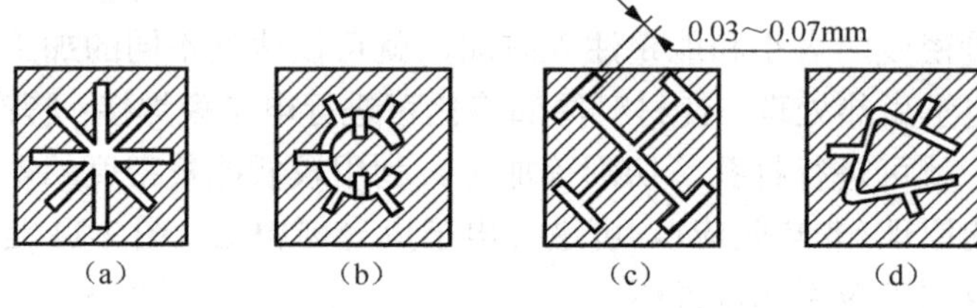

图2-12　电子束加工的喷丝头异型孔

离心过滤机、造纸化工过滤设备中钢板上的小孔为锥形孔(上小下大)，这样可防止堵塞，并便于反冲清洗。用电子束在1mm厚的不锈钢板上打ϕ0.13mm的锥形孔，每秒可打400个孔，在3mm厚的不锈钢板上打ϕ1mm的锥形孔，每秒可打20个孔。

燃烧室混气板及某些透平叶片需要大量的不同方向的斜孔，使叶片容易散热，从而提高发动机的输出功率。例如，某种叶片需要打斜孔30000个，使用电子束加工能廉价地实现。燃气轮机上的叶片、混气板和蜂房消声器三个重要部件已用电子束打孔代替了电火花打孔。

3. 电子束焊接

电子束焊接是利用电子束作为热源的一种焊接工艺。当高能量密度的电子束轰击焊件表面时，使焊件接头处的金属熔融，在电子束连续不断的轰击下，形成一个被熔融金属环绕着的毛细管状的蒸气管，如果焊件按一定速度沿着焊件接缝与电子束做相对移动，则接缝上的蒸气管由于电子束的离开而重新凝固，使焊件的整个形成一条焊缝。

由于电子束的能量密度高，焊接速度快，所以电子束焊接的焊缝深而窄，焊件热影响区小，变形小。电子束焊接一般不用焊条，焊接过程在真空中进行，此焊缝化学成分纯净，焊接接头的强度往往高于母材。

电子束焊接可以焊接难熔金属，如钼、铌、钽等，也可焊接钛、锆、铀等化学性能活泼的金属。普通碳钢、不锈钢、合金钢、铜、铝等各种金属也能用电子束焊接。它可焊接很薄的工件，也可焊接几百毫米厚的工件。

电子束焊接还能焊接一般焊接方法难以完成的异种金属焊接，如钢和不锈钢的焊接，钢和硬质合金的焊接，铬、镍和钼的焊接等。

由于电子束焊接对焊件的热影响区小，变形小，可以在工件精加工后进行焊接。又由于它能够实现异种金属焊接，所以就有可能将复杂的工件分成几个零件，这些零件可以单独地使用最合适的材料，采用合适的方法来加工制造，最后利用电子束焊接成一个完整的工件，从而可以获得理想的技术性能和显著的经济效益。电子束焊接在西方国家汽车工业中得到广泛应用，一台多工位的齿轮专用电子束焊机，每小时可以连续焊接 300～600 套齿轮。

4．电子束热处理

电子束热处理利用电子束作为热源，控制电子束的功率密度，使金属表面加热到相变温度，达到热处理的目的。电子束热处理的加热速度和冷却速度都很高，在相变过程中，奥氏体化时间很短，只有几分之一甚至千分之一秒，奥氏体晶粒没有充足的时间长大而获得超细晶粒组织，显著提高了硬度。

与激光表面强化相比，电子束的电热转换效率达到 90%，而激光的转换效率低于 30%。电子束热处理在真空下进行，防止氧化，效果好。利用电子束加热至金属表面熔化后，在熔化区内添加有益元素，也可实现表面合金化过程，以获得具有更好的物理化学性能的新的合金层。研究表明，铝、钛等金属元素均可以进行合金化过程，使得其耐磨性能大大提高。

2.2.3　电子束加工的优点与局限性

和其他热作用特种加工方法相比，电子束加工有以下优点。

(1) 电子束加工可以将高能电子束聚焦在极其细微的范围内，电子束最小直径可达 0.1μm 量级，是一种精密微细的加工方法。

(2) 功率密度高，生产率高，由于电子束作用在极其微小的面积上，故而热影响区非常小，再加上作用过程中不会产生机械力的作用，对工件形状的影响可以降到最低，可以得到很好的表面质量。同时，电子束加工是非接触式加工方式，也不会像刀具切削那样损耗工具。

(3) 材料适应性广，原则上各种材料均可加工，特别适用于加工特硬、难熔金属和非金属材料。

(4) 可以通过电场或磁场对电子束的强度、位置、聚焦等直接进行控制，易于实现自动化。

电子束加工的局限性一方面主要表现在整个加工系统在真空中加工，无氧化，特别适合于加工高纯度半导体材料和易氧化的金属及合金；另一方面，电子束加工需要一套价格非常昂贵的专用设备，加工中心成本极高，真空环境也给实际操作带来诸多不便，因此其应用受到一定限制。

2.3　离子束加工

2.3.1　离子束加工的原理

离子束加工 (ion beam machining，IBM) 是一种新兴的特种加工，主要靠电能和机械能实现材料加工。离子束加工的原理与电子束加工的原理基本类似，是在真空条件下，将氩、氪、氙等惰性气体，通过离子源产生离子束，并经过加速、集束、聚焦后，以其动能轰击工件表面的加工部位，实现去除材料的加工方法。

离子带正电荷，其质量比电子大数千倍乃至数万倍，故在电场中加速较慢，但一旦加速至较高速度，就比电子束具有更大的撞击动能。离子束加工靠的是微观机械撞击能量，而不是靠动能转化为热能进行加工的，这是与电子束加工主要的不同点。

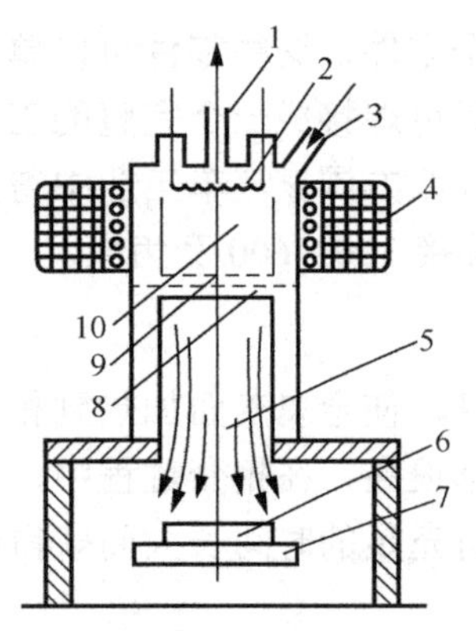

图 2-13　离子束加工原理示意图

1-真空抽气孔；2-灯丝；3-惰性气体注入口；4-电磁线圈；5-离子束流；6-工件；7-阴极；8-引出电极；9-阳极；10-电离室

图 2-13 为离子束加工原理示意图。加热灯丝 2 发射电子，在阳极 9 的作用下向下移动，同时受电磁线圈 4 磁场的偏转作用，做螺旋运动。惰性气体在惰性气体注入口 3 注入电离室 10，在高速电子撞击下被电离为等离子体，阳极 9 和引出电极 8（吸极）上各有数百个直径为几百微米的小孔，上下位置对齐。在引出电极 8 的作用下，将离子吸出，形成直径为几百微米的离子束，再向下均匀分布在直径为 5cm 的圆面积上。调整加速电压可以得到不同速度的离子束，进行不同的加工。

2.3.2　离子束加工的主要应用

离子束加工的物理基础是离子束射到材料表面时所发生的撞击效应、溅射效应和注入效应。离子束按照其所利用的物理效应和达到目的的不同，可分为四类，即利用离子撞击效应和溅射效应的离子刻蚀、离子溅射沉积镀膜、离子镀，以及利用离子注入效应的离子注入，如图 2-14 所示。

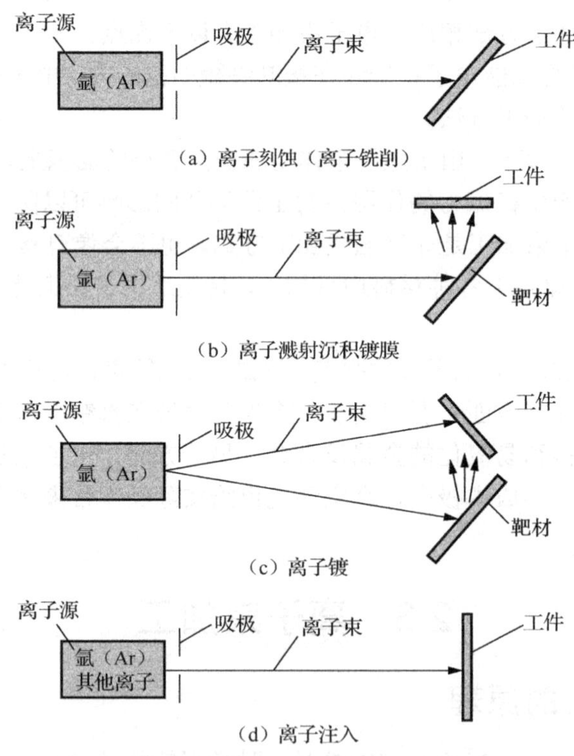

图 2-14　各类离子束加工示意图

1. 离子刻蚀

离子刻蚀是从工件上去除材料的撞击溅射过程。当离子束轰击工件，入射离子的动量传递给工件表面的原子，传递能量超过了原子间的键合力时，原子就从工件表面撞击溅射出来，达到刻蚀的目的。离子刻蚀的分辨率可达微米级甚至亚微米级，但刻蚀速度很低，剥离速度为每秒一层到几十层原子。

离子刻蚀是一种微细加工方法，如高精度加工、表面抛光、图形刻蚀、电镜试样制备，以及石英晶体振荡器及各种传感器件的制作等。刻蚀时，加工工具不存在磨损问题，加工过程中不需要润滑剂，也不需要冷却液。溅射刻蚀过程是离子的动量传递过程，与靶原子的化学性能无关，适于加工金属、半导体、绝缘体、合金、化合物、生物组织和多层材料等各种材料。刻蚀后，在工件上不会有残余应力。改变离子入射角，可以精确控制刻蚀图形的壁角坡度。离子刻蚀可以加工出线宽小于 10nm 的细线条，深度误差可以控制到 5nm。可加工至薄材料镍箔(厚度仅有 10μm)，可加工出直径为 20μm 的孔。在厚度为 0.04～0.3μm 的钽、铜、金、铝、铬、银等薄膜上加工直径为 30～100μm 的孔。

例如，采用一种带有机械摆动机构的离子束微细加工装置的等离子体型离子源，可实现非球面透镜的加工。透镜加工时，用电子计算机控制整个加工过程，既可绕自身轴线回转，又要摆动一个角度 θ，并用光学干涉仪对加工表面形状进行检测，已加工出最大直径为 61cm 的抛物镜面，其精度是其他加工方法无法达到的。

离子刻蚀用于加工陀螺仪空气轴承和动压马达上的沟槽，分辨率高，精度好。

离子刻蚀应用的另一个方面是刻蚀高精度的图形，如集成电路、声表面波器件、磁泡器件、光电器件和光集成器件等微电子学器件亚微米图形。在半导体工业中，把所需的图形曝光、显像并制成抗蚀膜后，可用氩离子束代替化学腐蚀进行离子刻蚀，可大大提高刻蚀精度。用离子束抛光超声波压电晶体，可以大大提高其固有频率。用离子束抛光并减薄探测器的探头，可大大提高其灵敏度。

2. 离子溅射沉积镀膜

20 世纪 70 年代磁控溅射技术的出现，使溅射镀膜进入了工业应用中，在镀膜的工艺领域中占有极为重要的地位。

离子溅射沉积镀膜是在部分真空的溅射室中辉光放电，产生正的气体离子；在阴极(靶)和阳极(试样)间电压的加速作用下，带正电的离子轰击阴极表面，使阴极表面材料原子化；形成的中性原子从各个方向溅出，射落到试样的表面，于是在试样表面上形成一层均匀的薄膜。

在各种镀膜技术中，溅射最适合镀制合金膜。用磁控溅射在高速钢刀具上镀氮化钛(TiN)超硬膜，可显著提高刀具硬度，在工业生产中得到应用。

又如，在齿轮的齿面上和轴承上溅射镀制二硫化钼润滑膜，其厚度为 0.2～0.6μm，摩擦系数为 0.04。

再如，磁控溅射镀铝或铝合金可用于制备大规模集成电路的欧姆接触层，所使用的合金有 Al-Si1.2%、Al-Cu4%、Al-Si1%等。溅射时，要求靶材纯度高，并严格控制氧、氮杂质气体含量。

离子溅射沉积镀膜不受材料限制，可以制成陶瓷和多元合金薄壁零件。例如，某零件是直径为 15mm 的管材，壁厚 63.5μm，材料为 10 元合金，其成分为 Fe-Ni42%-Cr5.4%-Ti2.4%-Al0.65%-Si0.5%-Mn0.4%-Cu0.05%-C0.02%-S0.008%。先用铝棒车成芯轴，而后镀膜。镀膜后，用氢氧化钠水溶液将铝芯全部溶蚀，即可取下零件。溅射镀制的薄壁管，其壁厚偏差小于 1%(圆周方向)和 2%(轴向)，远低于一般 4%的偏差要求。

3. 离子镀

离子镀是在真空蒸镀和溅射镀膜的基础上发展起来的一种镀膜技术。从广义上讲，离子镀是膜层在沉积的同时又受到高能粒子流束的轰击。离子镀工件不仅接受靶材溅射来的原子，同时受到离子的轰击，这使离子镀有许多独特的优点：镀覆面积大(所有被暴露在外的表面均能被镀覆)、镀膜附着力强、膜层不易脱落、提高或改变了材料的使用性能。金属或非金属、各种合金、化合物、某些合成材料、半导体材料、高熔点材料均可镀覆，使用广泛，如工具上覆盖高硬度的碳化钛，可以大大延长其使用寿命。对钢的表面热处理，进行离子氮化，以强化表面层，可以大大提高耐磨性。

1) 耐磨功能膜

为延长刀具、模具或机械零件的使用寿命，采用反应离子镀来镀一层耐磨材料，如铬、钨、锆、钛、钼、硅、硼等的氧化物、氮化物或碳化物，或多层膜，如 Ti+TiC。烧结碳化物刀具用离子镀工艺镀上一层 TiC 或 TiN，刀具寿命可延长 2～10 倍。高速钢刀具镀 TiC 膜后，使用寿命延长 3～8 倍。在磨粒磨损方面，镀有 TiC 的不锈钢试件，其耐磨性为硬铬镀层的 7～34 倍。

2) 润滑功能膜

固体润滑膜有很多液体润滑无可比拟的优点，但用浸、喷、刷涂方法成膜，所得膜层不均匀，附着力差。用离子镀可以得到很好的附着乳化膜。国外一些航空工厂在喷气发动机的轮毂、涡轮轴支承面和直升机旋翼轴的转动部件上，用离子镀成功地镀制了铬或银等固体润滑膜，除可以无油润滑外，还可以防止腐蚀。

3) 装饰功能膜

由于离子镀所得到的 TiN、TaN、TaC、VN 等膜层都具有与黄金相似的色泽，加上良好的耐磨性和耐腐蚀性，人们将其作为装饰层，如手表带、表壳、装饰品、餐具等金黄色镀膜装饰已走向市场。

4. 离子注入

离子注入是将所需要的元素进行电离，并进行加速，把离子直接注入工件表面，它不受热力学限制，可以注入任何离子，且注入量可以精确控制，注入的离子固溶在工件材料中，含量可达 10%～40%，注入深度可达 1μm 甚至更深。

离子注入是半导体掺杂的一种新工艺，在国内外都很普遍，已广泛应用于微波低噪声晶体管、雪崩管、场效应管、太阳能电池、集成电路等的制造中。

金属表面注入某些离子，可以形成超过常态固溶浓度的具有特殊性能的表面层，或在表面形成新的结构，以改善材料的性能。例如，将用硼、磷等“杂质”离子注入半导体，用以改变导电形式(P 型或 N 型)和制造 PN 结，制造一些通常用热扩散难以获得的各种特殊要求的半导体器件。由于离子注入的数量、PN 结的含量、注入的区域都可以精确控制，所以离子注入成为制作半导体器件和大面积集成电路的重要手段。

离子注入加工改善金属表面性能的应用已经涉及很多方面。例如，为了提高材料 Cu 的耐腐蚀性能，把 Cr 注入 Cu，能得到一种新的亚稳态的表面相，从而改善了耐腐蚀性能，同时还能改善金属的抗氧化性能。为了改善低碳钢的耐磨性能，可注入 N、B、Mo 等，在磨损过程中，表面局部温升形成温度梯度，使注入离子向衬底扩散，同时注入离子又被表面的位错网络限制而不能推移很深。这样，在材料磨损过程中，不断在表面形成硬化层，提高了耐磨性。

总之，作为一种新兴技术，离子束加工技术的应用范围正在日益扩大，可将材料的原子一层一层地铣削下来，从而实现“原子级加工”和“纳米加工”。

2.3.3 离子束加工的特点

离子束加工技术是作为一种微细加工手段出现的，成为制造技术的一个补充，随着微电子工业和微机械的发展获得了成功的应用，其特点如下。

1. 易于精确控制，加工精度高

离子束可通过离子光学系统进行聚焦扫描，使微离子束的聚焦光斑直径在 1μm 以内进行加工，并能精确控制离子束流密度、深度、含量等，以获得精密的加工效果，可以对材料实行“原子级加工”或“纳米加工”。

2. 加工应力小、变形小

离子束加工是依靠离子撞击工件表面的原子而实现的，是一种微观作用，其宏观作用力极小，加工应力、变形也极小，故可以对脆件、极薄、半导体、高分子等各种材料、低刚度工件进行微细加工，加工的适应性好。

3. 加工所产生的污染少

离子束加工是在较高真空中进行的，所以污染少，特别适合易氧化的金属、合金材料及半导体材料的精密加工。但是要增加抽真空装置，投资费用较大，维护也麻烦。

2.4 高压水射流加工

水射流加工(water jet machining，WJM)又称为高压水射流加工、液力加工、水喷射加工或液体喷射加工，俗称“水刀”，主要靠液流能和机械能实现材料加工。

水射流加工是 20 世纪 70 年代发展起来的一门高新技术，开始时只是用在大理石、玻璃等非金属材料的加工中，现在已发展成为切割复杂三维形状的工艺方法。该项技术是一种“绿色”加工方法，在国内外得到了广泛的应用。目前在机械、建筑、国防、轻工、纺织等领域，正发挥着日益重要的作用。

2.4.1 高压水射流加工的原理

水射流加工是利用高速水流对工件的冲击作用来去除材料的，如图 2-15 所示。储存在水箱中的水或加入添加剂的水液体，经过过滤器处理后，由水泵抽出送至蓄能器中，使高压液体流动平稳。液压装置驱动增压器，使水压增高到 70～400MPa。高压水经控制器、阀，从直径小于 1mm 的喷嘴喷出，喷射到工件上的加工部位，进行切割。切割过程中产生的切屑和水混合在一起，排入回收槽。高压水射流使用水作为工作介质，是一种冷态切割新工艺，属于“绿色”加工范畴，是目前世界上先进的加工工艺方法之一。它可以加工各种金属、非金属材料，以及各种硬、脆、韧性材料，在石材加工等领域具有其他工艺方法无法比拟的技术优势。

我国古代有“水滴石穿”的故事，喻以锲而不舍的敬业精神，成为中华民族的传统美德。从物理原理上看，水流的速度和频率直接影响加工速度，水射流的破碎和粉碎作用的利用可以追溯到 20 世纪 20 年代，对工业产品的精密加工，尤其是切割的研究则从 20 世纪 60 年代初才开始。美、英、日和苏联等国相继开展了这方面的研究工作，经过约 10 年的研究和开发，同时研制出了实用、耐久性好的高压水发生装置(包括高压密封装置)，在 1971 年制造出了世界上第 1 台高压纯水射流切割设备并用于家具制造中的切割加工。

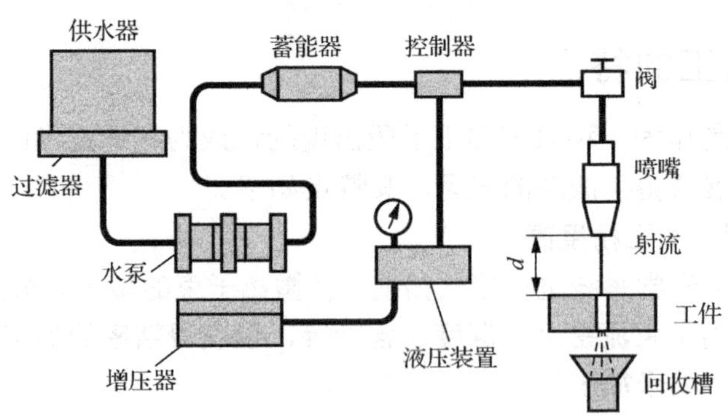

图 2-15 水射流加工原理图

鉴于纯水型的切割能力有限，可切割加工的材料受到限制，故自 20 世纪 80 年代初开始研究在水中加入磨料的水射流加工技术，而且取得了迅速的进展。1982 年即制成了第 1 台高压加磨料(即挟带式)水射流切割设备，使之能切割各种金属和陶瓷等硬质材料，从而引起工业界对水射流切割法的重视。

2.4.2 高压水射流加工设备

水射流加工设备主要由增压系统、切割系统、控制系统、过滤设备和机床床身等组成。目前，已有系列化的数控高压水射流加工设备，高压水射流加工机还没进入商用化阶段。

1. 增压系统

增压系统主要包括增压器、控制器、泵、阀及密封装置等。增压器是液压系统中重要的设备，要求增压器使液体的工作压力达到 70～400MPa，以保证加工的需要。高出普通液压传动装置液体工作压力的 10 倍以上，因此系统中管路和密封的可靠性，对保障切割过程的稳定性、安全性具有重要意义。增压水管采用高强度不锈钢厚壁无缝管或双层不锈钢管，接头处采用金属弹性密封结构。

2. 切割系统

喷嘴是切割系统最重要的零件。喷嘴应具有良好的射流特性和较长的使用寿命。喷嘴的结构取决于加工要求，常用的喷嘴有单孔和分叉两种。喷嘴的直径、长度、锥角及孔壁表面质量对加工性能有很大影响，通常要根据工件材料性能合理选择。喷嘴的材料应具有良好的耐磨性、耐腐蚀性和承受高压的性能。

常用的喷嘴材料有硬质合金、蓝宝石、红宝石和金刚石。其中，金刚石喷嘴的寿命最长，可达 1500h，但加工困难、成本高。此外，喷嘴位置应可调，以适应加工的需要。喷嘴结构、材料、制造、装配、水压、磨料种类、水介质纯度都是影响喷嘴使用寿命的因素。通常，水的 pH 为 6～8，并精滤到 0.1μm 以下。另外，选择合适的磨料种类和粒度，对延长喷嘴的使用寿命也至关重要。

3. 控制系统

可根据具体情况选择机械、气压和液压控制系统。工作台应能纵、横向灵活移动，适应大面积和各种型面加工的需要。所以，采用程序控制和数字控制系统是理想的。目前，已出现程序控制液体加工机，其工作台尺寸为 1.2m×1.5m，移动速度为 380mm/s。

4. 过滤设备

在进行高压水射流加工时，对工业用水进行必要的处理和过滤有着重要意义：延长增压系统密封装置、宝石喷嘴等的寿命，提高切割质量，提高运行的可靠性。因此要求过滤器可以很好地滤除液体中的尘埃、微粒、矿物质沉淀物，过滤后的微粒直径应小于 0.45μm。液体经过过滤以后，可以减少对喷嘴的腐蚀。切削时摩擦阻尼很小，夹具简单。当配有多个喷嘴时，还可以采用多路切削，提高切削速度。

5. 机床床身

机床床身结构通常采用龙门式或悬臂式机架结构，一般都是固定不动的。为了保证喷嘴与工件距离的恒定，以保证加工质量，要在切削头上安装一只传感器。为了实现加工三维复杂形状零件，将切削头和关节式机器人手臂或三轴的数控系统控制结合，可以加工出复杂的立体形状。

2.4.3　水射流加工参数

水射流加工的工作参数主要包括流速与流量、水压、能量密度、喷射距离、喷射角度、喷嘴直径。以下分别介绍这些参数对加工的影响。

1) 流速与流量

水射流加工采用高速水流，速度可高达每秒数百米，是声速的 2～3 倍。高压水射流加工的流量可达 7.5L/min。流速和流量越大，加工效率越高。

2) 水压

加工时，水在由喷嘴喷射到工件加工面之前，水的压力经增压器作用变为高压，可高达 700MPa。提高水压，将有利于提高切割深度和切割速度。但会增加高压水发生装置及高压密封的技术难度，增加设备成本。目前，常用高压水射流切割设备的最高压力一般控制在 400MPa 以内。

3) 能量密度

能量密度即高压水从喷嘴喷射到工件单位面积上的功率，也称为功率密度，可达 $1000W/m^2$。

4) 喷射距离

喷射距离指从喷嘴到加工工件的距离，根据不同的加工条件，喷射距离有一个最佳值。一般范围为 2.5～50mm，通常距离为 3mm。

5) 喷射角度

喷射角度可用正前角来表示。水射流加工时，喷嘴喷射方向与工件加工面的垂线之间的夹角称为正前角。高压水射流加工时，正前角一般为 0°～30°。

6) 喷嘴直径

用于加工的喷嘴直径一般小于 1mm，常用的直径为 0.05～0.38mm。增大喷嘴直径可以提高加工速度。

切缝质量受材料性质的影响很大。软质材料可以获得光滑表面，塑性好的材料可以切割出高质量的切边。水压对切缝质量影响很大，水压过低，会降低切边质量，尤其对于复合材料，容易引起材料离层或起鳞。加工厚度较大的工件，需要采用高压水切割。此时，断面质量随切割深度发生变化：上部断面平整、光洁，质量好；中间过渡区域存在较浅的波纹；在断面的下部，由于切割能量降低，产生弯曲波纹，质量降低。

2.4.4 磨料水射流加工

磨料水射流加工是在水射流加工技术基础上发展起来的特种加工技术。它以高速水流为载体，带动高速的和集中的磨料流冲击被加工表面，实现对材料有规律和可控的去除。1983年首次报道了世界上第一台商用磨料水射流玻璃切割系统。与其他切割技术相比，磨料水射流具有无切割热变形、可以切割任何材料、切割方向柔性高和切削力很小等优点，被广泛应用于难加工材料的加工。

由于磨料水射流加工的技术和经济特点，该技术有许多潜在的应用，许多企业可以从这项先进技术中受益。如建筑行业中的切割金属和混凝土框架；煤矿开采业中的辅助开采；食品行业中的切割食品和脱脂及清洗污垢。作为制造技术，磨料水射流已被广泛应用在机械制造、机动车辆、玻璃、航空等领域，特别适合加工陶瓷、大理石、涂层复合材料、叠层玻璃、钛合金板等难加工材料。

磨料水射流加工的应用方式如下。

(1) 磨料水射流铣削：包括多次走刀成形和掩模刻蚀图案两种成形原理。

(2) 磨料水射流车削：包括车削外圆和螺纹。

(3) 磨料水射流穿孔：包括水射流冲击、穿透和保压三种作用形式。

(4) 磨料水射流抛光：包括直线倾角式、曲线式和径向式三种相对运动关系。

(5) 磨料水射流强化：包括冲击和冷热交替两种作用形式。

(6) 磨料水射流切割：包括平板、曲线轮廓、锥度和复杂形状等多种类型。

思 考 题

2-1 试述激光加工的能量转换过程，即是如何从电能具体转换为光能又转换为热能来蚀除材料的？

2-2 从激光产生的原理来思考、分析，激光加工以后是如何被逐步应用于精密测量、加工、表面热处理，甚至激光信息存储、激光通信、激光电视、激光计算机等技术领域的？这些应用的共同技术基础是什么？可以从中获得哪些启迪？

2-3 电子束加工和激光加工相比各自的适用范围如何？两者各有什么优缺点？

2-4 电子束和激光束相比，哪种束流和相应的加工工艺能聚焦到更细？最细的焦点直径大约是多少？

2-5 水射流在什么条件下能用于加工？并列举出水射流加工的主要应用。

2-6 离子束加工的四种典型应用各自基于的是什么原理？

2-7 试举例说明磨料水射流加工的主要应用场合。

2-8 试分析水射流加工、磨料水射流加工的异同，各有何优缺点？

第3章　电化学特种加工技术

电化学加工(electrochemical machining，ECM)是利用电化学理论与方法对工件进行加工的。它包括从工件上去除金属材料的电化学去除加工(如电解加工、电解抛光等)和向工件上沉积金属的电化学沉积加工(如电铸、电镀、电刷镀、涂覆等)两大类。虽然电化学加工的基本理论在19世纪末已经建立，但直到20世纪50年代以后，它才真正在工业上得到大规模应用。目前，电化学加工已经成为包括国防工业在内的工业生产中不可缺少的加工手段。

3.1　电化学加工原理及分类

3.1.1　基本原理

用两片金属铜(Cu)作为电极，接上大约12V的直流电，同时将电极浸入含铜的电解质中，例如，氯化铜($CuCl_2$)的水溶液中，形成了如图3-1所示的电化学回路，此时水(H_2O)离解为氢氧根离子(OH^-)和氢离子(H^+)，$CuCl_2$离解为氯离子($2Cl^-$)和二价铜离子(Cu^{2+})。当两铜片接上直流电时，即形成导电通路，导线和溶液中均有电流通过，在金属片(电极)和溶液的界面上，就会有电子的得失，即电化学反应。溶液中的离子就按照规定的方向进行移动，Cu^{2+}向阴极移动，在阴极上得到电子而进行还原反应，析出铜，沉积在阴极上。在阳极表面Cu原子失去电子而成为Cu^{2+}进入溶液中，阳极发生溶解。溶液中正、负离子的定向移动称为电荷的定向移动。在阴、阳电极表面发生电子得失的化学反应称为电化学反应。而利用电化学反应原理对金属进行加工的方法即电化学加工。

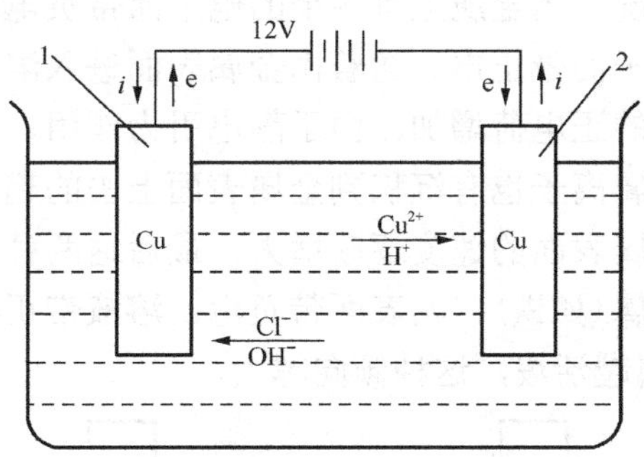

图3-1　电化学加工原理图

1-阳极；2-阴极

电化学加工按照阴极和阳极的反应不同，可以概括为阳极溶解行为和阴极沉积行为，把阳极表面失去电子(广义上称为氧化作用)产生阳极溶解、蚀除的过程，称为电解；而阴极得到电子(广义上称为还原作用)，金属离子还原成为原子沉积到阴极表面的过程，称为电沉积加工。根据加工条件和电解质类型，分别形成了电解去除工艺和电铸、电刷镀沉积工艺。

3.1.2　基本概念

与电化学加工过程密切相关的基本概念有电解质溶液、电极电位、电极的极化以及金属的钝化与活化等。

1. 电解质溶液

凡溶于水后能导电的物质称为电解质，如盐酸(HCl)、硫酸(H_2SO_4)、氢氧化钠(NaOH)氯化钠(NaCl)、硝酸钠($NaNO_3$)、氯酸钠($NaClO_3$)等酸、碱、盐都是电解质。电解质与水形成的溶液为电解质溶液(简称电解液)，电解液中所含电解质的质量与溶剂质量的百分比即电解液的质量百分浓度，目前较常用的质量摩尔浓度指一千克溶剂所含的电解质的量(单位：mol)。

水分子是极性分子，可以和其他带电粒子发生微观静电作用。如 NaCl，它是一种电解质，是结晶体。组成 NaCl 晶体的粒子不是分子而是相间排列的 Na^+离子和 Cl^-离子，称为离子型晶体。把它放在水里，就会产生电离作用，这种作用使 Na^+离子和 Cl^-离子之间的静电作用减弱。在这种电解质水溶液中，每个 Na^+离子和每个 Cl^-离子周围均吸引着一些水分子，称为水化离子，这个过程称为电解质的电离，其电离方程式简写为

$$NaCl \longrightarrow Na^+ + Cl^- \tag{3-1}$$

NaCl 在水中能 100%电离，称为强电解质。强酸、强碱和大多数盐类都是强电解质，它们在水中都能完全电离。弱电解质如醋酸(CH_3COOH)在水中仅小部分电离成离子，大部分仍以分子状态存在。水也是弱电解质，它本身也能微弱地离解为正的氢离子(H^+)和负的氢氧根离子(OH^-)，导电能力都很弱。

由于溶液中正负离子的电荷相等，所以整个溶液仍保持电中性。

2. 电极电位

金属离子都是带正电的阳离子，当金属和电解液接触时，会发生电子交换。根据金属的活泼性不同，会出现两种情况。当金属上有多余的电子而带负电时，溶液中靠近金属表面很薄的一层则有多余的金属离子而带正电。随着由金属表面进入溶液的金属离子数目增加，金属上的负电荷增加，溶液中的正电荷增加，由于静电引力作用，金属离子的溶解速度逐渐减慢。与此同时，溶液中的金属离子也有沉积到金属表面上去的趋势。随着金属表面负电荷增多，溶液中金属离子返回金属表面的速度逐渐增大。最后这两种相反的过程达到动态平衡。对于化学性能比较活泼的金属(如铁)，其表面带负电，溶液带正电，形成一层极薄的“双电层”，如图 3-2(a)所示，金属越活泼，这种倾向越大。

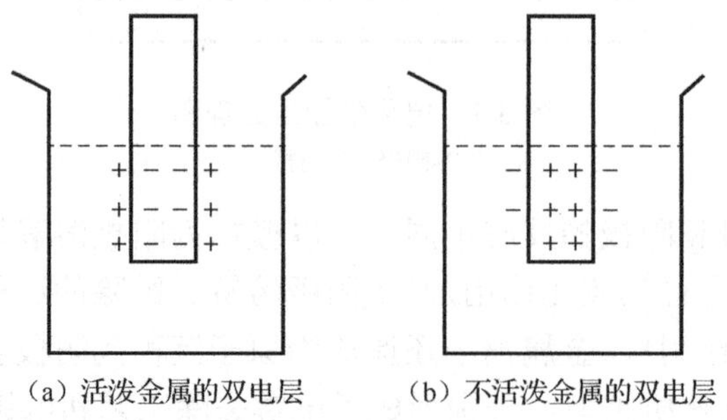

(a) 活泼金属的双电层　　(b) 不活泼金属的双电层

图 3-2　双电层示意图

若金属离子在金属上的能级比在溶液中的低，即金属离子存在于金属晶体中比在溶液中更稳定，则金属表面带正电，靠近金属表面的溶液薄层带负电，也形成了双电层，如图 3-2(b)所示。金属越不活泼，此种倾向越大。

在给定溶液中建立起来的双电层，除了受静电作用，离子的热运动还使双电层的离子层获得了分散的构造，如图 3-3 所示。只有在界面上极薄的一层具有较大的电位差 U_a。

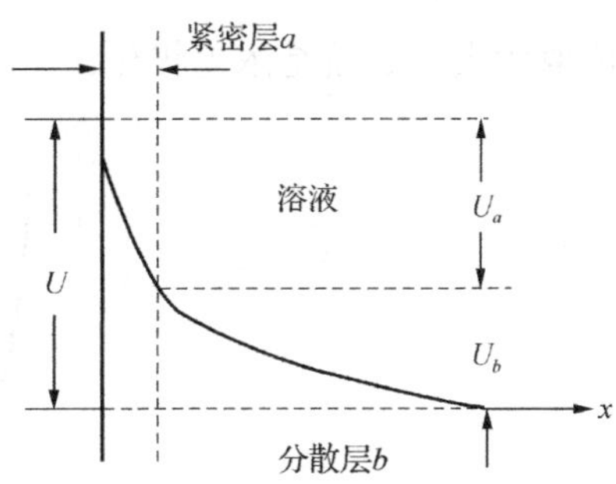

图 3-3　双电层的电位分布

U-金属与溶液间的双电层电位差；U_a-双电层中紧密层的电位差；U_b-双电层中分散层的电位差

由于双电层的存在，在正、负电层之间，也就是金属和电解液之间形成电位差。产生在金属和它的盐溶液之间的电位差称为金属的电极电位，因为它是金属在本身盐溶液中的溶解和沉积相平衡时的电位差，所以又称为平衡电极电位。

到目前为止，金属和其盐溶液之间双电层的电位差还不能直接测定，但是可用“盐桥”的办法测出两种不同电极间的电位差。生产实践中规定采用一种电极作为基准和其他电极比较得出相对值，称为标准电极电位。通常采用标准氢电极作为基准，人为地规定它的电极电位为零。

双电层不仅在金属本身离子溶液中产生，当金属进入其他任何电解液中时也会产生双电层和电位差。用任何两种金属(如 Fe 和 Cu)插入相同的电解液(如 NaCl)中时，该两种金属表面分别与电解液形成双电层，两种金属之间存在一定的电位差，其中较活泼的金属 Fe 的电位比不活泼的金属 Cu 更负。若两金属电极间没有导线接通，两电极上的双电层均处于可逆的平衡状态。当两金属电极间有导线接通时，即有电流流过，这时导线上的电子由 Fe 端向 Cu 端流去，使铁原子成为铁离子而继续溶于电解液中。

综上，电化学加工就是利用外加电场，促进上述电子移动过程的加剧，同时也促使金属离子溶解速度的加快。在未接通电源前，电解液内的阴、阳离子基本上是均匀分布的；通电以后，在外加电场的作用下，电解液中带正电荷的阳离子向阴极方向移动，带负电荷的阴离子向阳极方向移动，外电源不断从阳极上带走电子，加速了阳极金属的正离子迅速溶于电解液而被腐蚀；外电源同时向阴极迅速供应电子，加速阴极反应。

3. 电极的极化

平衡电极电位是没有电流通过电极时的情况，当有电流通过电极时，电极的平衡状态遭到破坏，阳极的电极电位向代数值增大的方向移动，阴极的电极电位向代数值减小的方向移动，这种现象称为电极的极化，如图 3-4 所示。极化后的电极电位与平衡电位的差值称为超电位，随着电流密度的增加，超电位也增加。

电解加工时，在阳极和阴极都存在着离子的扩散、迁移和电化学反应两种过程。在电极极化过程中，由离子的扩散、迁移步骤而缓慢引起的电极极化称为浓差极化，由电化学反应而缓慢引起的电极极化称为电化学极化。

1) 浓差极化

在阳极，金属不断溶解的条件之一是生成的金属离子需要越过双电层，再向外迁移并扩散。然而扩散与迁移的速度是有一定限度的，在外电场的作用下，如果阳极表面液层中金属离子的扩散与迁移速度较慢，来不及扩散到溶液中，则会使阳极表面金属离子堆积，引起电位值增大，这就是浓差极化。

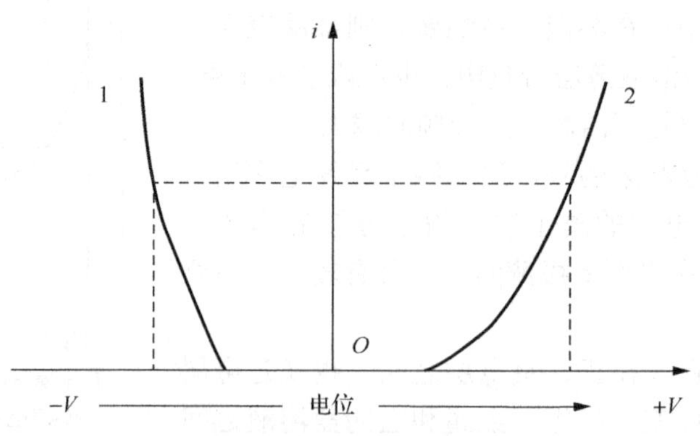

图 3-4　电极的极化曲线

i-电流密度；1-阴极端；2-阳极端

在阴极，由于水化氢离子的移动速度很快，一般情况下，氢离子的浓差极化是很小的。

凡能加快电极表面离子的扩散与迁移速度的措施，都能使浓差极化减小，如提高电解液流速以增强其搅拌作用，升高电解液温度等。

2) 电化学极化

电化学极化主要发生在阴极上，从电源流入的电子来不及转移给电解液中的 H^+离子，因而在阴极上积累过多的电子，使阴极电位向代数值减小的方向移动，从而形成了电化学极化。

在阳极上，金属溶解过程的电化学极化一般是很小的，但当阳极上发生析氧反应时，就会产生相当严重的电化学极化。

电解液的流速对电化学极化几乎没有影响，而仅仅取决于反应本身，即取决于电极材料和电解液成分。此外，电化学极化还与温度、电流密度有关。温度升高，反应速度加快，电化学极化减小。电流密度越高，电化学极化也越严重。

4. 金属的钝化与活化

在电解加工过程中还有一种叫钝化的现象，它使金属阳极溶解过程的超电位升高，使电解速度减慢。例如，铁基合金在硝酸钠($NaNO_3$)电解液中电解时，电流密度增加到一定值后，铁的溶解速度在大电流密度下维持一段时间后反而急剧下降，使铁成为稳定状态而不再溶解。电解过程中的这种现象称为阳极钝化(简称钝化)。

关于钝化产生的原因至今仍有不同的看法，其中主要有成相膜理论和吸附理论两种。成相膜理论认为，金属与溶液作用后在金属表面上形成了一层紧密的、极薄的膜，通常是由氧化物、氢氧化物或盐组成的，从而使金属表面失去了原来具有的活泼性质，使溶解过程减慢。吸附理论则认为，金属的钝化是由金属表层形成了氧的吸附层引起的。事实上两者兼有，但在不同条件下可能以某一个原因为主。对不锈钢钝化膜的研究表明，合金表面的大部分覆盖着薄而紧密的膜，而在膜的下面及其空隙中，则牢固地吸附着氧原子或氧离子。

使金属钝化膜破坏的过程称为活化，引起活化的因素有很多，如加热电解液，通以还原性气体或加入某些活性离子等，也可以采用机械办法破坏钝化膜。

把电解液加热可以引起活化，但温度过高会带来新的问题，如电解液的过快蒸发，绝缘材料的膨胀、软化和损坏等，因此该方法只能在一定温度范围内使用。使金属活化的多种手段中，以氯离子(Cl^-)的作用最明显。Cl^-具有很强的活化能力，这是由于 Cl^-对大多数金属的亲和力比氧大，Cl^-吸附在电极上使钝化膜中的氧排出，从而使金属表面活化。因此，电解加工中常采用 NaCl 电解液来提高生产率。

3.1.3 分类与特点

电化学加工分为三大类——阳极溶解加工、阴极电沉积加工和复合加工。阳极溶解加工又因工艺方法的不同而可分为电解加工、电解扩孔、电解抛光、电解去毛刺等。阴极电沉积加工又因工艺目的的不同而分为电镀、电铸、电刷镀、复合电镀等。复合加工主要利用阳极溶解作用与其他作用(如机械作用、电弧热作用等)的复合作用进行加工，如表 3-1 所示。

表 3-1　电化学加工的分类

类型与原理	加工方法	主要用途
阳极溶解加工	电解加工	零件成形加工，去毛刺
	电解抛光	表面光整化
阴极电沉积加工	电铸	结构与零件成形，型材制备
	电镀	表面装饰与表面功能化
	电刷镀	表面加工与尺寸修复
	复合电镀	表面加工与复合材料制备
复合加工	电解磨削、电解珩磨	零件成形加工，表面光整加工
	电化学-机械复合研磨	表面光整与镜面加工
	电解-电火花复合加工	零件成形加工

电化学加工中，工具电极和工件之间存在着工作液(电解液)，加工过程中无宏观切削力，为无应力加工，正常加工时的温度一般比较低，属于低温加工范畴。

电解加工原理虽与切削加工类似，也是“减材”加工，即从工件表面上去除多余的材料，但与之不同的是，电解加工可用软的工具材料加工硬韧的工件，达到“以柔克刚”的目的。由于电化学、电解作用是按原子、分子一层层进行的，因此可以控制极薄的去除层，进行微薄层加工，同时可以获得较小的表面粗糙度。理论上，电化学加工具有纳米级尺度加工的潜能。

电镀、电铸、复合电镀加工为“增材”加工，向工件表面增加、堆积一层层的金属材料，也是按原子、分子逐层进行的，因此，可以精密复制复杂精细的花纹表面。另外，通过改变工艺条件与参数，能比较容易地对电沉积层或电沉积件的形貌特征、组织结构、物化性能进行合理调控。

3.2 电化学去除加工

电化学去除加工也叫电解加工，是继电火花加工之后发展较快、应用较广泛的一种特种加工方法。目前在国内外已成功地应用于枪炮、航空发动机、火箭等制造业，在汽车、拖拉机、采矿机械的模具制造中也得到了应用。因此，在机械制造业中，电解加工已成为一种不可缺少的工艺方法，并且在某些零件的加工中，它有无可替代的地位。

3.2.1　加工过程及工艺特点

1. 加工过程

电解加工是利用金属在电解液中的电化学阳极溶解作用而将工件加工成形的。在工业生产中，最早只是应用这一电化学腐蚀作用来电解抛光工件表面。不过，电解抛光时，由于工件和工具电极之间的距离较大(100mm 以上)以及电解液一般静止不动等一系列原因，只能对工件表面进行普遍的腐蚀和抛光，不能有选择地腐蚀成所需要的零件形状与大小。

电解加工是在电解抛光的基础上发展起来的。图 3-5 为电解加工成形表面过程的示意图。

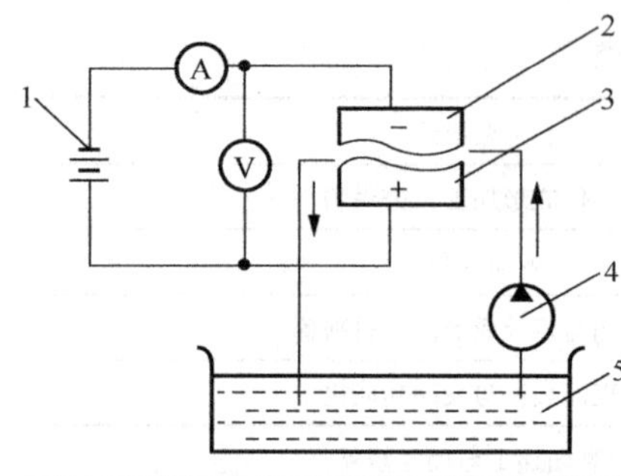

图 3-5　电解加工成形表面过程示意图

1-电源；2-阴极(工具)；3-阳极(工件)；4-电解液泵；5-电解液

加工时，工件接直流电源的正极，工具接电源的负极。工具向工件缓慢进给，使两极之间保持较小间隙(0.1～1mm)，具有一定压力(0.5～2MPa)的电解液从间隙中流过，这时，阳极工件的金属被逐渐电解腐蚀，电解产物被高速(5～50m/s)的电解液带走。

电解加工成形原理如图 3-6 所示，图中的细竖线表示通过阴极(工具)与阳极(工件)间的电流线，竖线的疏密程度表示电流密度的大小。在加工刚开始时，阴极与阳极距离较近的地方通过的电流密度较大，电解液的流速也常较高，阳极溶解速度也就较快，如图 3-6(a)所示。由于工具相对工件不断进给，工件表面就不断地被电解，电解产物不断地被电解液带走，直至工件表面形成与阴极工作面基本相似的形状，如图 3-6(b)所示。

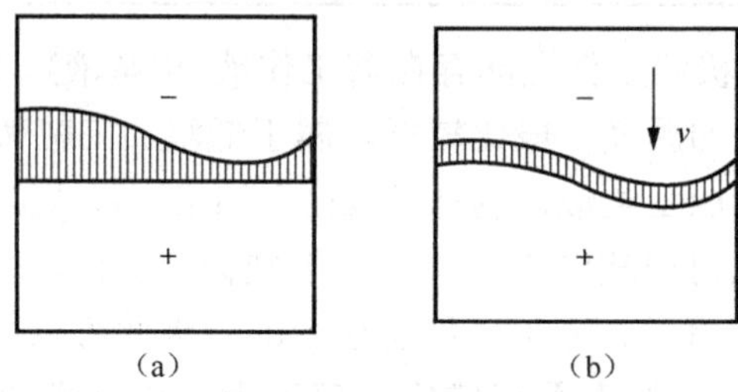

图 3-6　电解加工成形原理示意图

2. 电极反应

电解加工时电极间的反应是非常复杂的，这主要是因为一般工件材料不是纯金属，而是多种金属元素的合金，其金相组织也不完全一致；所用的电解液往往也不是该金属盐的溶液，还可能含有多种成分；电解液的浓度、温度、压力及流速等对电极过程也有影响。下面以在 NaCl 溶液中电解加工铁基合金为例分析电极反应。

电解加工钢时，常用的电解液为质量分数为 14%～18%的 NaCl 水溶液，由于 NaCl 和水(H_2O)的离解，在电解液中存在 H^+、OH^-、Na^+、Cl^-四种离子，现在分别讨论其阳极反应、阴极反应。

1) 阳极反应

阳极反应体现在阳极金属原子和在阳极一侧的带负电的离子会发生氧化反应，就可能性而言，分别列出阳极反应方程，然后再分析阳极优先发生的反应。

(1) 阳极表面每个铁原子在外加电源作用下失去两个或三个电子(分别称为正二价或正三价的铁离子)而溶解进入电解液中。

$$Fe-2e \longrightarrow Fe^{2+}$$

$$Fe-3e \longrightarrow Fe^{3+}$$

(2) 负的氢氧根离子失去电子而析出氧气。

$$4OH^{-}-4e \longrightarrow O_2\uparrow$$

(3) 负的氯离子失去电子而析出氯气。

$$2Cl^{-}-2e \longrightarrow Cl_2\uparrow$$

根据电极反应过程的基本原理，电极电位最负的物质首先在阳极反应。因此，在阳极，首先是铁失去电子，成为二价铁离子 Fe^{2+}而溶解。溶入电解液中的 Fe^{2+}又与 OH 化合，生成 $Fe(OH)_2$，由于它在水溶液中的溶解度很小，故生成沉淀而离开反应系统。

$$Fe^{2+}+2OH^{-} \longrightarrow Fe(OH)_2\downarrow$$

2) 阴极反应

阴极反应体现在阴极一侧的带正电的离子会发生还原反应，就可能性而言，分别列出阴极反应方程，然后再分析阴极优先发生的反应。

正的氢离子被吸引到阴极表面，从电源得到电子而析出氢气。

$$2H^{+}+2e \longrightarrow H_2\uparrow$$

按照电极反应的基本原理，电极电位最正的离子将首先在阴极反应。因此，在阴极上只能析出氢气，而不可能沉淀出钠原子。

由此可见，电解加工过程中，在理想情况下，阳极铁不断以 Fe^{2+}形式被溶解，水被分解消耗，因而电解液的浓度会逐渐变大。电解液中的氯离子和钠离子起导电作用，本身并不消耗，所以 NaCl 电解液的使用寿命长，只要过滤干净，适当添加水分即可长期使用。

用电解加工法加工合金钢时，若钢中各金属元素的平衡电极电位相差很大，则电解加工后的金属表面粗糙度值会变大。就碳钢而言，随着钢中含碳量的增加，电解加工表面粗糙度值将变大。这是由于钢中存在 Fe_3C 相，其电极电位接近石墨的平衡电位而很难电解，所以高碳钢、铸铁或经表面渗碳处理后的零件均不适合电解加工。

3. 工艺特点

与其他加工方法相比，电解加工具有如下特点。

(1) 加工范围广。电解加工几乎可以加工所有的导电材料，并且不受材料的强度、硬度、韧性等机械、物理性能的限制，加工后材料的金相组织基本上不发生变化。它常用于加工硬质合金、高温合金、淬火钢、不锈钢等难加工材料。

(2) 生产率高，且加工生产率不直接受加工精度和表面粗糙度的限制。电解加工能以简单的直线进给运动一次加工出复杂的型腔、型面和型孔，而且加工速度可以和电流密度成比例地增加。据统计，电解加工的生产率为电火花加工的 5～10 倍，在某些情况下，甚至可以超过机械切削加工。

(3) 加工质量好。可获得较好的表面粗糙度，对于一般中碳钢、高碳钢和合金钢，*Ra* 可稳定地达到 0.4～1.6μm，有些合金钢的表面粗糙度 *Ra* 可达到 0.1μm。

(4) 可用于加工薄壁和易变形零件。电解加工过程中工具和工件不接触，不存在机械切削力，不产生残余应力和变形，没有飞边毛刺。

(5) 工具阴极无损耗。在电解加工过程中工具阴极上仅仅析出氢气，而不发生溶解反应，所以没有损耗。只有在产生火花、短路等异常现象时才会导致阴极损伤。

电解加工也具有一定的局限性，主要表现为以下几方面。

(1) 不易达到较高的加工精度和加工稳定性。电解加工的加工精度和稳定性取决于阴极的精度和加工间隙的控制。而阴极的设计、制造和修正都比较困难，阴极的精度难以保证。此外，影响电解加工间隙的因素有很多，且规律难以掌握，加工间隙的控制比较困难。目前，用它加工小孔和窄缝还比较困难。

(2) 单件小批量生产的成本较高。由于阴极和夹具的设计、制造及修正困难，周期较长，因而单件小批量生产的成本较高。同时，电解加工所需的附属设备较多，占地面积较大，且机床需要足够的刚性和防腐蚀性能，造价较高。因此，批量越小，单件附加成本越高。

(3) 有时需特别注意加工产物的环境问题。电解加工时，有可能会产生某些对环境有污染的物质，如 Cr^{6+} 离子，这就必须对废弃工作液进行无害化处理。此外，电解液及其蒸汽还会对机床、电源等造成腐蚀，也需要防护。

由于电解加工的优点与缺点都比较突出，因此，如何正确选择与使用电解加工工艺，一直是业界需慎重考虑的问题。对此，我国专家提出选用电解加工工艺的三原则，即适用于难加工材料的加工；适用于形状相对复杂的零件的加工；适用于批量大的零件的加工。一般认为，当上述三原则同时满足时，相对而言，选择电解加工工艺比较合理。

3.2.2 电解加工用电解液

1. 对电解液的基本要求

在电解加工过程中，电解液主要有以下三方面作用：作为导电介质传递电流；在电场作用下进行电化学反应，使阳极溶解顺利而有控制地进行；将加工间隙内产生的电解产物及热量及时带走，起到更新和冷却作用。

因此，正确选用电解液对保证电解加工的正常进行具有重要作用。

(1) 具有足够的蚀除速度。即生产率要高，这就要求电解质在溶液中有较高的溶解度和离解度，具有很高的电导率。

(2) 具有较高的加工精度和表面质量。电解液中的金属阳离子不应在阴极上产生放电反应而沉积到阴极工具上，以免改变工具的形状和尺寸。因此，电解液中所含金属阳离子(如 Na^+、K^+等)必须具有负的标准电极电位($U_0<-2V$)。当加工精度和表面质量要求较高时，应选择杂散腐蚀小的钝性电解液。

(3) 阳极反应的最终产物应是不溶性化合物。这主要是便于处理，且不会使阳极溶解下来的金属阳离子在阴极上沉积。但在特殊情况下，如电解加工小孔、窄缝等，为避免不溶性的阳极产物堵塞加工间隙，则要求阳极产物溶于电解液。

(4) 要求电解液具有良好的综合性能。如加工范围广、性能稳定、安全性好及价格便宜等。

2. 常用电解液

电解液可分为中性盐溶液、酸性电解液和碱性电解液三大类。酸性电解液除用在高精度、小间隙、细长孔以及锗、钼、铌等难溶金属加工外，一般很少选用。碱性电解液对人身体也有损害，且会生成难溶性阳极薄膜，因此，仅用于加工钨、钼等金属材料。由于中性盐溶液腐蚀性小，使用时较安全，故应用最普遍。最常用的有 $NaCl$、$NaNO_3$、$NaClO_3$ 三种电解液，现分别介绍如下。

1) NaCl 电解液

NaCl 电解液中含有活性 Cl^- 离子，阳极工件表面不易生成钝化膜。因此，具有较大的蚀除速度，而且没有或很少有析氧等副反应，电流效率高，加工表面的表面粗糙度值也小。NaCl 是强电解质，在水溶液中几乎完全电离，导电能力强，而且适用范围广，价格便宜，货源充足，所以是应用最广泛的一种电解液。

NaCl 电解液的蚀除速度高，但其杂散腐蚀也严重，故复制精度较差。NaCl 电解液的质量分数常在 20%以内，一般为 14%～18%。当要求较高的复制精度时，可采用较低的质量分数(5%～10%)，以减少杂散腐蚀。常用的电解液温度为 25～35℃，但加工钛合金时，温度必须在 40℃以上。

2) $NaNO_3$ 电解液

$NaNO_3$ 电解液是一种钝化型电解液，钢在 $NaNO_3$ 电解液中的极化曲线如图 3-7 所示，横坐标是阳极相对于阴极的电位，纵坐标是电流密度的对数值。在曲线 *AB* 段，阳极电位升高，电流密度增大，符合正常的阳极溶解规律。当阳极电位超过 *B* 点后，由于钝化膜的形成，电流密度 *i* 急剧减小，至 *C* 点时，金属表面进入钝化状态。当阳极电位超过 *D* 点后，钝化膜开始破坏，电流密度又随电位的升高而迅速增大，金属表面进入超钝化状态，阳极溶解速度又急剧增大。如果在电解加工时，工件的加工区处在超钝化状态，则非加工区由于阳极电位较低，处于钝化状态而受到钝化膜的保护，就可以减小杂散腐蚀，提高加工精度。

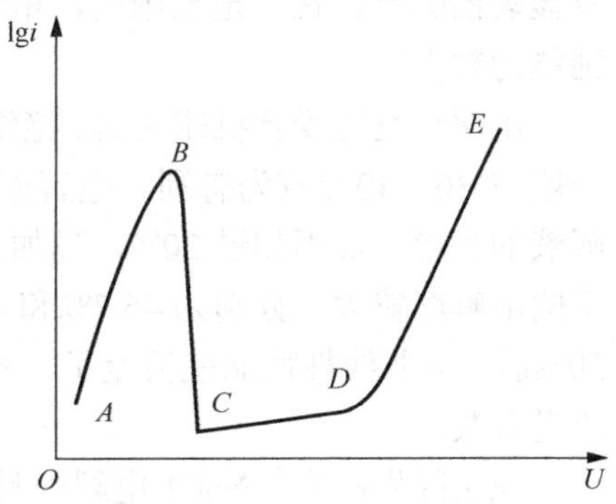

图 3-7　钢在 $NaNO_3$ 电解液中的极化曲线

图 3-8 为杂散腐蚀能力对比情况。图 3-8(a)为用 NaCl 电解液的加工结果，由于阴极侧面不绝缘，侧壁被杂散腐蚀成抛物线形，内芯也被腐蚀，剩下一个小锥体。图 3-8(b)为用 $NaNO_3$ 或 $NaClO_3$ 电解液的加工情况，虽然阴极侧面没有绝缘，但当加工间隙达到一定程度后，工件侧壁钝化，不再扩大，所以孔壁锥度很小且内芯也成为圆柱体而被保留下来。

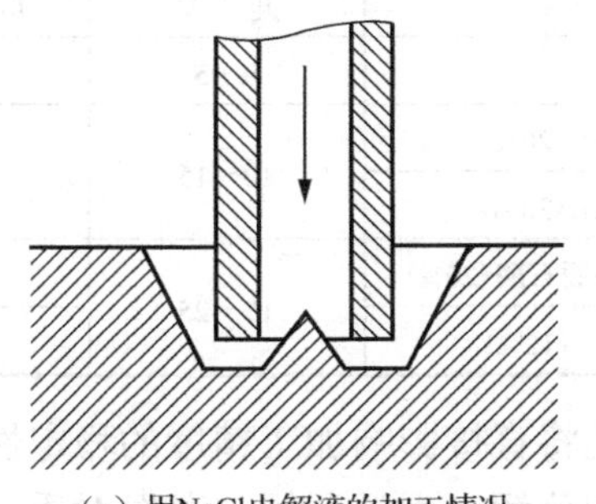
(a) 用NaCl电解液的加工情况

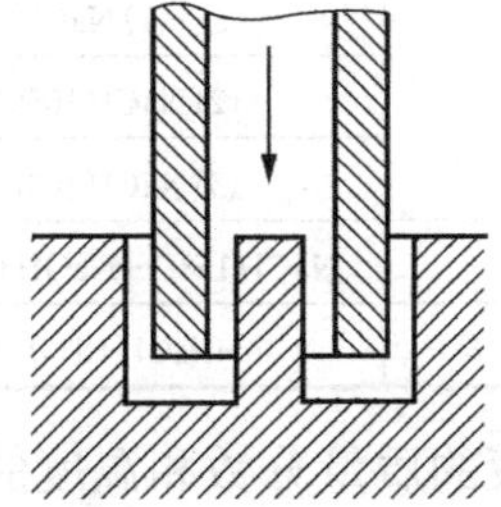
(b) 用$NaNO_3$或$NaClO_3$电解液的加工情况

图 3-8　杂散腐蚀能力对比情况

3) $NaClO_3$ 电解液

$NaClO_3$ 电解液杂散腐蚀作用小，加工精度高。据报道，当加工间隙达到 1.25mm 以上时，阳极溶解几乎完全停止，而且有较小的加工表面粗糙度值。$NaClO_3$ 的另一个特点是具有很高的溶解度，在 20℃时可达 49%（此时 NaCl 为 26.5%），因而其导电能力强，可达到与 NaCl 相近的生产率。另外，它对机床、管道、水泵等的腐蚀作用很小。$NaClO_3$ 的缺点是价格较贵（为 NaCl 的 5 倍），而且由于它是一种强氧化剂，使用时要注意防火。

由于在使用过程中，$NaClO_3$ 电解液中的 Cl^- 离子不断增加，电解液有消耗且 Cl^- 离子增加后杂散腐蚀作用增大，故在加工过程中要注意 Cl^- 离子质量分数的变化。

4）电解液中的添加剂

几种常用的电解液都有一定的缺点，为此，在电解液中使用添加剂是改善其性能的重要途径。例如，为了减少 NaCl 电解液的杂散腐蚀作用，可加入少量磷酸盐等，使阳极表面产生钝化性抑制膜，以提高成形精度。$NaNO_3$ 电解液虽有成形精度高的优点，但其生产效率低，可添加少量 NaCl，使其加工精度及生产效率均较高。为改善加工表面质量，可添加络合剂、光亮剂等。例如，添加少量的 NaF，可改善表面粗糙度。为减轻电解液的腐蚀性，可使用缓蚀添加剂等。

3.2.3　电解液参数对加工过程的影响

电解液参数除成分外，还有质量分数、温度、酸度值（pH）及黏度等，它们对加工过程都有显著的影响。在一定范围内，电解液的质量分数越大，温度越高，则其电导率也越大，腐蚀能力越强。

电解液温度受到机床夹具、绝缘材料及电极间隙内电解液沸腾等的限制，不宜超过 60℃，一般在 30～40℃较为有利。电解液质量分数大，生产率高，但杂散腐蚀严重，一般 NaCl 电解液的质量分数不超过 20%，当加工精度要求较高时，常小于 10%。$NaNO_3$、$NaClO_3$ 在常温下的溶解度较大，分别为 46.7%和 49%，故可采用较高值，但 $NaNO_3$ 电解液的质量分数超过 30%后，其非线性性能就很差了，故常用 20%左右的质量分数，而 $NaClO_3$ 常用 15%～35%的质量分数。

在实际生产中，NaCl 电解液具有较广的通用性，基本上适用于钢、铁及其合金。表 3-2 为常见金属材料的所用电解液配方及参数。

表 3-2　常见金属材料的所用电解液配方及参数

金属材料	电解液配方（质量分数）	电压/V	电流密度/(A/dm^2)
各种碳素钢、合金钢、耐热钢等不锈钢	（1）NaCl（14%～18%）	0～5	10～200
	（2）NaCl（10%）+$NaNO_3$（20%）	10～15	10～150
	（3）NaCl（10%）+$NaNO_3$（30%）		
硬质合金钢	NaCl（15%）+NaOH（15%）+酒石酸（20%）	15～25	50～100
铜、黄铜、铜合金、铝合金等	NH_4Cl（18%）或 $NaNO_3$（12%）		10～100

加工过程中电解液的质量分数和温度的变化将直接影响加工精度的稳定性。引起质量分数变化的主要原因是水的分解、蒸发及电解质的分解。水的分解与蒸发对质量分数的影响较小，因此，NaCl 电解液在加工过程中质量分数的变化较小（因 NaCl 不消耗）。$NaNO_3$ 和 $NaClO_3$ 在加工过程中是会分解消耗的，因此，在加工过程中应注意检查和控制其质量分数的变化。在要求达到较高的加工精度时，应注意控制电解液的质量分数与温度，保持其稳定性。

在电解加工过程中，水被电离并使氢离子在阴极放电，溶液中的 OH^- 离子增加而引起 pH

增大(碱化)，溶液的碱化使许多金属元素的溶解条件变坏，故应注意控制电解液的 pH。

电解液的黏度会直接影响间隙中电解液的流动特性。温度升高，电解液的黏度下降。加工过程中溶液内金属氢氧化物含量增多，会使黏度增加，故应对氢氧化物的含量进行适当控制。

3.2.4　主要应用

1. 小孔加工

在高温耐热、高强度镍基合金、钴基合金制成的空心冷却涡轮叶片和导向器叶片上，有许多深小孔，特别是呈多向不同角度分布的小孔、深小孔、弯曲孔、变截面的竹节孔等，用普通机械钻削方法特别困难，甚至不能加工；而用电火花、激光加工有表面再铸层问题，且所能加工的孔深不大；采用电解加工孔，加工效率高、表面质量好，特别是采用多孔同时加工方式，效果更加显著。

小孔电解加工通常采用图 3-9 所示的正流式加工，工具阴极常采用不锈钢管，外周有绝缘层防止加工完的孔壁二次电解，工具阴极恒速向工件进给而不断使工件阳极溶解，形成直径略大于工具阴极外径的小孔。当加工孔径很小或深小孔的深径比很大时，为避免电解液中电解产物或杂质堵塞阴极细管，有时还采用酸类电解液，这时工具阴极要选用耐酸蚀的钛合金管。

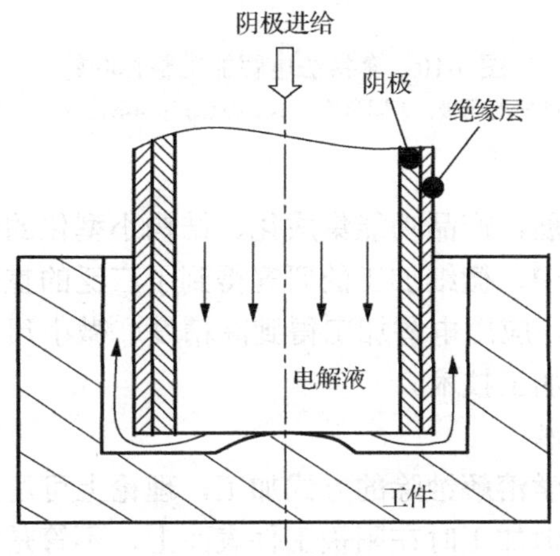

图 3-9　小孔电解加工(正流式)示意图

2. 型腔加工

随着模具制造业中难加工材料、复杂结构零件需求的增多，电解加工在模具制造业中的加工优势日益突出。目前多数锻模生产批量大、形状复杂、硬度及表面质量要求较高、加工精度等级多为中等，尤其是棱边、尖角精度要求不高，正适宜采用电解加工完成。

复杂型腔表面电解加工时，工具阴极单向进给、一次成形型腔；加工速度快，相对于铣削、电火花加工，时间大为减少；工具阴极不损耗，无须经常修复和更换，锻模型腔批量越大，经济效益越明显。

3. 整体叶轮加工

作为发动机的关键部件，整体叶轮广泛应用于航空航天领域，在电解加工前，叶轮叶片经精密锻造、机械加工、抛光后镶嵌到轮缘的榫槽中，再焊接而成，加工量大、周期长、质量不易保证。电解加工整体叶轮，是把叶轮坯加工好后，直接在轮坯上加工叶片，加工周期大大缩短，叶轮强度高、质量好。

用套料法可以加工等截面的大面积异型孔或加工等截面薄形零件的下料。如图 3-10 所示，叶轮上的叶片是采用套料法逐个加工的。加工完一个叶片，退出阴极，分度后再加工下一个叶片。

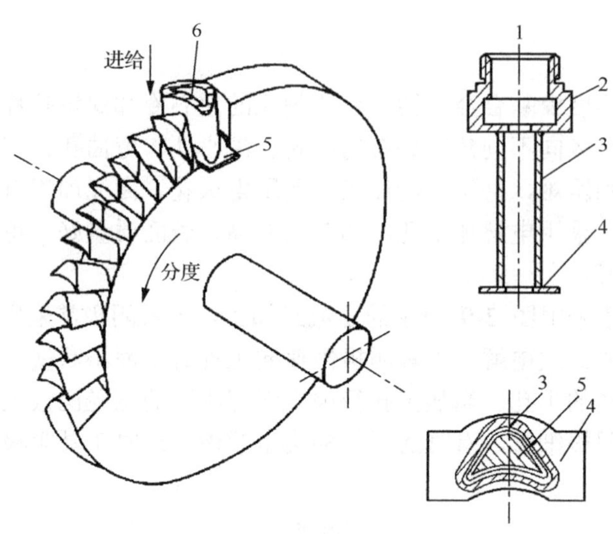

图 3-10　套料法电解加工整体叶轮

1-电解加工整体叶轮的阴极；2-阴极座；3-空心套管；4-阴极片；5-叶片；6-电解液

4. 微细电解加工

随着现代科学技术的发展，产品功能集成化、结构小型化的要求越来越重要，越来越多的微细结构出现在工业应用中，微细加工的研究得到了广泛的重视。微细电解加工是指在微细加工范围内(1μm～1mm)，应用电解加工得到高精度、微小尺寸零件的加工方法。下面简要介绍两种典型的微细电解加工技术。

1)脉冲微细电解加工技术

虽然电解加工利用电化学溶解蚀除的方式加工，理论上可达到离子级的加工精度，在加工质量上又具有很多优点，但加工时在阳极工件表面上，不管是加工区还是非加工区，只要有电流通过就会发生电化学反应，造成杂散腐蚀。因此，将其应用于微细加工领域必须解决杂散腐蚀的问题，提高电化学反应的定域蚀除能力。研究发现：脉冲电解可提高溶解的定域性和过程稳定性，脉冲电解中采用脉宽为毫秒级和微秒级的脉冲，可使电流效率η-电流密度 i 特性曲线的斜率增大，加工过程的非线性效应增强，工件溶解的定域性得到提高，有利于提高加工精度。

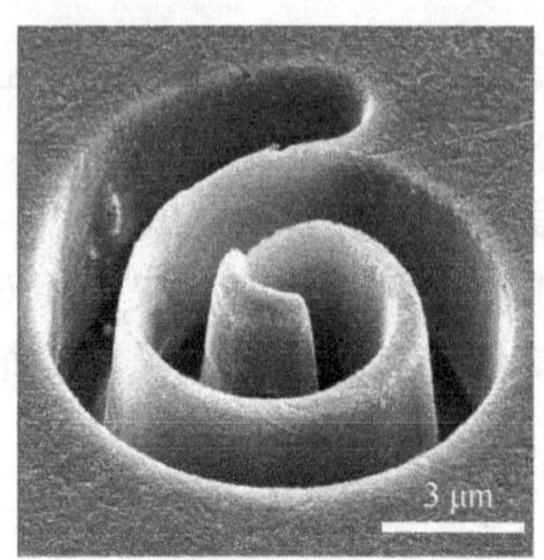

图 3-11　纳秒级超短脉冲电解加工的深螺旋

随着纳秒脉冲电源的应用，微细电解加工得以向更细微化的方向发展。德国 Fritz-Haber 研究所采用脉冲宽度为纳秒级的超短脉冲电流进行电化学微细加工，成功地加工出了数微米尺寸的微细零件，加工精度可达几百纳米(图 3-11)，充分发挥了脉冲电流微细电解加工的潜力。

2)掩模微细电解加工技术

掩模微细电解加工是结合了掩模光刻技术的电解加工方法，如图 3-12 所示，它是在工件的表面(单面或双面)涂敷一层光刻胶，经过光刻显影后，工件上形成具有一定图案的裸露表面，然后通过束流电解加工或浸液电解加工，选择性地溶解未被光刻胶保护的裸露部分，最终加工出所需形状的工件。由于金属溶解是各向同性的，金属在径向溶解的同时也横向被溶解，因此研究如何控制溶解形状、尽量减少横向溶解等对保证掩模微细电解的加工精度非常重要。为了提高加工速度和加工精度，可在工件两面都覆盖一层图案完全相同的掩模，从两边相向同时进行溶解。

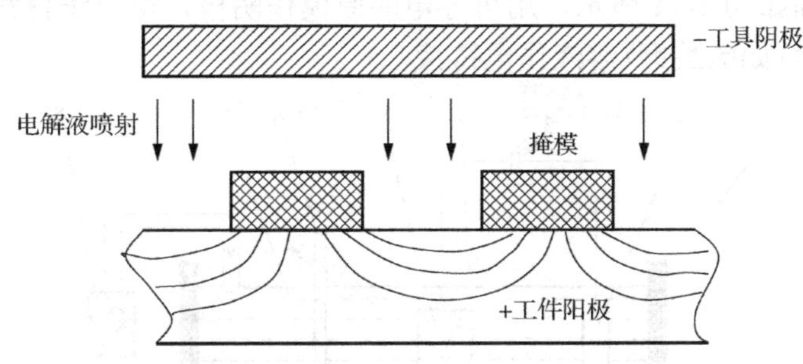

图 3-12　掩模微细电解加工试验原理图

5. 电解去毛刺和电解抛光

毛刺是金属切削加工的产物，难以完全避免，不仅影响表面质量，而且影响装配、使用功能和寿命。机械加工中去毛刺的工作量很大，尤其是去除硬而韧的金属毛刺，需要消耗很多人力。电解倒棱去毛刺可以大大提高工效和节省费用，图 3-13 是齿轮的电解去毛刺装置。工件齿轮套在绝缘柱上，环形电极工具也依靠绝缘柱定位安放在齿轮上，保持 3～5mm 的间隙(根据毛刺大小而定)，电解液在阴极端部和齿轮的端面齿面间流过，阴极和工件间通上 20V 以上的电压(电压高些，间隙可大些)，约 1min 就可去除毛刺。

电解抛光利用金属在电解液中电化学阳极的溶解对工件表面进行腐蚀抛光，是一种表面光整加工方法。电解抛光与电解加工的区别是工件与工具间的加工间隙大，电流密度小，电解液一般不流动，必要时加以搅拌。因此，电解抛光所需的设备比较简单，包括直流电源、各种清洗槽和电解抛光槽，不像电解加工那样需要昂贵的机床和电解液循环、过滤系统；抛光用的阴极结构比较简单。

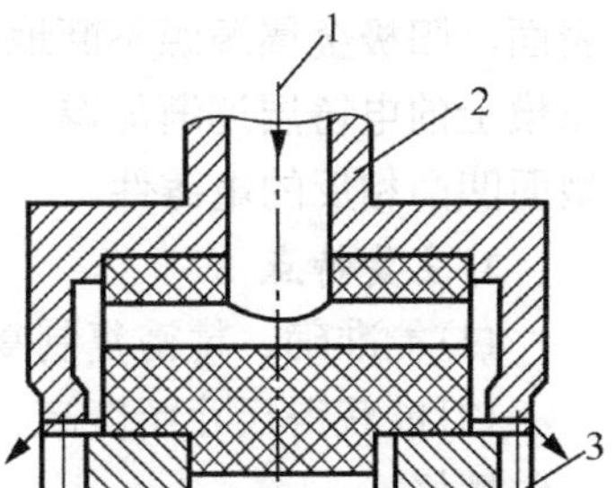

图 3-13　齿轮的电解去毛刺装置
1-电解液；2-工具阴极；3-工件齿轮

电解抛光的效率要比机械抛光高，而且抛光后的表面除常常生成致密牢固的氧化膜等膜层外，不会产生加工变质层，也不会产生新的表面残余应力，且不受被加工材料(如不锈钢、淬火钢、耐热钢等)硬度和强度的限制，因而在生产中经常采用。

3.3 电化学沉积加工

阴极沉积加工与电解加工相反，是将金属电解中产生的正离子在外电场的作用下，沉积到阴极表面上的加工过程。通常有电镀、电铸、电刷镀及复合镀等加工方法。

3.3.1 电铸加工

1. 加工原理与工艺特点

1) 加工原理

电铸加工的原理如图 3-14 所示，用可导电的原模作阴极，用电铸材料(如纯铜)作阳极，用电铸材料的金属盐(如硫酸铜)溶液作电铸液。

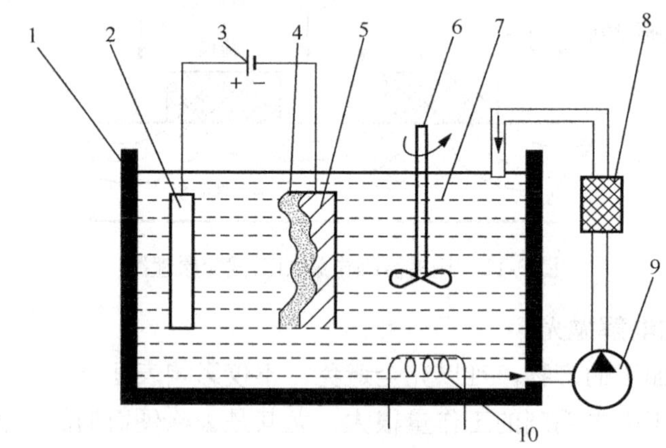

图 3-14 电铸加工原理图

1-电铸槽；2-阳极；3-直流电源；4-电铸层；5-阴极；6-搅拌器；7-电铸液；8-过滤器；9-泵；10-加热器

在直流电源的作用下，阳极上的金属原子失去电子成为金属离子而沉积镀覆在阴极原模表面，阳极金属源源不断地成为金属离子，补充溶解进入电铸液，保持浓度基本不变，阴极原模上的电铸层逐渐加厚，当达到预定厚度时即可取出，设法与原模分离，即可获得与原模型面凹凸相反的电铸件。

2) 主要特点

(1) 能准确、精密复制复杂型面和细微纹路。

(2) 能获得尺寸精度高、表面粗糙度 *Ra* 小于 0.1μm 的复制品，同一原模生成的电铸件的一致性好。

(3) 借助石膏、石蜡等原模材料，可以把复杂零件的内表面转化为外表面，外表面转化为内表面，再进行电铸复制，适用性广泛。

3) 主要应用

(1) 复杂精细的表面轮廓花纹，如 VCD、DVD 光盘压模，工艺美术品模、纸币、证券、邮票的印刷版等。

(2) 复制注塑用的模具、电火花型腔加工用的电极工具。

(3) 制造复杂、高精度的空心零件和薄壁零件。

(4) 制造表面粗糙度标准样块、反光镜、表盘、异型孔、喷嘴等特殊零件。

2. 基本设备

电铸加工的主要设备有电铸槽、直流电源、搅拌和循环过滤系统、加热和冷却系统。

(1) 电铸槽。电铸槽应选用不易被电铸液腐蚀的材料制作，通常采用钢板焊接，内衬铅板、聚乙烯薄板或其他塑料，小型电铸槽也可以采用陶瓷、玻璃或搪瓷容器。

(2) 直流电源。直流电源与电解、电镀电源类似，通常采用低电压、大电流的直流电源。电压(3～20V)可调，电流需满足 15～30A/dm^2(条件电流密度)，可采用硅整流电源或晶闸管直流电源。

(3) 搅拌和循环过滤系统。为了降低电铸液浓度的浓差极化、加大电流密度、提高生产速度，应在阴极运动的同时，加速搅拌器的搅拌。通常采用循环泵吸收槽底的溶液和杂质，连接过滤带实现搅拌，也可以通过工件振动或转动来实现搅拌。

(4) 加热和冷却系统。电铸的时间较长，为了使电镀液保持温度不变，需要加热、冷却和恒温控制装置。

3. 工艺过程

电铸的主要工艺过程如图 3-15 所示。

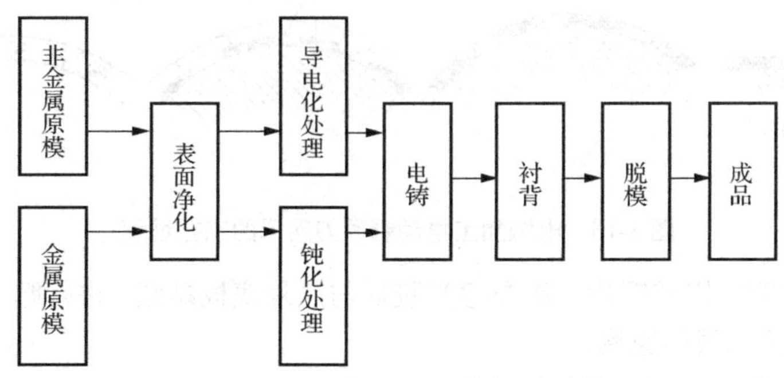

图 3-15　电铸的主要工艺过程

1) 原模设计及材料选用

根据脱模条件、产品复杂程度、要求精度以及生产量等，确定设计耐久性原模或一次性原模。耐久性原模常用材料有碳素钢、不锈钢、镍、黄铜、玻璃、环氧树脂或热固性塑料等。消耗性或一次性原模通常采用铝、石蜡、石膏及低熔点合金等，便于加热后的熔化和分解，也可利用化学方法进行分解。选用原模材料时应考虑选用热稳定性好、比热容和热膨胀系数大的材料，否则在热电铸液中得到的产品精度较差。

原模设计时应注意内外棱角，应取尽可能大的过渡圆角，以免电镀层内棱角处太薄而外棱角处过厚。原模应比电铸零件的长度长 8～12mm，以便脱模后切去交接面粗糙部分。

对耐久性原模，脱模斜度为 1°～3° 时可顺利脱模。如果产品不允许有斜度，可选用与电铸金属热膨胀系数相差较大的材料制作原模，以便电铸后用加热或冷却的方法脱模。零件精度要求不高时，可在原模上涂覆或浸入一层蜡或易熔合金，电铸后将涂层熔去脱模。

2) 原模的表面净化处理

表面净化处理的目的是使原模能够电镀，而且使电镀后能够顺利脱模。因此，首先进行清洗，除去表面的脏物和油污，然后进行钝化处理或导电化处理。

3) 电铸溶液

常用的电铸金属有铜、镍和铁。通常要求电铸溶液沉积速度快、成分简单且易于控制，另外，对溶液的净化处理要求高并且应易于获得均匀的电铸层。

4) 衬背

有些电铸件成形之后需要用其他材料衬背加固，如塑料模具型腔和印刷版等，然后再进行精加工。衬背的方法有浇注铝或铅-锡合金以及热固性塑料等，对于结构零件，可以在外表面包覆树脂进行加固。

5) 脱模

脱模方法视原材料不同而异，通常有敲击、加热或冷却、剥离等方法。如果对电铸件需要进行机械加工，应在脱模之前进行，一方面原模可以加固电铸件，以免产生加工变形，另一方面机械加工力能促使电铸件原模松动，以便脱模。

4. 应用举例

电铸加工是制造各种筛网、滤网最有效的方法。下面以电铸加工电动剃须刀网罩为例说明它的制造工艺过程，如图 3-16 所示。

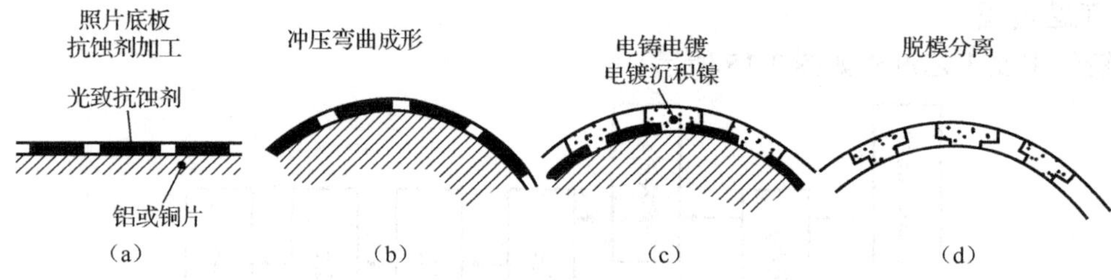

图 3-16　电铸加工电动剃须刀网罩的工艺过程

(1) 制造原模，即在铝或铜片上涂布感光胶后与照片底板贴紧，进行曝光、显影、定影后，即获得有规定图形绝缘层的原模。

(2) 对原模进行化学处理，获得钝化层。

(3) 将原模按照设计形状、尺寸进行冲压弯曲成形。

电铸、脱模后，网孔外面倒圆，保证网罩在脸上平滑移动，尽量使网孔内侧边缘锋利，使之与旋转刀片构成剪切刃。

3.3.2　电刷镀加工

1. 加工原理、特点及应用

1) 加工原理

电刷镀又称为涂镀或无槽电镀，是在金属工件表面局部快速电化学沉积金属的新技术，图 3-17 为其原理示意图。转动的工件 1 接直流电源 3 的负极，正极与镀笔 4 相接，镀笔端部的不溶性石墨电极用外包尼龙布的脱脂棉套 5 包住，镀液 2 饱蘸在脱脂棉中或另外浇注，多余的镀液流回容器 6，镀液中的金属正离子在电场作用下在阴极表面获得电子而沉积涂镀在阴极表面，可达到 0.001～0.5mm 的厚度。

2) 主要特点

(1) 不需要槽镀，可以对局部表面电刷镀，设备、操作简单，机动灵活性强，可在现场就地施工，不易受工件大小、形状的限制，甚至不必拆下零件即可对其局部电刷镀。

(2) 镀液种类、可电刷镀的金属比槽镀多，选用更改方便，易于实现复合镀层，一套设备可镀金、银、铜、铁、锡、镍、钨、铟等多种金属。

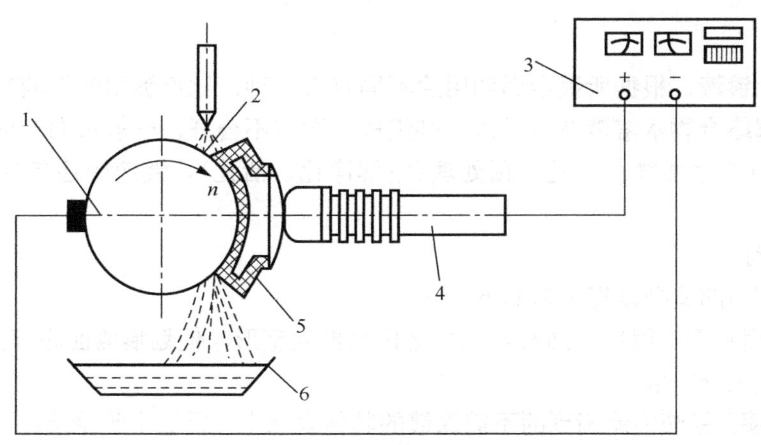

图 3-17　电刷镀加工原理示意图

1-工件；2-镀液；3-直流电源；4-镀笔；5-脱脂棉套；6-容器

(3) 镀层与基体金属的结合力比槽镀牢固，电刷镀速度比槽镀快(电刷镀的镀液中离子浓度高)，镀层厚薄可控性强。

(4) 因工件与镀笔之间有相对运动，故一般都需人工操作，很难实现高效率的大批量、自动化生产。

3) 主要应用范围

(1) 修复零件磨损表面，恢复尺寸和几何形状，实施超差品补救。如各种轴、轴瓦、套类零件磨损后，以及加工中尺寸超差报废时，可用表面涂镀以恢复尺寸。

(2) 填补零件表面上的划伤、凹坑、斑蚀、孔洞等缺陷，如机床导轨、活塞液压缸、印制电路板的修补。

(3) 大型、复杂、单个小批工件的表面局部镀镍、铜、锌、镉、钨、金、银等防腐层、耐腐层等，改善表面性能。例如，各类塑料模具表面涂镀镍层后，很易抛光至 Ra=0.1μm 甚至更佳的表面粗糙度。

2. 基本设备

电刷镀设备主要包括电源、镀笔、镀液及泵、回转台等。

1) 电源

电刷镀所用直流电源基本上与电解、电镀、电解磨削的电源相似，电压为 3～30V 无极可调，电流为 30～100A，视所需功率而定。电刷镀电源的特殊要求如下。

(1) 应附有安培小时计，自动记录涂镀过程中消耗的电荷量，并用数码管显示出来，它与镀层厚度成正比，当达到预定尺寸时能自动报警，以控制镀层厚度。

(2) 输出的直流应能很方便地改变极性，以便电刷镀前在工件表面进行反接电解处理。

(3) 电源中应有短路快速切断保护和过载保护功能，以防止涂镀过程中镀笔与工件偶尔短路，避免工件损伤。

2) 镀笔

镀笔由手柄和阳极两部分组成。阳极采用不溶性的石墨块制成，在石墨块外面需包裹上一层脱脂棉和一层耐磨的涤棉套。棉花的作用是饱吸储存镀液，并防止阳极与工件直接接触短路和防止及滤除阳极上脱落的石墨微粒进入镀液。

3) 镀液

电刷镀用的镀液，根据所镀金属和用途不同有很多种，比槽镀用的镀液有更高的离子质量浓度，由金属络合物水溶液及少量添加剂组成。配方不公开，一般可向专业厂所订购，很少自行配制。为了对被镀表面进行预处理(电解净化、活化)，镀液中还包括电净液和活化液等。

3. 应用举例

机床导轨划伤的典型修复工艺如下。

(1) 整形。用刮刀、组挫、油石等工具把伤痕扩大整形，使划痕侧面底部露出金属本体，能与镀笔、镀液充分接触。

(2) 涂保护漆。镀液能流淌到的不需涂镀的其他表面上，需涂上绝缘清漆，以防产生不必要的化学反应。

(3) 涂油。对待镀表面及相邻部位，用丙酮或汽油清洗涂油。

(4) 对待镀表面两侧进行保护。用涤纶透明绝缘胶纸贴在划伤沟痕的两侧。

(5) 对待镀表面进行净化和活化处理。电净时工件连接负极，电压为 12V，时间约为 30s；活化时用 2 号活化液，工件连接正极，电压为 12V，时间要短，清水冲洗后表面呈黑灰色，再用 3 号活化液活化，炭黑即去除，表面呈露出银灰色，用清水冲洗后立即起镀。

(6) 镀底层。用非酸性的快速镍镀底层，电压为 10V，清水冲洗，检查底层与铸铁基体的结合情况及是否已将要镀的部位全部覆盖。

(7) 镀高速碱铜作尺寸层。电压为 8V，沟痕较浅的可一次镀成，沟痕较深的则需用砂皮或细油石打磨掉高出的镀层，再经电净、清水冲洗，再继续镀碱铜，这样反复多次。

(8) 修平。当沟痕镀满后，用油石凳机械方法修平。如果有必要，可再镀上厚度为 2～5μm 的快速镍层。

思　考　题

3-1　试从机理上阐释电解加工与电沉积加工(电刷镀、电铸等)的工艺原理。

3-2　试阐述电化学去除与电化学沉积加工实现过程的异同点。

3-3　试阐述电解加工的优缺点，并列举其主要应用。

3-4　试分析电刷镀加工与电铸加工的异同点。

第 4 章　超声特种加工技术

超声加工(ultrasonic machining，USM)也称为超声波加工、超声波辅助加工(ultrasonic assisted machining)，主要靠机械能和声能作用实现材料加工。超声加工由于不受材料是否导电的限制，且工具对工件的宏观作用力小、热影响小，因而可加工薄壁、窄缝工件和脆性材料。

4.1　超声加工概述

人耳可以听到的频率范围为 20～20000Hz。低于 20Hz 的声波称为次声波，高于 20000Hz 的声波称为超声波。超声加工是指给工具或工件沿一定方向施加超声频振动(频率高于 16000Hz)进行振动加工的方法。

超声加工技术最早可追溯到 1907 年俄国人首次利用超声能量来加工玻璃，但直到 1948 年才由美国工程师 Lewis Balamuth 获得世界上第一项超声加工专利。早期的超声加工主要依靠工具做超声频振动，使悬浮液中的磨料获得冲击能量，从而去除工件材料，达到加工目的，但加工效率低，且加工效率随着加工深度的增加而显著降低。后来，随着新型加工设备及系统的发展和超声加工工艺的不断完善，人们采用从中空工具内部抽吸式压入磨料悬浮液的超声加工方式，不仅大幅度地提高了生产率，而且扩大了超声加工孔的直径及孔深的范围。

1964 年英国原子能管理局的技术官员莱格(Legge)首次发明了旋转式超声加工(rotary ultrasonic machining，RUM)方法，采用烧结或镀金刚石的中空工具，既做超声频振动，又做绕本身轴线高速旋转的运动。旋转式超声加工比一般超声加工和磨削加工具有更高的生产率和加工质量。长期以来，旋转式超声加工一直被认为仅是对超声加工的一种改进。但事实上，旋转式超声加工结合了传统金刚石磨削加工技术和超声加工技术，与超声加工相比有两大主要区别。

(1)旋转式超声加工使用的磨粒固结在工具杆上，而超声加工利用工具杆端部和工件之间的游离于液体中的磨料对工件表面进行撞击而去除材料。

(2)旋转式超声加工中工具杆在旋转的同时进行超声振动，而超声加工中工具杆只做超声振动。

从 1907 年超声加工技术起源到 1997 年的百年间，超声加工技术经历了两个重要的阶段。第一阶段(1907 年到 20 世纪 70 年代)，超声加工作为磨削加工技术的重要补充广泛用来加工硬质合金模具。20 世纪 80 年代初，随着在模具工业领域电火花线切割技术取代超声加工技术，超声加工应用领域转向了低电导率脆性材料的加工，标志着超声加工技术进入了第二阶段。

近年来，随着新材料的出现和应用领域的扩大以及现代检测、控制技术的发展，以难加工硬脆材料为加工对象的超声加工技术得到蓬勃发展。工艺方面，将超声加工技术与其他各种传统机械加工技术和特种加工技术相结合，扬长避短，形成了一系列超声复合加工技术。

(1) 超声加工技术与传统的机械加工技术相结合，如超声车削、超声钻削、超声磨削、超声抛光等。

(2) 超声加工技术与其他特种加工技术相结合，如超声波辅助电火花加工、超声波辅助电镀加工、超声波辅助电解加工等。

目前，超声加工技术已日臻完善，应用领域不断扩大，现代超声加工技术已经进入与多种其他加工技术相复合的新时代。

4.2 加 工 原 理

4.2.1 超声波及其特性

超声波是一种机械波，在弹性介质中纵向传播。在不同介质中，超声波传播的速度 c 不同，其波长 λ 也不同。在不同介质中，超声波传播的速度 c、波长 λ 与频率 f 有下列关系：

$$\lambda=\frac{c}{f} \tag{4-1}$$

超声波在介质中的反射、折射、衍射、散射等传播规律，与可听声波的规律并没有本质上的区别。但是超声波的波长很短，只有几厘米，甚至千分之几毫米。与可听声波比较，超声波具有许多奇异特性。

1. 功率特性

超声波可对其传播方向上的障碍物施加压力，压力的大小可用声强来衡量。声强就是声波的能量密度，即单位时间内通过垂直于声波传播方向单位面积上的平均声能，用符号 J 表示，单位为 W/cm^2。

$$J=\frac{P}{S}=\frac{1}{2}\rho c(\omega A)^2 \tag{4-2}$$

式中，P 为声功率，单位时间内声源向外辐射的声能(W)；S 为垂直于声波传播方向上的面积(cm^2)；ρ 为弹性介质的密度(kg/m^3)；c 为超声波在弹性介质中的波速(m/s)；ω 为角频率，$\omega=2\pi f$(rad/s)；A 为振动的振幅(mm)。

由于超声波频率很高，所以超声波与一般声波相比，它的功率是非常大的，其能量密度可达 $100W/cm^2$ 以上。另外，由于在液体或固体中传播超声波时，介质密度 ρ 和振动频率 f 都较在空气中传播声波时高许多倍，因此，同一振幅的超声波在液体或固体中传播的功率和能量密度 J 要比在空气中传播的声波高千万倍。

2. 传播特性

超声波的波长很短，通常障碍物的尺寸要比超声波的波长大许多倍，因此，超声波的衍射本领很差，在均匀介质中能够定向直线传播，超声波的波长越短，这一特性就越显著。

当超声波通过不同介质时，在界面发生波速突变，产生波动的反射和折射现象。能量反射的大小取决于两种介质的波阻抗。波阻抗用符号 Z 表示，是指介质的密度 ρ 与介质中的波速 c 的乘积。

当声波从一种介质(波阻抗 Z_1、密度 ρ_1、波速 c_1)垂直入射进入另外一种介质(波阻抗 Z_2、密度 ρ_2、波速 c_2)时，反射系数 R 为

$$R = \frac{Z_2 - Z_1}{Z_2 + Z_1} = \frac{\rho_2 c_2 - \rho_1 c_1}{\rho_2 c_2 + \rho_1 c_1} \tag{4-3}$$

显然，介质的波阻抗相差越大，超声波通过界面时能量的反射率越高。为了改善超声波在相邻介质中的传递条件，往往在声学部件的各连接面间加入全损耗系统，用油或凡士林作为传递介质，以消除空气引起的衰减。另外，超声波在一定条件下会产生波的干涉和共振现象。

3. 空化作用

当超声波在液体中传播时，由于液体微粒的剧烈振动，会在液体内部产生小空洞。这些小空洞迅速胀大和闭合，会使液体微粒之间发生猛烈的撞击作用，从而产生几千到上万个大气压的压强。这种极强的液压冲击波可使脆性材料因局部疲劳而产生显微裂纹。微粒间剧烈的相互作用会使液体的温度骤然升高，起到了很好的搅拌作用，可使两种不相溶的液体(如水和油)发生乳化，并且加速溶质的溶解，加速化学反应。这种由超声波作用在液体中所引起的各种效应称为超声波的空化作用。

4.2.2 超声加工的基本原理

超声加工指利用工具做超声频振荡，通过驱动磨料悬浮液中的微小磨料高频撞击脆硬工件表面，进而实现材料的去除加工，如图 4-1 所示。

加工时，工具和工件之间加入液体(水或煤油等)和磨料混合的悬浮液，并使工具以轻微的压力 P 压在工件上，超声换能器产生 16000Hz 以上的超声频纵向振动，并借助变幅杆将振幅放大到 10～100μm 以驱动工具振动。超声频振荡将通过磨料悬浮液的作用，剧烈冲击位于工具下方工件的被加工表面，使部分材料被击碎成细小颗粒。在工作中，工具头的高频振动可搅动磨料悬浮液，使磨粒高速抛磨工件表面。工具头的振动还使悬浮液产生空腔，空腔不断扩大直至破裂或不断被压缩至闭合。这一过程的时间极短，空腔闭合压力可达几百兆帕，爆炸时可产生水压冲击，引起加工表面破碎，形成粉末。同时悬浮液在超声振动下形成的冲击波还使钝化的磨料崩碎，产生新的刃口，进一步提高加工效率。加工中的振动还强迫磨料悬浮液在加工区工件和工具的间隙中流动，使变钝了的磨粒能及时更新，并带走加工碎裂产物。随着工具沿加工方向以一定速度移动，实现有控制的加工，逐渐将工具形状“复印”在工件上。

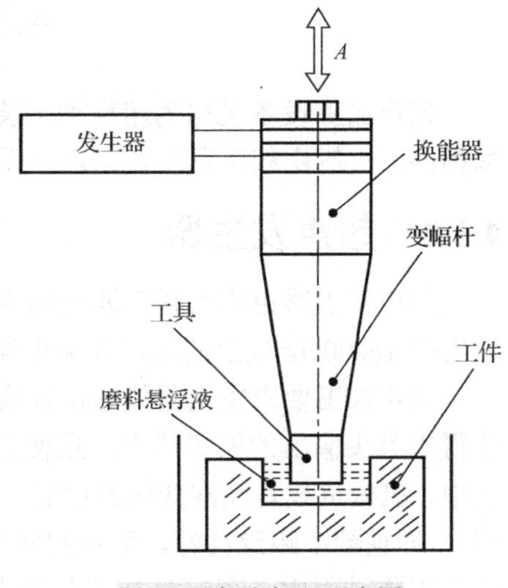

图 4-1　超声加工示意图

由此可见，超声加工是磨粒在超声振动作用下的机械撞击和抛磨作用以及超声空化作用的综合结果，其中磨粒的撞击作用是主要的。因此，材料越硬脆，越易遭受撞击破坏，越易进行超声加工。相反，对于脆性和硬度不大的韧性材料，由于它的缓冲作用而难以加工。为此，选择工具材料时大多选用韧性较好的 45 号钢，使之既能撞击磨粒，又不致使自身受到很大破坏。

4.2.3　超声加工的特点

超声加工具有以下特点。

(1) 适合于加工各种硬脆材料，特别是不导电的非金属材料，如玻璃、陶瓷(氧化铝、氮化硅等)、石英、锗、硅、玛瑙、宝石、金刚石等。对于导电的硬质金属材料，如淬火钢、硬质合金等，也能进行加工，但加工生产率较低。

(2) 加工精度较高。由于去除加工材料靠的是磨料对工件表面的撞击作用，故工件表面的宏观切削力很小，切削应力、切削热很小，不会引起变形及烧伤，表面粗糙度值也较小，公差可达 0.008mm，表面粗糙度 Ra 一般为 0.1～0.4μm，而且可以加工薄壁、窄缝、低刚度零件。

(3) 由于工具通常不需要旋转，因此易于加工各种复杂形状的型孔、型腔、成形表面等。采用中空工具，可以实现各种形状的套料加工。

(4) 磨料硬度比被加工材料高，而工具的硬度可低于被加工材料。通常用中碳钢和各种成形管材、线材作工具。

(5) 多数情况下，工件的形状主要靠工具的形状来保证，不需要工具和工件做复杂的相对运动。因此，超声加工机床的结构也比较简单，只需一个方向轻压进给，操作、维修方便。

(6) 超声加工面积不大，工具头磨损较大，故生产率较低。

4.3　加工设备

超声加工设备又称为超声加工装置，功率大小和结构形状虽有所不同，但其组成部分基本相同，一般由超声发生器、声学系统、机床、磨料工作液及循环系统四部分组成。

4.3.1　超声发生器

超声发生器也称为超声波或超声频发生器，其作用是将 50Hz 的交流电转变为有一定功率输出的 16000Hz 以上的超声高频电振荡，以提供工具端面往复振动和去除被加工材料的能量。

超声加工要求发生器能够识别换能器、变幅杆、工具的固有频率，自动地调整输出频率，使得工具头输出的振幅最大，且使工具的微小磨损不影响输出振幅，保证加工效率。实际加工中，机械负载是经常变化的(如加工材料材质的变化、加工小孔时直径的变化、工具的磨损等)，即使频率跟踪良好，负载的增大也会引起输出振幅、单位负载功率的下降；尤其是超声设备工作过程中，变幅杆从有载变为空载(或从空载变为有载)时，机械阻抗急剧变小(或变大)，超声发生器和换能器极易受损。因此，为提高加工表面质量及工艺过程的稳定性，要求换能器传送出的机械功率随负载的变化而变化(工具头输出振幅恒定)，要求发生器具有功率自动调节功能。

另外，超声发生器必须加入保护模块，如过流保护模块、过压保护模块、变幅杆损坏或变幅杆与工具头连接出现故障时的自动切断电源模块。此外还要求发生器结构简单、工作可靠、价格便宜、体积小等。

超声发生器有电子管和晶体管两种类型。前者不仅功率大，而且频率稳定，在大、中型超声波加工设备中用得较多。后者体积小，能量损耗小，因而发展较快，并有取代前者的趋势。无论是电子管或晶体管式的，超声发生器都主要由振荡级、电压放大级、功率放大级、换能器和电源等部分组成，如图 4-2 所示。其中，振荡级是超声发生器的心脏，由三极晶体管接成电感反馈振荡电路，调节电容量可改变振荡频率，即可调节输出的超声频率。振荡级输出经耦合至电压放大级放大。控制电压放大级的增益可以改变超声发生器的输出功率。放大后的信号经变压器倒相送到末级功率放大管。功率级常用多管并联推挽输出，经输出变压器输出至超声换能器。

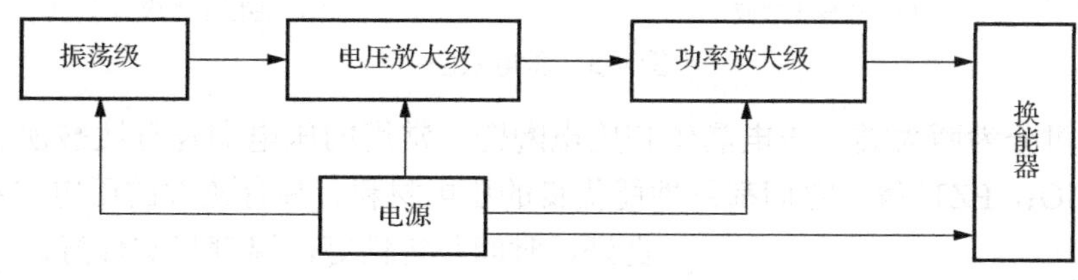

图 4-2　超声发生器的组成图

4.3.2　声学系统

超声振动系统又称为声学系统，其作用是把高频电能转化为机械能，使工件或工具端面做高频、小振幅的振动以进行加工。

声学系统是超声加工机床的核心部件，由换能器、变幅杆和工具组成。声学系统设计的好坏直接决定着加工质量的高低，其设计关键是使换能器、变幅杆和工具组成一个机械谐振系统，使工具输出振幅稳定且最大。

1. 换能器

换能器的作用是将高频电振荡转换成机械振动，目前实现这一目的可利用压电效应和磁致伸缩效应两种方法。

最早的超声换能器是 P. 郎之万(P. Langevin)在 1917 年为水下探测设计的夹心式换能器(又称郎之万型超声换能器)。这个换能器是以石英晶体为压电材料，用两块钢板在两侧夹紧而成的。1933 年以后出现的叠片型磁致伸缩换能器，强度高、稳定性好、功率容量大，迅速取代了最初的郎之万型超声换能器。到了 20 世纪 50 年代，电致伸缩材料、钛酸钡铁电陶瓷、锆钛酸铅压电陶瓷的研制成功，使郎之万型超声换能器再度兴起。在国外，从节省镍资源的目标出发，也由于对电致伸缩换能器的研究和应用日益成熟，故多采用电致伸缩换能器。在国内，由于磁致伸缩换能器的优良特性，目前仍有很多场合采用镍磁致伸缩换能器。

1)压电换能器

压电效应是由皮埃尔·居里与雅克·居里兄弟于 1880 年发现的。自然界里的晶体品种很多，如金刚石、蓝宝石、红宝石、石英及硫化锌等。晶体学家将它们归纳为 32 种对称类型，其中有 20 种可能有压电性能，具有压电性能的晶体称为压电晶体。将这种晶体以一定方式切成薄片，当此类薄片表面受到机械压缩或拉伸变形时，薄片两面会带上正、负电荷，内部产生电场，这就是说晶体将机械能转换为了电能，这种效应称为正压电效应。反之，当对晶体薄片外加电场时，薄片就产生内应力和应变，薄片会产生机械变形，这就是说晶体将电能转换成了机械能，这种效应称为逆压电效应，也称为电致伸缩，如图 4-3 所示。压电晶体同时具有正压电效应和逆压电效应。若将薄片两面加上 16000Hz 以上的交变电压，则该压电晶体将产生高频伸缩变形，使周围介质做超声振动。

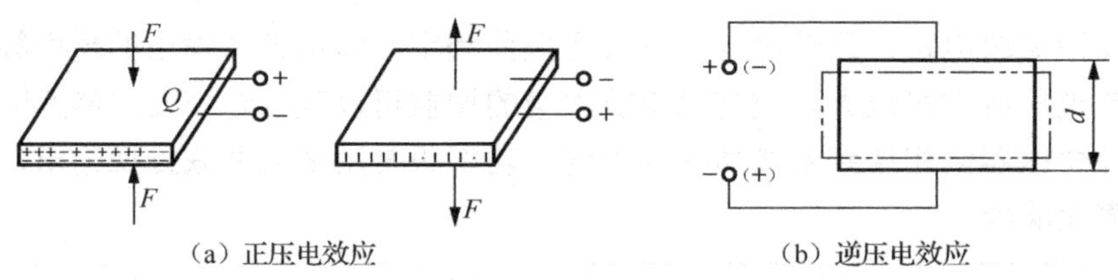

图 4-3　压电效应

压电材料可分为两大类：压电晶体和压电陶瓷。常用的压电陶瓷有钛酸钡($BaTiO_3$)、锆钛酸铅($ZrPbTiO_3$，PZT)等，它们都是性能优良的压电材料，具有较大的压电常数，力学性能良好，时间稳定性好，温度稳定性好。

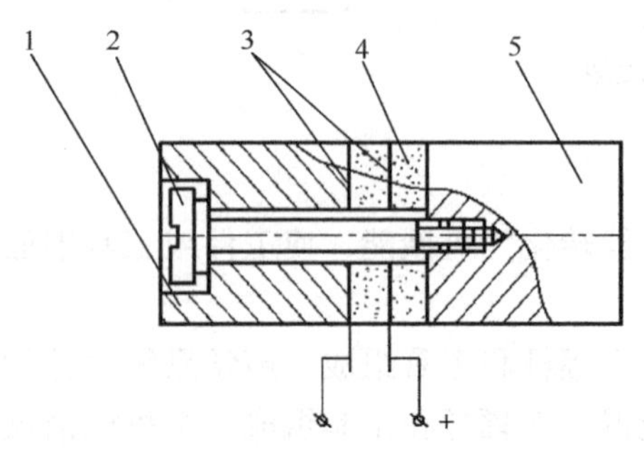

图 4-4　压电陶瓷换能器结构简图

1、5-压块；2-压紧螺钉；3-导电镍片；4-压电陶瓷片

利用逆压电效应可将电信号转换成声信号，从而构成压电换能器。大多压电换能器是利用两金属块将多片压电晶体薄片夹紧在一起构成的。图 4-4 为压电陶瓷换能器结构简图，为了导电引线方便，常用镍片夹在压电晶体薄片正极之间作为接线端子，压电陶瓷片的自振频率与其厚薄、压块质量及夹紧力等成反比。为了获得最大的超声波强度，应使晶体处于共振状态，故晶体的厚度加上压块的厚度应为声波的半波长或半波长的整数倍。

2) 磁致伸缩换能器

铁(Fe)、钴(Co)、镍(Ni)及其合金的长度能随其所处的磁场强度的变化而伸缩的现象称为磁致伸缩效应。在交变磁场中，这种材料的棒杆长度将交变伸缩，其端面将交变振动。

磁致伸缩材料主要有磁致伸缩的金属与合金，如镍(Ni)和镍基合金(如 Ni-Co 合金、Ni-Co-Cr 合金)、铁基合金(如 Fe-Ni 合金、Fe-Al 合金、Fe-Co-V 合金等)、铁氧体磁致伸缩材料（如 Ni-Co 和 Ni-Co-Cu 铁氧体材料等)。近期发展的稀土金属间化合物磁致伸缩材料，即稀土超磁致伸缩材料(一种 Tb-Dy-Fe 合金)，其磁致伸缩性能优异，在室温下机械能-电能转换率高、能量密度大、响应速度高、可靠性好、驱动方式简单，被视为 21 世纪提高国家高科技综合竞争力的战略性功能材料。

利用磁致伸缩效应可制造磁致伸缩换能器。为了减少高频涡流损失，超声加工中常用纯镍片叠成封闭磁路的镍棒换能器，如图 4-5 所示。

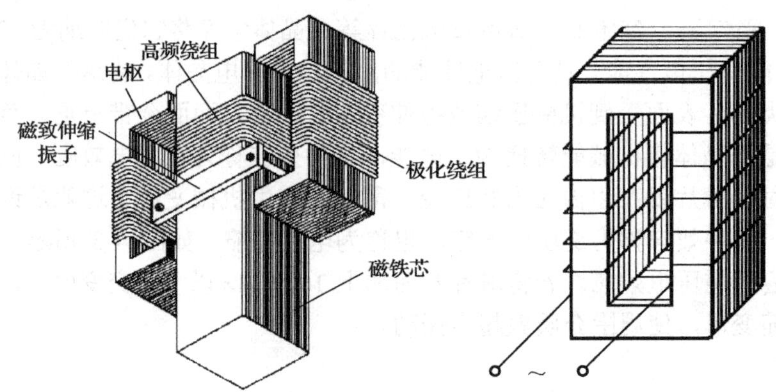

图 4-5　磁致伸缩换能器

磁致伸缩换能器具有小的机械 Q 值，可传递声能的频率范围宽(17～23kHz)，能允许变幅杆的设计加工误差及工具磨损。然而，磁致伸缩换能器的效率极低(50%左右)，电能损失转化为热能，因此必须带有冷却设备，另外，工作时的高速旋转使得其结构相当复杂。压电换能器正好可克服上述缺点，它体积小，机械谐振频率低，输出振幅大，阻抗易于控制和匹配，效率高(可达 90%)，不需要冷却设备，为旋转加工提供了方便。

换能器与发生器的匹配包括两方面的内容：一是发生器的输出阻抗与换能器的动态阻抗一致；二是在额定输入电功率条件下，换能器输出的声功率最大。

2. 变幅杆

变幅杆是一种上粗下细的棒杆，如图 4-6 所示。变幅杆又称为超声变速杆、超声放大杆、超声聚能器、振幅扩大棒，是超声换能器的重要关联器件，在高强度超声设备的振动系统中的作用更为重要。

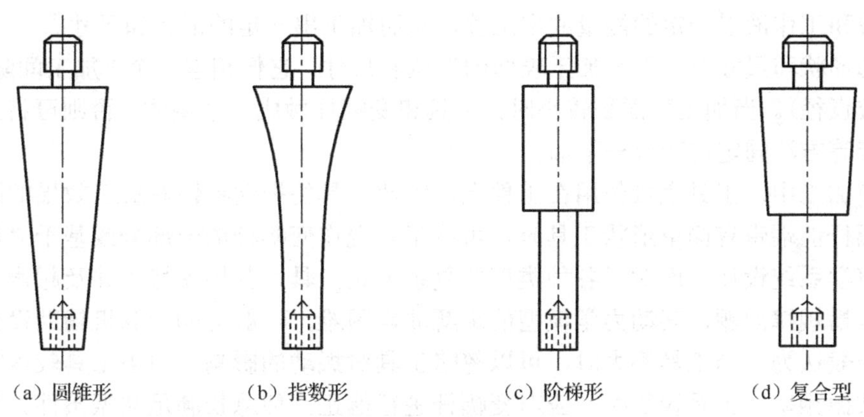

图 4-6　几种变幅杆

总的来说，变幅杆有以下四方面的作用。

(1)用来放大位移振幅(或振速)，或者把能量集中在较小的面积上(聚能作用)。

经压电或磁致伸缩获得的变形量是很小的，在共振条件下其振幅为 5～10μm，不足以直接用来加工。为此，需采用变幅杆将振幅扩大。变幅杆之所以能扩大振幅，是由于通过它的每一截面的振动能量是不变动的，截面小的地方能量密度大，振幅也大。振幅 A 与能量密度 J 的关系为

$$A=\sqrt{\frac{2J}{\rho c\omega^2}} \tag{4-4}$$

为了获得较大的振幅，需要使变幅杆的共振频率(谐振频率)和外激振动频率相等，使之处于共振状态。

(2)作为机械阻抗变换器，可使换能器与声负载更好地匹配耦合，更有效地在换能器与声负载之间传递、交换超声能量。

(3)用来固定整个机械系统(在波节处固定)，从而尽可能地减少机械能量的损耗。

(4)使换能器和工作介质之间获得热学和化学上的隔绝。

变幅杆按截面变化规律的不同可分为单一型和复合型两大类。单一型包括阶梯形、悬链形、指数形及圆锥形变幅杆等。复合型包括带有圆锥形、指数形过渡的阶梯形，以及圆锥形、指数形、悬链形等一端带有圆柱杆的复合变幅杆等。

在选用变幅杆的类型时，应从三个方面来考虑：一是设计要比较简单，容易获得较准确的设计数据；二是要注意制造的难易程度；三是要根据振动切削的具体要求，特别是放大倍数、工作稳定性、切削用量等来选择合适的变幅杆。

对变幅杆材料的要求是：在工作频率范围内材料的损耗小；材料的疲劳强度高，而声阻抗率小，以获得较大的振动速度和位移速度；易于机械加工。作液体处理应用时还要求变幅杆的辐射面所用的材料耐腐蚀。

适合上述要求的金属材料有铝合金、铜镍合金，如硬质合金、铍青铜及钛合金等。钛合金的性能较好，但机械加工较困难，价格昂贵；铝合金加工容易，但抗超声空化腐蚀的性能很差，钢损耗较大。

3. 工具

工具安装在变幅杆的细小端。机械振动经变幅杆放大之后即传给工具，而工具端面的振动将使磨粒和工作液以一定的能量冲击工件，从而加工出一定的形状和尺寸。

工具的形状和尺寸取决于被加工表面的形状和尺寸，它们相差一个“加工间隙”(稍大于平均的磨粒直径)。当加工表面积较小时，工具和变幅杆做成一个整体，否则可将工具用焊接或螺纹连接等方法固定在变幅杆下端。

在超声加工中，工具直接作用在工件上，因此工具的振动特性对加工效果的影响至关重要。当变幅杆前端带有简单形状工具时，可将工具视作变幅杆的一部分或基于“局部共振”理论进行声学系统设计。而对于各种类型的复杂形状工具，其振动特性涉及超声波在复杂变形体中的传播规律问题，其动力学模型的求解非常困难，一般借助计算机辅助设计与仿真进行分析。一般认为，当工具不大时，可以忽略工具对振动的影响，但当工具较重时，会降低声学头的共振频率。工具较长时，应对变幅杆进行修正，使总长满足共振条件。为减少工具损耗，宜选有一定弹性的钢作工具材料。

需要指出的是，超声加工时并不是整个变幅杆和工具都做上下高频振动，它和低频或工频振动的概念是不一样的。超声波在金属棒内主要以纵波形式传播，使得杆内各点沿波的前进方向一般按正弦规律在原地做往复运动，并以声速传导到工具端面，使工具端面做超声振动。因此，整个声学系统可通过振动过程中的波节点处固定，该点不振动，如图 4-7 所示。为避免超声波传递过程中的能量损失，整个声学头的连接部分应接触紧密，在螺纹连接处应涂凡士林，绝不可存在空气间隙，因为超声波通过空气时将急剧衰减。

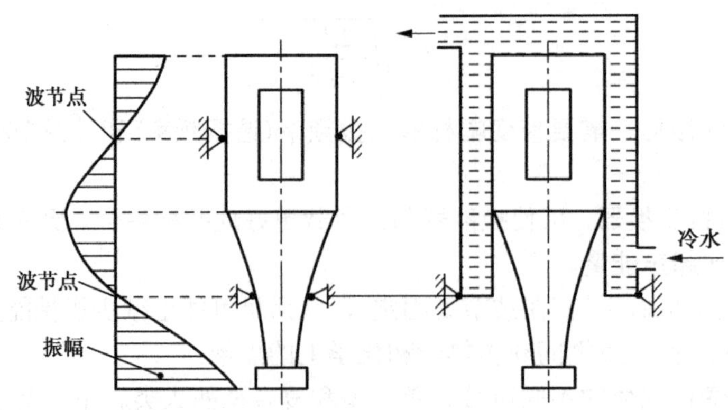

图 4-7　声学系统的固定

4.3.3　机床

超声加工时，工具与工件间的作用力很小，加工机床只需实现工具的工作进给运动及调整工具与工件间相对位置的运动，因此机床构造较简单，一般包括支撑振动系统的机架、工作台、进给机构以及床身等部分。国产 CSJ-2 型超声加工机床是其中的代表，如图 4-8 所示。其振动系统安装在一根能上下移动的导轨上，导轨由上下两组滚动导轮定位，使导轨能灵活可靠地上下移动。工具的向下进给及对工件施加的压力依靠振动系统自重，为了能调节压力大小，在机床后面有可加减的平衡重锤，除此之外，还有重锤杠杆加载、弹簧加载、液压或气压加载等加压方式。

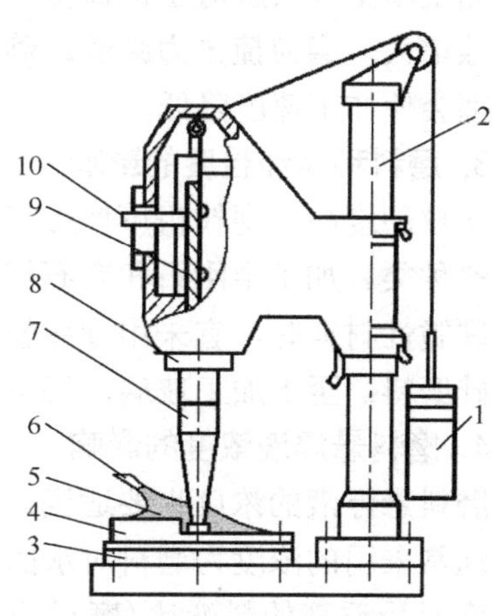

图 4-8　CSJ-2 型超声加工机床

1-平衡重锤；2-支架；3-工作台；4-工件；5-工具；6-悬浮液；7-变幅杆；8-换能器；9-导轨；10-标尺

一般地，将超声发生器、换能器、变幅杆、超声振动系统、工具、工艺装置直接安装在传统的机床上进行技术改造的方法是经济、简便易行的，在某些超声加工方法应用于生产实践的过程中获得了很好的应用效果，这也是国内外超声加工技术过去(甚至当前)发展的主要模式。

目前，最先进的超声加工机床是德国 DMG 公司推出的集高速切削与超声加工于一体的超声加工中心 Ultrasonic50-5/70-5。

4.3.4　磨料工作液及循环系统

对于简单的超声加工装置，其磨料是靠人工输送和更换的，即在加工前将悬浮磨料的工作液浇注堆积在加工区，加工过程中定时抬起工具并补充磨料。也可利用小型离心泵使磨料悬浮液搅拌后注入加工间隙中。对于较深的加工表面，应将工具定时抬起以利于磨料的更换和补充。大型超声加工机床采用流量泵自动向加工区供给磨料悬浮液，且品质好，循环也好。

效果较好而又最常用的工作液是水。为了提高加工质量，根据不同的加工对象有时也用煤油或机油作工作液。磨料常用碳化硼、碳化硅或氧化铅等，其粒度大小是根据加工生产率和精度等要求选定的，颗粒大的生产率高，但加工精度及表面粗糙度则较差。

4.4　主要工艺指标的影响因素

如机械加工一样，超声加工可从加工效率和加工质量两个方面来评价。其中，加工效率可用加工速度来衡量，加工质量可用加工精度和表面质量来衡量。

4.4.1　加工速度

加工速度是指单位时间内去除材料的多少，单位为 g/min 或 mm^3/min。一般加工速度为 1～50mm^3/min，加工速度可达 400～2000mm^3/min。

影响加工速度的主要因素有工具振动频率、振幅、工具与工件之间的静压力(进给压力)、磨料种类和粒度、磨料悬浮液浓度、供液与循环方式、工具与工件材料等。

1. 工具振动频率和振幅的影响

提高工具的振动频率及振幅有利于提高加工速度，但过大的振幅和频率会在振动系统中产生很大的交变内应力。在超声加工中，一般振幅为0.01～0.1mm，频率为16000～25000Hz。

2. 进给压力的影响

加工中工具头应对工件保持一个合适的静压力(进给压力)。静压力过小，使工具头与工件间隙增大，磨粒撞击力减弱；静压力过大，工具头与工件间隙减小，不利于磨粒的更新，这些都会使加工速度降低。

3. 磨料种类和粒度的影响

磨粒硬度高、磨粒粗可使加工速度快，但工件表面粗糙。应根据不同的工件材料合理选择磨料种类。加工金刚石和宝石等超硬材料时，必须用金刚石磨料；加工硬质合金、淬火钢等高硬脆性材料时，宜采用硬度较高的碳化硼磨料；加工硬度不太高的硬脆材料时，可采用碳化硅磨料；至于加工玻璃、石英和半导体等材料时，用刚玉之类作磨料即可。

4. 磨料悬浮液浓度的影响

磨料悬浮液的浓度也要适当。过浓，磨粒相互碰撞增多，能量损耗大，加工速度反而不高。通常采用的浓度为磨料对水的质量比为0.5～1。

磨料悬浮液的料液比(磨料质量或体积与液体质量或体积之比)对加工速度的影响规律是：当体积料液比为0～30%时，加工速度增大；当体积料液比为30%～50%时，加工速度增大变慢；当体积料液比达到 50%～60%后，加工速度没有变化，因为此时磨粒太多，相互间碰撞多，消耗了能量。

磨料悬浮液类型对加工速度的影响见表4-1。可以看出，水的相对生产率最高，原因是水的黏度小，湿润性高且有冷却性，对超声加工有利。

表4-1 几种悬浮液的相对生产率

液体	相对生产率	液体	相对生产率
水	1	机器油	0.3
汽油、煤油	0.7	亚麻仁油和变压器油	0.28
酒精	0.57	甘油	0.03

5. 被加工材料的影响

被加工材料越脆，承受冲击载荷的能力越低，因此越容易被去除加工；反之，韧性较好的材料则不易被加工。假设玻璃的可加工性(生产率)为100%，则锗、硅半导体单晶为200%～250%，石英为50%，硬质合金为2%～3%，淬火钢为1%，未淬火钢小于1%。

4.4.2 加工精度

超声加工的精度较高，可达 0.01～0.02mm。一般孔加工的尺寸精度可达±(0.02～0.05)mm。

超声加工的精度除受机床、夹具精度的影响外，还与磨料粒度、工具精度及磨损情况、工具横向振动的大小、加工深度、被加工材料的性质等有关。

工具头制造误差和磨损会直接影响加工精度。工具头安装时重心应在超声振动系统的轴线上，否则工具头会伴有横向侧振而引起磨粒对孔壁的二次加工，使加工的孔产生锥度。

磨粒细、均匀性好可以提高加工精度。加工中磨钝的磨粒需要不断地更新。但随着加工深度的增加，一方面工具头磨损加大，另一方面磨粒更新变得困难，使加工精度下降。

4.4.3　表面质量

超声加工具有较好的表面质量，不会产生表面烧伤和表面变质层。

超声加工表面质量(表面粗糙度)主要与磨料粒度、被加工材料性质和工具振幅有关。图 4-9 给出了超声加工表面粗糙度与磨料粒度的关系。

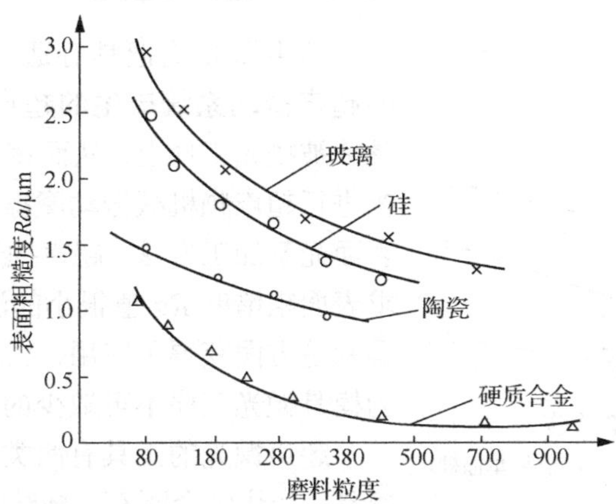

图 4-9　超声加工表面粗糙度与磨料粒度的关系

被加工材料脆性越大，表面粗糙度值越大。磨料粒度越大，表面粗糙度值越小。关于超声加工对被加工材料表面层金相组织的影响目前研究甚少，一般认为没有影响。

4.5　主要应用

超声加工主要用于各种硬脆材料，如玻璃、石英、陶瓷、硅、锗、铁氧体、宝石和玉器等的打孔、切割、开槽、套料、雕刻、成批小型零件去毛刺、模具表面抛光和砂轮修整等方面。

4.5.1　型腔加工

超声加工目前在各工业部门中主要用于对脆硬材料加工圆孔、型孔、异型孔、型腔、套料、微孔、弯曲孔、刻槽、落料、复杂沟槽等，如图 4-10 所示。

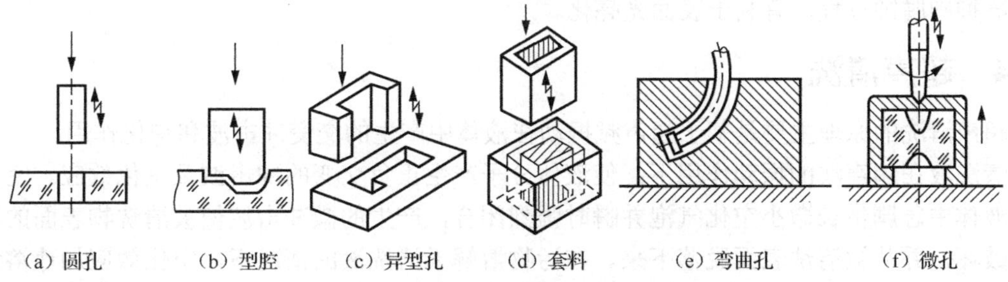

图 4-10　超声加工的型孔、型腔类型

4.5.2　切割加工

一般加工方法用于普通机械加工切割脆硬的半导体材料很困难，采用超声波切割则较为有效，而且超声波精密切割半导体、氧化铁、石英等，精度高、生产率高、经济性好，并且可以利用多刃刀具切割单晶硅(图 4-11)，一次可以切割加工 10～20 片。

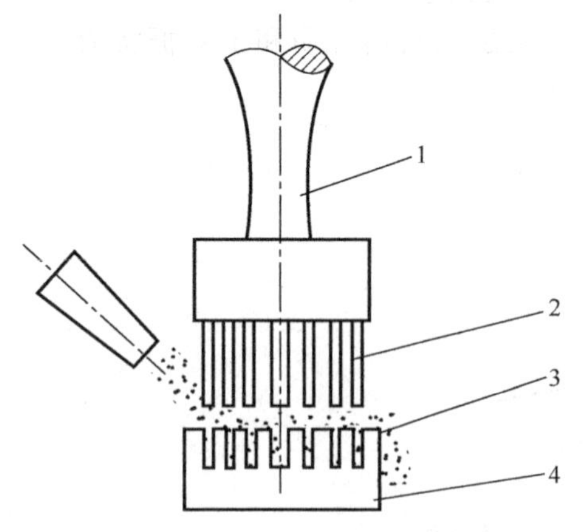

图 4-11　超声切割单晶硅

1-变幅杆；2-工具(钢片)；3-磨料液；4-工件(单晶硅)

4.5.3　超声抛光

超声抛光是把具有适当输出功率(50～1000W)的超声振动系统产生的超声振动能量附加在抛光工具或被抛光工件上，从而使工具或工件以高频、小振幅进行超声频机械振动摩擦，达到为工件抛光目的的表面光整加工方法。超声抛光在模具制造，特别是要求表面粗糙度 *Ra* 值很小的注塑模、压铸模和异型模具制造方面获得了应用，显示出了它的优点，逐渐成为模具抛光工序不可缺少的设备。

超声抛光的工具有两类：一类是具有磨削作用的磨具，如烧结金刚石、烧结刚玉油石等；另一类是没有磨削作用的工具，如金属棒、木片或竹片等，使用时另加抛光膏。

超声抛光具有以下工艺效果。

(1) 采用超声抛光可大大提高生产率。例如，超声抛光硬质合金的生产率比普通抛光提高约 20 倍，超声抛光淬火钢的生产率比普通抛光提高约 15 倍。

(2) 显著降低表面粗糙度 *Ra* 值。对于原始表面粗糙度 *Ra*=100μm 的工件表面，普通抛光一般只能达到 *Ra*=1.6μm，超声抛光可达 *Ra*=0.1μm。

(3) 采用铜基的人造金刚石抛光工具时，以加三乙醇胺水溶液进行冷却最好。三乙醇胺的作用除冷却外，更主要的是它在抛光过程中，与抛光工具中的铜基体发生化学反应，促使钝化了的金刚石磨粒脱落，使工具表面露出新的锋利的金刚石磨粒，从而保持工具的生产率，防止工具在抛光中堵塞。

(4) 采用超声抛光，还可以提高已加工表面的耐磨性和耐腐蚀性。超声加工还可以与化学或电化学方法结合，进行抛光作业。在溶液腐蚀、电解的基础上，再施加超声波振动搅拌溶液，使工件表面溶解产物脱离，表面附近的腐蚀或电解质均匀；超声波在液体中的空化作用还能够抑制腐蚀过程，有利于表面光亮化。

4.5.4　超声清洗

超声清洗的原理主要是基于超声频振动在液体中产生的交变冲击波和空化作用。

清洗液在超声波的振动作用下，使液体分子产生正负交变的冲击波及空化效应。空化效应使液体中急剧生长微小空化气泡并瞬时强烈闭合，产生的微冲击波使被清洗物表面的污物遭到破坏，并从被清洗表面脱落下来。在污物溶解于清洗液的情况下，空化效应加速溶解过程，即使被清洗物上的窄缝、细小深孔、弯孔中的污物，也很易被清洗干净。因此，超声清洗主要用于形状复杂、清洗质量高的中、小精密零件，特别是深孔、弯曲孔、不通孔、沟槽等特殊部位，采用其他方法效果差，采用该方法清洗效果好，生产率高，净化程度也高。在超声清洗中，一般有两类清洗剂，即化学溶剂和水基清洗剂。清洗介质的化学作用可以加速超声清洗效果，超声清洗是物理作用，两种作用相结合，以对物件进行充分、彻底的清洗。

超声清洗的功率密度越高，空化效果越强，速度越快，清洗效果越好，但对于精密的、表面光洁度甚高的物件，采用长时间的高功率密度清洗会使物件表面产生空化、腐蚀。超声清洗的频率一般是 20000～33000Hz。超声波频率越低，在液体中产生的空化越容易，产生的力度越大，作用也越强，适用于工件(粗、脏)初洗，频率高则超声波方向性强，适合于精细的物件清洗。

一般来说，超声波在 30～40℃时的空化效果最好，清洗剂则温度越高，作用越显著，通常实际应用超声清洗时，采用 40～60℃的工作温度。

4.5.5 微细超声加工

以微机械为代表的微细制造是现代制造技术中的一个重要组成部分，晶体硅、光学玻璃、工程陶瓷等硬脆材料在微机械中的广泛应用，使硬脆材料的高精度三维微细加工技术成为世界各国制造业的一个重要研究课题。目前可适用于硬脆材料加工的手段主要有光刻加工、电火花加工、激光加工、超声加工等特种加工技术。

超声加工与电火花加工、电解加工、激光加工等技术相比，既不依赖于材料的导电性，又没有热物理作用，与光刻加工相比又可加工高深宽比的三维形状，这决定了超声加工技术在陶瓷、半导体硅等非金属硬脆材料加工方面有着得天独厚的优势。

微细超声加工在原理上与常规的超声加工相似，主要通过减小工具直径、磨料粒度和超声振幅来实现。但是，实现微细超声加工存在着许多技术难题。首先，制作特征尺寸为 5～300μm 这样细小的工具既非易事，也难以在超声头上安装和找正。其次，使用这么细小的工具很容易发生损坏。最后，工具在长度方向的损耗变大，故得到固定的加工深度是很困难的。另外，对于细小工具来说，加工载荷变得太小将很难设置和检测。除此之外，毛细效应使得悬浮液进入工具端部与工件之间的狭小加工区域变得十分困难。所有这些因素都影响着工艺的稳定性、加工的表面质量和加工效率以及所能达到的形状精度。

随着东京大学生产技术研究所对微细工具的成功制作及微细工具装夹、工具回转精度等问题的合理解决，采用工件加振的工作方式在工程陶瓷材料上加工出了直径最小为 5μm 的微孔，从而使超声加工作为微细加工技术成为可能。德国 DMG 公司生产的 DMS35 超声加工机床的主轴转速为 3000～40000r/min，特别适合加工陶瓷、玻璃、硅等硬脆材料。与传统加工方式相比，生产率提高 5 倍，加工表面粗糙度 Ra<0.2μm，可加工直径为 0.3mm 的精密小孔，堪称硬脆材料加工设备性能的新飞跃。

思 考 题

4-1　超声波的频率范围是什么？

4-2　试述超声波变幅杆的工作原理。

4-3　分析超声加工的应用领域，并说明原因。

第 5 章　多能量集成特种加工技术

多能量集成特种加工技术指把两种或两种以上的不同能量形式集成，以获得更快的加工速度、更好的表面粗糙度或加工精度。多能量形式在加工中或同时发挥作用形成复合加工工艺，或在加工过程中，按顺序依次发挥作用，形成组合加工工艺。目前，多能量集成特种加工技术有机械磨削-电火花复合加工、超声-电火花复合加工、电解磨削加工、电化学机械抛光、电解电火花复合加工等复合加工工艺和 LIGA(指德文 Lithographie、Galvanoformung 和 Abformung 三个词，即光刻、电铸和注塑的缩写)、准 LIGA 等组合加工工艺。

5.1　机械磨削-电火花复合加工

机械磨削-电火花复合加工与普通电火花加工类似，主要基于绝缘介质中工具和工件之间脉冲性火花放电时的电腐蚀现象来蚀除多余的金属，以达到零件的尺寸、形状及表面质量要求。与普通电火花加工不同，机械磨削-电火花复合加工以旋转的圆盘状或丝棒状电极作工具电极。在加工绝缘或弱导电陶瓷方面具有明显的优势。

5.1.1　加工原理

如图 5-1 所示，机械磨削-电火花复合加工时，与电源负极相连的导电磨轮作为工具电极做旋转运动，与电源正极相连的工件沿水平方向相对于电极做进给运动，两者之间保持间隙为 0.013～0.075mm，且充满油性工作介质。随着工件的进给，工具电极与工件之间不断地产生脉冲放电，工件表面的金属不断地被蚀除下来。显然，加工过程集成了电火花腐蚀的熔化、汽化过程和机械磨削过程，从而使得其加工效率更高，并能用于金属、金属基复合材料、功能陶瓷等的加工场合。

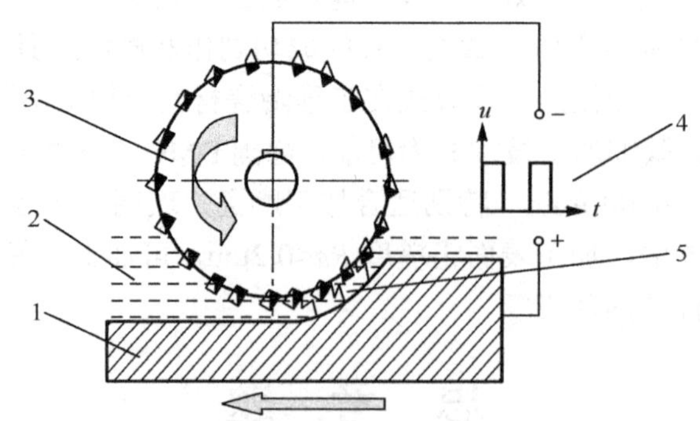

图 5-1　机械磨削-电火花复合加工原理图

1-工件；2-工作介质；3-导电磨轮(工具电极)；4-脉冲电源；5-火花放电

5.1.2　加工特点

图 5-2 为机械磨削-电火花复合加工微观过程图，集成了磨粒磨削机械加工、电火花放电加工两种能量形式。集成后的工艺较单个工艺具有明显优势。

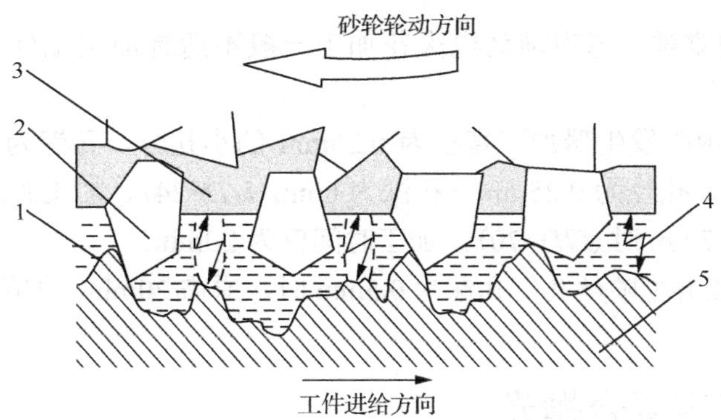

图 5-2　机械磨削-电火花复合加工微观过程示意图

1-工作介质；2-磨粒；3-导电黏结剂；4-火花放电；5-工件

除了适用的材料更广，机械磨削-电火花复合加工还具有如下特点。

(1) 相同工艺条件下，加工速度是电火花加工的 5 倍以上。

(2) 由于是复合加工作用，同时发挥机械磨削与放电腐蚀加工的作用，所需磨削力比常规磨削加工小。

(3) 工具电极损耗比电火花加工更小。

(4) 工具电极具有自修整功能，加工稳定性好。

5.2　超声-电火花复合加工

5.2.1　超声辅助电火花加工

利用电火花对小孔、窄缝进行精微加工时，及时排出加工区的蚀除产物是保证电火花精微加工能顺利进行的关键。当蚀除产物逐渐增多时，电极间隙状态变得十分恶劣，电极间搭桥、短路屡屡发生，使进给系统一直处于进给-回退的非正常振荡状态，使加工不能正常进行。

如果在进行小孔或窄缝的电火花精微加工时在工具电极上引入超声振动，由于产生超声空化作用，则可导致一种称为微冲流的紊流产生。这种微冲流有利于电蚀产物的排出，因此，超声辅助电火花加工将使加工区的间隙状况得到改善，加工平稳，有效放电脉冲比例增加，从而达到提高生产率的目的。

1. 加工面积的影响

超声辅助电火花加工只适用于小面积的穿孔或窄缝加工，当加工面积增大时，生产率反而不如普通电火花加工，这是由于在进行大面积电火花加工时，高频小振幅的超声振动并不能使电极中心部位的加工产物迅速排出，容易造成搭桥、短路等非正常放电，一般当加工直径小于 0.5mm 时，复合加工的效果才渐趋明显。

2. 电火花放电脉冲宽度的影响

脉冲宽度越小，复合加工的效果越显著。当采用长脉冲宽度的放电脉冲加工时，由于超声振动的频率很高，反而会在一个放电脉宽内出现多次工具振动，造成电火花放电不稳定，使生产率下降。

超声辅助电火花加工主要用于加工小孔、窄缝及精微异型孔，以解决电火花加工放电间隙过小而无法加工的难题。超声辅助电火花加工一般不适宜加工工件面积较大的粗、半精加工。

例如，采用超声-RC 发生器加工直径为 0.25mm 的小孔时，孔深为 0.4mm，加工时间仅为 8s，当加工深孔时，孔径为 0.25mm，孔深为 6mm（*L*/*D*=24），加工时间为 7min，当加工孔径为 0.1mm，孔深为 7mm 时（*L*/*D*=70），加工时间仅为 20min。

利用方波脉冲加工异型喷丝孔，孔深为 0.5mm 时，原需 20min，加超声后，仅用 20s 即可完成。

5.2.2 电火花超声复合抛光

为了提高表面粗糙度 *Ra* 值为 1.6μm 以上工件的抛光速度，采用超声波与专用的高频窄脉冲高峰值电流的脉冲电源复合进行抛光。由于超声波的冲击和电脉冲的腐蚀同时作用于工件表面，可以迅速降低其表面粗糙度，这时对车、铣、电火花及线切割等加工后的粗硬表面十分有效。

电火花超声复合抛光包括两层意义：一是超声和电火花腐蚀同时发生作用，抛光工具在超声振动的同时，与工件之间产生电火花放电；二是超声抛光和电火花腐蚀分别作用，相辅相成。前一种意义上的复合中，工件与抛光工具相对，并分别接脉冲电源的正极和负极，也就是采用正极性加工。在超声振动时，抛光工具端部相对工件表面的距离，可以认为是按正弦规律变化的。当抛光工具端部和工件表面的距离处在放电区内时，间隙击穿，并产生火花放电；当距离大于放电区间时，间隙开路，放电停止；而当距离小于放电区间处于短路区时，抛光工具直接或间接与工件短路。这时，火花放电就受到超声振动的调制。在产生火花放电时，工件发生电腐蚀而被蚀除，表面被抛光，同时，超声振动还具有排屑和加速切削液循环的作用。电火花超声复合抛光的优点如下。

1. 生产率高

电火花超声复合抛光效率比传统超声波抛光提高 5 倍以上。电火花超声复合抛光在加工表面产生很薄的软化层，而对基体材料的硬化无影响。这个软化层很容易用超声波抛光方法去除。

2. 成本低

由于抛光主要依靠电火花的腐蚀作用，一般来说，凡是具有良好导电性、能够传递超声振动能量的材料，均可用作抛光工具材料。当然，所选的抛光工具材料的导电性能越好，能量损耗越小，则越有利于电火花超声复合抛光。使用黄铜、铁等普通材料取代烧结金刚石、电镀金刚石等昂贵的材料，降低了生产成本。

3. 抛光工具容易制造

由于采用黄铜、铁等金属作为抛光工具材料，采用一般的机械加工方法就很容易制造出各种形状的抛光工具，以适用不同模具型面的抛光。

4. 不易损伤工件表面

使用金刚石抛光工具时，往往在加工表面留下很深的划痕，角部也容易出现倒钝，甚至在抛光工具形状与工件型面不相吻合时使型面变形，而复合加工能明显地减轻或避免这种不良现象的发生。

5. 更适合型腔底部加工

当型腔比较狭窄，抛光工具移动距离很小时，超声波抛光型腔底部时的效率很低，而电火花超声复合抛光则能高效地对型腔底部进行抛光，故大大提高了型腔底部的抛光效率。

5.3　电解磨削加工

5.3.1　电解磨削的基本原理和特点

电解磨削是由电解作用和机械磨削作用相结合而进行加工的，比电解加工的加工精度高，表面粗糙度小，比机械磨削的生产率高。

图 5-3 是电解磨削原理图。导电砂轮 1 与电源的负极相连，被加工工件 3(如硬质合金车刀)接电源的正极，它在一定压力下与导电砂轮相接触。加工区域中送入电解液 2，在电解和机械磨削的双重作用下，车刀的后刀面很快就被磨光。

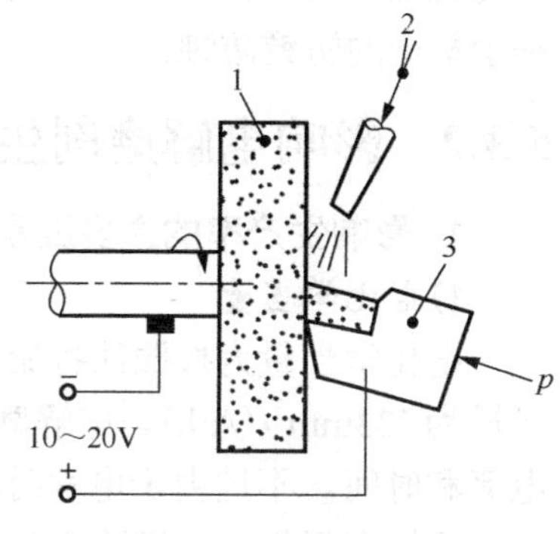

图 5-3　电解磨削原理图

1-导电砂轮；2-电解液；3-工件

图 5-4 为电解磨削加工过程原理图，电流从工件通过电解液流向砂轮，形成通路，工件(阳极)表面的金属在电流和电解液的作用下发生电解作用(电化学腐蚀)，被氧化成为一层极薄的氧化物或氢氧化物薄膜，一般称它为阳极薄膜。但刚形成的阳极薄膜迅速被导电砂轮中的磨料刮除，在阳极工件上又露出新的金属表面并继续电解。这样，电解作用和刮除薄膜的磨削作用交替进行，使工件连续地加工，直至达到一定的尺寸精度和表面粗糙度。由此可知，电解磨削过程中，金属主要靠电化学作用腐蚀下来，砂轮只是起磨去电解产物(阳极钝化膜)和整平工件表面的作用。

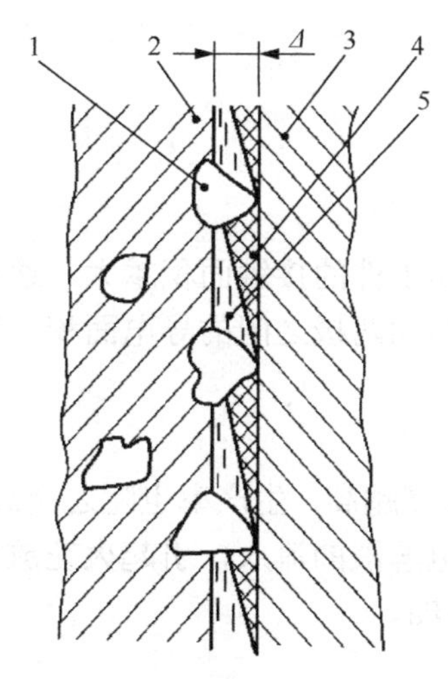

图 5-4　电解磨削加工过程原理图

1-磨粒；2-结合剂；3-工件；4-阳极薄膜；5-电极间隙及电解液

电解磨削与机械磨削比较，具有以下特点。

(1) 加工范围广，加工效率高。由于它主要是电解作用，因此只要选择合适的电解液就可以用来加工任何高硬度与高韧性的金属材料，例如，磨削硬质合金时，与普通的金刚石砂轮磨削相比较，电解磨削的加工效率要高 3～5 倍。

(2) 可以获得更高的加工精度及表面质量。因为砂轮并不主要磨削金属，磨削力和磨削热都很小，不会产生磨削毛刺、裂纹、烧伤现象，一般表面粗糙度 *Ra* 值可优于 0.16μm。

(3) 砂轮的磨损量小。例如，磨削硬质合金，普通刃磨时，碳化硅砂轮的磨损量为硬质合金切除量的 4～6 倍；电解磨削时，砂轮的磨损量为硬质合金切除量的 50%，与普通金刚石砂轮磨削相比较，电解磨削用的金刚石砂轮的损耗速度仅为它们的 1/10～1/5，可显著降低成本。

与机械磨削相比，电解磨削的不足之处为：加工刀具等的刃口不易磨得非常锋利；机床、夹具等需采取防蚀防锈措施；需增加吸气、排气装置及直流电源、电解液过滤和循环装置等附属设备。

电解磨削时电化学阳极溶解的机理和电解加工相似，不同之处为电解加工时阳极表面形成的钝化膜是靠活性离子(如氯离子)进行活化的，或是靠很高的电流密度去破坏(活化)而使阳极表面的金属不断溶解去除的，加工电流很大，溶解速度很快，电解产物的排出依靠高速流动的电解液的冲刷作用；电解磨削时阳极表面形成的钝化膜是靠砂轮的磨削作用，即机械的刮削来去除和活化的。因此，电解加工时必须采用压力较高、流量较大的泵，如涡旋泵、多级离心泵等，而电解磨削一般可采用冷却润滑液用的小型离心泵。从这个意义上来说，为区别于电解磨削，把电解加工称为“电解液压加工”。另外，电解磨削靠砂轮磨料来刮除具有一定硬度和黏度的阳极钝化膜，其形状和尺寸精度主要是由砂轮相对工件的成形运动来控制的。因此，电解液中不能含有活化能力很强的活性离子，如氯离子等，而采用腐蚀能力较弱的钝化性电解液，如以硝酸钠、亚硝酸钠等为主的电解液，以提高电解磨削的成形精度且有利于机床的防锈防蚀。

5.3.2　影响电解磨削生产率和加工质量的因素

1. 影响生产率的主要因素

1) 电化学当量

电化学当量为按照法拉第定律，单位电量理论上所能电解蚀除的金属量，如铁的电化学当量为 $133\text{mm}^3/(\text{A}\cdot\text{h})$。电解磨削和电解加工一样，可以根据需要去除的金属量来计算所需的电流和时间。不过由于电解时阳极上还可能有气体被电解析出，多损耗电能，或者由于磨削时的机械磨削作用，节省了电解蚀除金属用的电能，所以电流效率可能小于或大于 1。由于工件材料实际上是由多种金属元素组成的，各金属成分及杂质的电化学当量不一样，所以电解蚀除速度就有差别(尤其在金属晶格边缘)，它是造成表面粗糙度不好的原因之一。

2) 电流密度

提高电流密度能加速阳极溶解。提高电流密度的途径如下。

(1) 提高工作电压。

(2) 缩小电极间隙。

(3) 减小电解液的电阻率。

(4) 提高电解液温度等。

3) 砂轮(阴极)与工件间的导电面积

当电流密度一定时，通过的电量与导电面积成正比。阴极和工件的接触面积越大，通过的电量越多，单位时间内金属的去除率越大。因此，应尽可能增加两极之间的导电面积，以达到提高生产率的目的。

4) 磨削压力

磨削压力越大，工作台走刀速度越快，阳极金属被活化的程度越高，生产率也随之提高。但过高的压力容易使磨料磨损或脱落，减小了加工间隙，影响电解液的流入，引起火花放电或发生短路现象，使生产率下降。磨削压力通常采用 0.1～0.3MPa。

2. 影响加工精度的因素

1) 电解液成分

电解液的成分直接影响阳极表面钝化膜的性质。如果所生成的钝化膜结构疏松，对工件表面的保护能力差，加工精度就低。要获得高精度的零件，在加工过程中应使工件表面生成一层结构致密、均匀、保护性能良好的低价氧化物。钝化性电解液形成的阳极钝化膜不易受到破坏。硼酸盐、磷酸盐等弱电解质的含氧酸盐的水溶液都是较好的钝化性电解液。

加工硬质合金时，要适当控制电解液的 pH，因为硬质合金的氧化物易溶于碱性溶液中。要得到较厚的阳极钝化膜，不应采用 pH 高的电解液，一般取 pH=7～9。

2) 阴极导电面积和磨粒轨迹

电解磨削平面时，常常采用碗状砂轮以增大阴极面积，但工件往复移动时，阴、阳极上各点的相对运动速度和轨迹的重复程度并不相等，砂轮边缘线速度高，进给方向两侧轨迹的重复程度较大，磨削量较多，磨出的工件往往呈中凸的“鱼背”形状。

工件在往复运动磨削过程中，由于两极之间的接触面积逐渐减少或逐渐增加，引起电流密度相应变化，造成表面电解不均匀，也会影响加工成形精度。此外，杂散腐蚀尖端放电常引起棱边塌角或侧表面局部变得毛糙。

3) 被加工材料的性质

对于合金成分复杂的材料，由于不同金属元素的电极电位不同，阳极溶解速度也不同，特别是电解磨削硬质合金和钢料的组合件时，问题更为严重。因此，研究适合多种金属同时均匀溶解的电解液配方，是解决多金属材料电解磨削问题的主要途径。

4) 机械因素

电解磨削过程中，阳极表面的活化主要靠机械磨削作用，因此，机床的成形运动精度、夹具精度、砂轮精度对加工精度的影响是不可忽视的。其中，电解砂轮占有重要地位，它不但直接影响到加工精度，而且影响到加工间隙的稳定。电解磨削时的加工间隙是由电解砂轮保证的，因此，除精确修整砂轮外，砂轮的磨料还应选择较硬的、耐磨损的，采用中极法磨削时，应保持阴极的形状正确。

3. 影响表面粗糙度的因素

1) 电参数

工作电压是影响表面粗糙度的主要因素。工作电压低，工件表面溶解速度慢，钝化膜不易被穿透，因而溶解作用只在表面凸处进行，有利于提高精度，精加工时应选用较低的工作电压，但不能低于合金中元素的最高分解电压。例如，加工 WC-Co 系列硬质合金时，工作电压不低于 1.7V(因 Co 的分解电压为 1.2V，WC 的分解电压为 1.7V)，加工 TiC-Co 系列硬质合金时，工作电压不低于 3V(因 TiC 的分解电压为 3V)。工作电压过低，会使电解作用减弱，生产率降低，表面质量变坏；工作电压过高，表面不易整平，甚至引起火花放电或电弧放电，使表面粗糙度恶化，电解磨削较合理的工作电压一般为 5～12V。此外，还应与砂轮磨削深度相配合。

电流密度过高，电解作用过强，表面粗糙度差。电流密度过低，机械作用过强，也会使表面粗糙度变坏。因此，电解磨削时电流密度的选择应使电解作用和机械作用配合恰当。

2) 电解液

电解液的成分和质量分数是影响阳极钝化膜性质和厚度的主要因素。因此，为了改善表面粗糙度，常常选用钝化型或半钝化型电解液。为了使电解作用正常进行，间隙中应充满电解液，因此，电解液的流量必须充足，而且应进行过滤，以保持电解液的清洁度。

3) 机械因素

磨料粒度越细，越能均匀地去除凸起部分的钝化膜，还能使加工间隙减小，这两种作用都加快了整平速度，有利于改善表面粗糙度。但如果磨料过细，加工间隙过小，容易引起火花而降低表面质量。一般粒度在 40～100 号内选取。

由于电解磨削时去除的是比较软的钝化膜，因此，磨料的硬度对表面粗糙度的影响不大。磨削压力太小，难以去除钝化膜；磨削压力过大，机械切削作用强，磨料磨损加快，使表面粗糙度恶化。实践表明，电解磨削完成时，切断电源进行短时间(1～3min)的机械修磨，可改善表面粗糙度。

5.3.3 电解磨削的设备及应用

1. 加工设备要求

电解磨削用设备主要包括直流电源、电解液系统和电解磨床。

电解磨削用的直流电源要求有可调的电压(5～20V)和较硬的外特性，最大工作电流视加工面积和所需生产率控制在 10～1000A。只要功率许可，一般可以和电解加工的直流电源设备通用。

供应电解液的循环泵一般用小型离心泵，但最好是耐酸、耐腐蚀的，还应该有过滤和沉淀电解液杂质的装置。在电解过程中有时会产生对人体有害的气体，如一氧化碳等，因此在机床上最好设有强制抽气装置或中和装置。否则，应在空气较流通的地点操作。

电解液的喷射一般都用管子和扁喷嘴，喷嘴接在砂轮的上方，向工作区域喷注电解液。为了减轻和避免机床的腐蚀，机床与电解液接触的部分应选择耐腐蚀性好的材料。机床主轴应保证砂轮工作面的振摆量为0.01～0.02mm，否则不仅磨削时接触不均匀，而且不可能保证合理的电极间隙。

电解磨削一般需要专门制造的导电砂轮，常用的有铜基和石墨两种。铜基导电砂轮的导电性能好，加工间隙可采用反电解法得到，即把电解砂轮接阳极进行电解。此时，铜基逐渐被溶解，达到所需的溶解量(加工间隙值)后，停止反电解，磨粒暴露在铜基之外的尺寸为所需的加工间隙。因此，铜基导电砂轮的加工生产率高。石墨导电砂轮不能反电解加工，但磨削时石墨与工件之间会产生火花放电，同时具有电解磨削和电火花磨削双重作用。在断电后的精磨过程中，石墨具有润滑、抛光的作用，可获得较好的表面粗糙度。

导电砂轮的磨料有烧结刚玉、白刚玉、高强度陶瓷、碳化硅、碳化硼、人造宝石、金刚石等多种。最常用的是金刚石导电砂轮，这是因为金刚石磨粒具有很高的耐磨性，能比较稳定地保持两极间的距离，使加工间隙稳定，而且可以在断电后对像硬质合金一类的高硬材料进行精磨，可提高精度和改善表面粗糙度。金刚石砂轮是由铜、镍、铅、铸铁粉末烧结的，也可用反电解法修整砂轮。

2. 电解磨削的应用

由于电解磨削集中了电解加工和机械磨削的优点，因此，在生产中已用来磨削一些高硬度的零件，如各种硬质合金刀具、量具、挤压拉丝模具、轧辊等。对于普通磨削很难加工的小孔、深孔、薄壁筒、细长杆等，电解磨削也能显出优越性。对于复杂型面的零件，也可采用电解研磨和电解珩磨。因此，电解磨削的应用范围正在不断扩大。

5.4 电解珩磨与电解研磨加工

5.4.1 电解珩磨

电解珩磨是指电解与珩磨相结合的电化学复合加工。所用的阴极工具是导电的珩磨条。图 5-5 为立式复合电解珩磨原理图。可用普通珩磨机改造成电解珩磨机，增设电解液循环系统和直流电源，以电解液替代珩磨液，将工件接直流电源的正极，珩磨条接直流电源的负极，形成电解加工回路并构成复合电解珩磨加工系统。加工时，珩磨头做直线往复运动，工件做旋转运功(珩磨头既做直线往复运动，又做旋转运动)。工件表面电解生成的钝化膜被珩磨条刮除，使其重新露出新的基体金属，并再次被电解蚀除。如此不断循环，直至达到加工要求。电解珩磨主要用于普通珩磨难以加工的高硬度、高强度和容易变形的精密零件的孔加工，以及高硬度合金钢的不通孔加工。

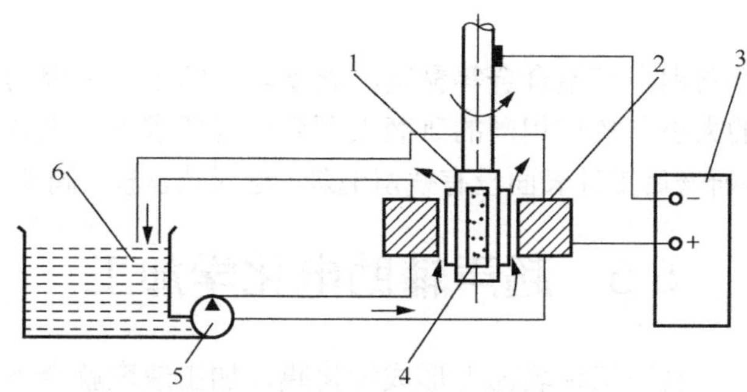

图 5-5　立式复合电解珩磨原理图

1-珩磨头(阴极)；2-工件(阳极)；3-直流电源；4-珩磨条；5-泵；6-电解液

与普通珩磨相比，电解珩磨具有如下特点。

(1)加工速度高，是普通珩磨加工的 3～5 倍；加工精度高，表面粗糙度 Ra≤0.1m。

(2)选择合适的电解液(能生成厚实钝化膜)和电参数，可获得良好的加工质量。

(3)珩磨头既是磨削工具，又是电解加工的阴极电极，一般用铜制造。珩磨条镶嵌在珩磨头上，对工件施加一定的接触压力，并使电极与工件保持一定的间隙。工件与电极之间充满电解液，在适宜的阴阳极间电压和电流密度下，形成电解加工回路，产生电解与珩磨的综合效果。

(4)电解珩磨的珩磨条损耗小、排屑容易，冷却性能好、热应力影响小，工件表面无毛刺。

5.4.2　电解研磨

在机械研磨的基础上，附加电解作用而产生一种复合研磨方式，即电解研磨。研磨时，可采用将微粉混入电解液，随电解液流入加工间隙中的工作方式。为防止研磨时发生短路，研具上装有绝缘镶条，略凸出研具基体金属表面，通常凸起的高度为 0.10～0.20mm。还有一种研磨方式，即将磨料与金属粉混合后压制烧结成导电研具，研磨前先将研具表面外露的金属腐蚀去除，使磨料凸出，防止研具与工件直接接触发生短路。也可以采用研具基体金属上镶嵌研磨油石的方法，按照工件研磨的粗糙度要求，合理选择油石的磨料粒度。

电解研磨时，应按照工件的材质选择电解液的组成成分，铁基金属或合金大多采用浓度为 100～200g/L 的硝酸钠水溶液，浓度越高，电化学作用越强，研磨速度越高。一般在粗研时浓度高一些，而精研时采用低浓度电解液。镜面研磨时电解液浓度不宜超过 50g/L。即使粗研或半精研时，电解液温度也宜低不宜高，因为电解液温度偏高(如高于室温)，导电性提高，阳极溶解反应加快，易出现选择件溶解或晶界腐蚀，使研磨表面质量变差，一般电解研磨时液温为 20～25℃。

加工电压视工件研磨前表面粗糙度情况以及电解液的浓度、温度综合考虑，经工艺试验后最终选定。电压升高，电流密度上升，研磨速度加快，但表面质量不易控制；电压过低，电流密度很小，几乎没有电解作用，效率将与机械研磨类似，一般情况下，电压为 5～8V。通过调节加工电压，研磨时的电流密度控制在 0.5～1.0A/cm^2 为宜。

研磨用磨料粒度按工件表面粗糙度要求参照机械研磨工艺选定即可。在精研及镜面研磨时，为防止磨料中混有大粒度磨料而破坏工件表面，在使用前应将磨料用相应粒度的筛网过筛。

电解研磨时，工具阴极的转旋速度及进给速度与机械研磨时相同或稍低些即可，尽量降低研磨时的机械振动，以提高研磨质量。工具阴极与工件间的压力应稍低于机械研磨，以减少纯机械研磨作用。

电解研磨适用于不锈钢、高温合金等黏度、硬度较大的工件，因为工件材料的研磨速度主要决定于电解作用的大小，故在相同的研磨表面粗糙度要求下，电解研磨的加工效率要高于机械研磨，同时电解研磨后工件表面没有残留毛刺，这对喷丝板、阀片类工件是十分有利的。

5.5 超声辅助电化学加工

在电化学加工中，一旦在工件表面上形成钝化膜，加工速度就会下降，如果在电解加工中引入超声振动，钝化膜就会在超声振动的作用下遭到破坏，使电解加工能顺利进行，促进生产率的提高。另外，若在小孔、窄缝加工中引入超声振动，则可促使电解产物的排放，同样也有利于生产率的提高。这种用超声振动改善电解加工过程的加工工艺，就是超声辅助电化学加工。目前多用于难加工材料的深小孔及表面光整加工，主要有超声辅助电解加工和超声辅助电解抛光。

5.5.1 超声辅助电解加工

图 5-6 为超声辅助电解加工原理图。超声频振动的工具连接直流电源的负极，工件连接正极，工具与工件之间的直流电压为 6～18V，电流密度为 30A/cm^2 以上，电解液常用质量浓度为 20%的含盐水溶液与磨料的混合液。加工时，工件表面在电解液中产生阳极溶解，电解产物阳极钝化膜被超声振动的工具及磨料蚀除，由超声振动引起的空化作用，加快了钝化膜的蚀除和磨料悬浮液的循环更新，促进了阳极溶解过程的进行，使加工速度和加工质量大大提高。

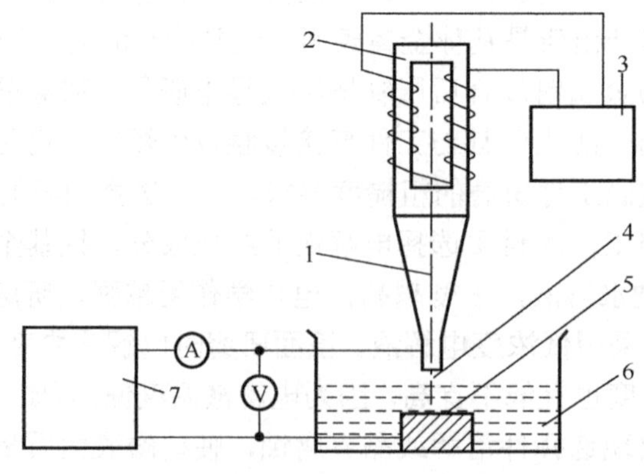

图 5-6 超声辅助电解加工原理图

1-变幅杆；2-换能器；3-超声发生器；4-工具；5-工件；6-电解液与磨料；7-直流电源

超声辅助电解加工相对于普通超声加工，加工速度可提高一倍，工具损耗减少 20%～40%，其有益效果非常明显。

5.5.2　超声辅助电解抛光

超声辅助电解抛光是超声波加工和电解加工复合而成的另一种复合电化学加工方法。它可以获得优于靠单一电解或单一超声波抛光的抛光效率和表面质量。超声辅助电解抛光的加工原理如图 5-7 所示。

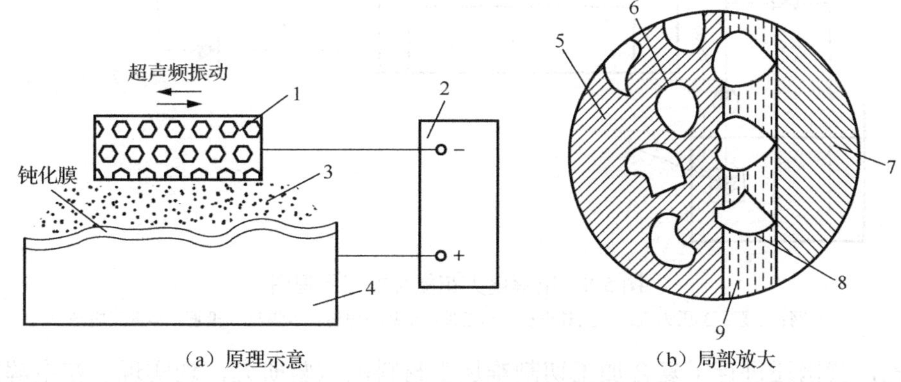

（a）原理示意　　（b）局部放大

图 5-7　超声辅助电解抛光的加工原理图

1-工具；2-电解电源；3-电解液；4、7-工件；5-结合剂；6-磨料；8-阳极薄膜；9-电极间隙及电解液

加工时，工件连接直流电源正极，工具连接直流电源负极。工件与工具间通入钝化性电解液。高速流动的电解液不断在工件待加工表层上生成钝化膜，工具则以极高的频率进行抛磨，不断地将工件表面凸起部位的钝化膜去掉。被去掉钝化膜的表面迅速产生阳极溶解，溶解下来的产物不断地被电解液带走。而工件凹下去部位的钝化膜，由于工件抛磨不到，因此不溶解，这个过程一直持续到将工件表面整平时为止。

工件在超声波振动下，不但能迅速去除钝化膜，而且在加工区域内产生的空化作用可增强电化学反应，进一步提高工件表面凸起部位金属的溶解速度。

5.6　电解电火花复合加工

5.6.1　加工原理

电解加工时，两极间隙大多在 0.03～0.3mm，而电火花加工的间隙较小(0.01～0.03mm)，较小的极间间隙有助于提高加工时的仿形精度。EDM 和 ECM 虽然在同类领域中应用，但存在相反的长处和短处，为得到最佳的综合效果，提出了在导电电解液中发生放电过程，形成了电解电火花复合加工工艺(ECDM)。

由于此过程用同类的水基介质和脉冲电源，因而在一套设备上通过控制系统来变更复合的类型，以满足不同的加工要求，易于工程化，有生产应用的现实性。图 5-8 为电解电火花复合加工原理图。

20 世纪 80 年代，国外在电解电火花机理研究上进行了大量工作。英国、苏联、日本及我国均在孔加工中实现了复合过程，获得高效率；90 年代我国与英国合作进行了型腔复合加

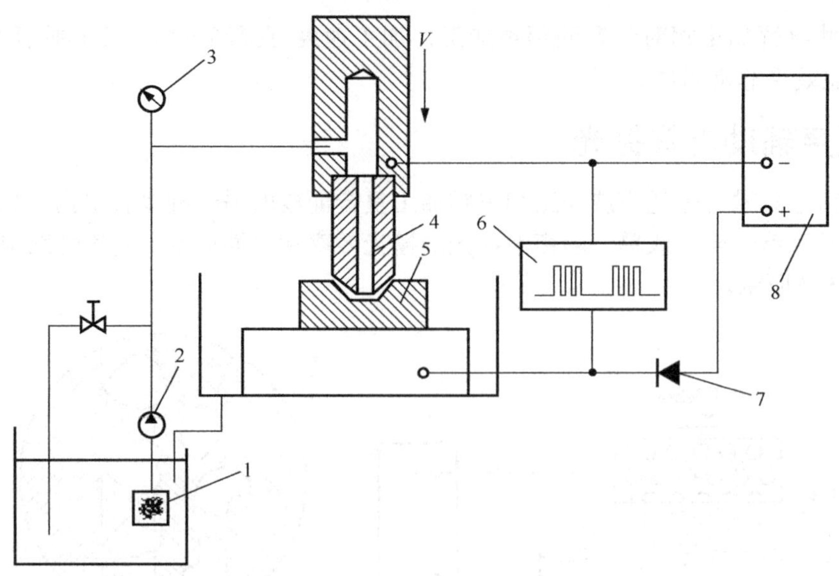

图 5-8 电解电火花复合加工原理图

1-滤网；2-泵；3-压力表；4-工具电极；5-工件；6-脉冲电源；7-隔离二极管；8-直流电源

工试验研究，我国还进行了复合加工切割难加工材料的试验研究，均实现了在电解液中正常电弧放电的过程。90 年代在复合光整加工上有较大进展，在电火花模具型腔加工及线切割的后续光整加工上取得成功，日本已开始用于生产，效果显著，不仅能提高光度而且能保持或提高精度。在孔、型腔及切割加工中，电解电火花复合加工的效率较高，但精度较低。

对导电电解液中发生放电的机理，较普遍的认识是：电化学过程阴极析氢后在阴、阳极间搭成连续的气泡桥，当电场强度超过气泡桥耐压强度时，就产生击穿放电。

5.6.2 电解电火花复合加工过程

电解电火花复合加工按间隙过程可分为两大类。

(1) 按时间先后相继发生 EDM、ECM 过程，此类型又可按周期长短分为两种：其一是在极短周期(毫秒级)内有频率地反复交替发生；其二则是在长周期内先后发生，如粗加工为 EDM，精加工为 ECM，实质上是工步的复合。

(2) 按空间在不同部位分别同时发生 EDM、ECM，一般来说是在小间隙区发生火花击穿放电，而在相对大间隙区则发生纯电化学阳极溶解。这种分布还受流场的影响，流动充足处气泡难于积累搭桥，只能发生 ECM，而流动迟滞处气泡易于积累搭桥而产生火花击穿放电。为得到均匀的加工表面，控制流场的均匀、稳定是一个极为重要的问题。

电解电火花复合加工与电解机械复合加工时的机械去除作用相似，放电加工的作用主要是破除钝化膜，使电解作用能持续进行下去。目前，电解电火花复合加工已经在太阳能电池硅片加工中获得了很好应用。

5.7 LIGA 和准 LIGA 技术

微机电系统也称为微机械和微系统(MEMS)，是微电子技术与机械、光学领域结合而产生的，是 20 世纪 90 年代初兴起的新技术。在微小三维器件的制造中，形成了三个主流的发展方向。其一，是以美国为代表的硅微细加工技术，在大规模电子器件的制作中占主要地位；其二，是以日本为代表的基于特种加工方法微小化的微细特种加工技术，在微三维金属结构制造方面占有优势；其三，则是以德国为代表的 LIGA 技术，将光刻、电铸、注塑三种技术有机结合，在高深宽比微细结构制作方面具有独特的优势。

5.7.1 LIGA 技术

LIGA 是德文 Lithographie、Galvanoformung 和 Abformung 三个词，即光刻、电铸和注塑的缩写。20 世纪 70 年代末由德国的 Ehrfeld 教授开发了 LIGA 技术。LIGA 技术的典型工艺流程如图 5-9 所示。

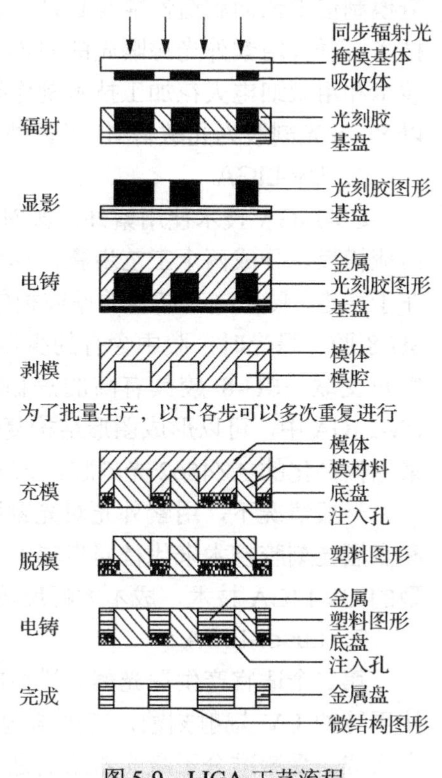

图 5-9 LIGA 工艺流程

LIGA 工艺是一种基于 X 射线光刻技术的 MEMS 加工技术，主要包括 X 射线深度同步辐射光刻、电铸制模和注塑复制三个工艺步骤。由于 X 射线有非常高的平行度、极强的辐射强度、连续的光谱，LIGA 技术能够制造出高宽比达到 500、厚度大于 1500μm、结构侧壁光滑且平行度偏差在亚微米范围内的三维立体结构。这是其他微制造技术所无法实现的。LIGA 技术被视为微纳米制造技术中最有生命力、最有前途的加工技术。利用 LIGA 技术，不仅可以制造微纳尺度结构，而且能加工尺度为毫米级的 Meso 结构。

另外，要求用于 LIGA 技术的抗蚀剂必须有良好的分辨力、机械强度、低应力，同时与基片的黏附性还要好。用于深层 X 射线光刻的光刻胶一般用综合性能良好的有机聚合物——聚甲基丙烯酸甲酯(poly-methylmethacrylate，PMMA)。PMMA 是正性光刻胶，有很好的透光性。这种情况下光源的条件是能量为 10keV，波长为 0.2～0.8nm。

LIGA 技术经过多年的发展，已显示出它的优点，如下所述。

(1)深宽比大，准确度高。所加工的图形准确度小于 0.5μm，表面粗糙度仅 10nm，侧壁垂直度大于 89.9°，纵向高度可达 500μm 以上。

(2)用材广泛。从塑料(PMMA、聚甲醛、聚酰胺、聚碳酸酯等)到金属(Au、Ag、Ni、Cu)再到陶瓷(ZnO_2)等，都可以用 LIGA 技术实现三维微结构。

(3)图形结构截面形状不受限制。

(4)采用微复制技术，可批量生产，成本低。

目前已研制成功或正在研制的 LIGA 产品有微传感器、微电动机、微执行器、微机械零件和微光学元件、微型医疗器械和装置、微流体元件、纳米尺度元件及系统等。为了制造含有叠状、斜面、曲面等结构特征的三维微小元器件，通常采用多掩模套刻、光刻时在线规律性移动掩模板、倾斜/移动承片台、背面倾斜光刻等措施来实现。

5.7.2 准 LIGA 技术

LIGA 技术虽然具有突出的优点，但是它的工艺步骤比较复杂，成本费用昂贵。为了获得光源，需要复杂而又昂贵的同步加速器。用于 X 射线光刻的掩模板本身就是三维微结构，需要先用 LIGA 技术制备出来，费时又复杂；可用的光刻胶种类少。这使得 LIGA 技术的发展在一定程度上受到限制，阻碍了工业化应用的进程。于是出现了一类应用低成本光刻光源和掩模制造工艺而制造性能与LIGA技术相当的新的加工技术，通称为准LIGA技术或LIGA-like技术。例如，用紫外光源曝光的UV（紫外光）-LIGA技术、准分子激光光源的Laser（激光）-LIGA技术和用微细电火花加工技术制作掩模的 UV-LIGA 与 Micro EDM 组合加工技术等。其中，以 SU-8 光刻胶为光敏材料、以紫外光为曝光源的 UV-LIGA 技术因有诸多优点而被广泛采用。

1．UV-LIGA

UV-LIGA 技术使用紫外光源对光刻胶曝光，光源一般来自汞灯，所用的掩模板是简单的铬掩模板。分成两个工艺步骤：厚胶的深层 UV 光刻和图形中结构材料的电镀。其主要困难在于稳定、陡壁、高精度的厚胶模的形成。对于 UV-LIGA 适用的光刻胶，目前使用最广的是 SU-8 胶。曝光时，胶中含有的少量光催化剂发生化学反应，产生一种强酸，能使 SU-8 胶发生热交联。SU-8 胶具有高的热稳定性、化学稳定性和良好的力学性能。将 SU-8 胶用于 UV-LIGA 中，可以形成图形结构复杂、深宽比大、侧壁陡峭的微结构。UV-LIGA 技术也可以采用商品化的 AZ4562 光刻胶。该光刻胶黏性大、透光性好，涂胶厚度可以达到 100μm。

一般情况下，用紫外光对光刻胶进行大剂量曝光时，光刻胶不宜太厚。用紫外线作光源和多层光刻胶技术来代替同步辐射 X 射线深层光刻的多层光刻胶 LIGA 工艺，可以看作改进型的 UV-LIGA 技术，成本大幅度降低。

2．Laser-LIGA

第二个适宜产生深光刻胶模型的准 LIGA 技术是受激准分子激光剥离。在这里光刻胶直接用脉冲 UV 辐射刻蚀，三维结构或者是通过在光刻胶表面使用扫描光束，或者是透射掩模来形成。受激准分子激光器用的是气态卤化物，脉冲间隙为 10～15ns，能够产生每平方厘米数百焦耳的光束。由于波长小于 250nm 时，光刻胶等有机物材料就可以被熔化，在这里通常所用的两个激光波长是 248nm（氟化氪）和 193nm（氟化氩）。每一个激光脉冲可以腐蚀 0.1～0.2μm，无须重调镜头焦距系统，就可以剥离几百微米深，该方法有许多优点。

(1) 它不像 UV 光刻那样在深度上受限制，因为曝光后的材料在下一个脉冲到来之前都被除去。

(2) 利用改变扫描速度和光束形状的方法或者用在一个发射系统中的变速传动掩模方法，可以在光刻胶中形成复杂的三维结构。

(3) 大范围的聚合体材料可以剥离，增加了多级加工技术和与其他微工程技术集成的可能性。

3. UV-LIGA 与 Micro EDM 组合加工

大连理工大学将 UV-LIGA 技术与微细电火花去除加工技术进行组合，先用 UV-LIGA 加工出准三维金属结构，再用微细电火花对该结构进行局部选择性去除，最终得到金属微三维结构。图 5-10 为组合加工过程。图 5-11 为加工的微结构。

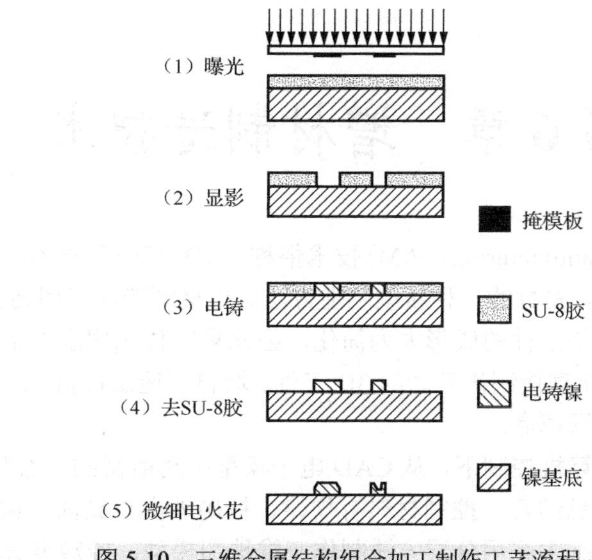

图 5-10　三维金属结构组合加工制作工艺流程

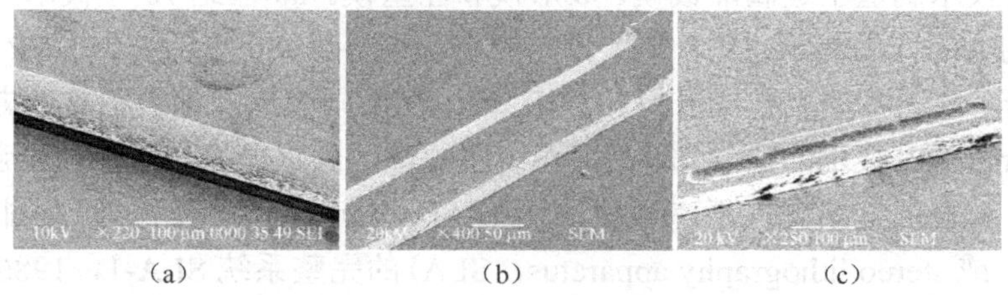
(a)　(b)　(c)

图 5-11　组合加工试验样件

图 5-11(a)为长 41mm、宽 70μm、高 50μm 的准三维微细镍结构，图 5-11(b)为微细电火花去除后局部为梯形凸台的结构，图 5-11(c)为局部去除后为锥形凹槽结构。

LIGA 技术是目前加工高深宽比微结构最好的一种方法。与 LIGA 技术相比，准 LIGA 技术虽然能简化操作、大大降低成本费用，但却是以牺牲高准确度、大深宽比为代价的；紫外光厚胶光刻可达到毫米量级，但深宽比不超过 20；深度反应离子刻蚀深宽比较大，但是一般深度不超过 300μm；Laser-LIGA 技术加工的准确度，在一定程度上受聚焦光斑的影响。因此准 LIGA 技术只适用于对垂直度和深度要求不太高的微结构进行加工。尽管如此，在大深宽比微结构的加工中，低成本的准 LIGA 技术进入工业生产的前景仍然最为看好。

思　考　题

5-1　什么是复合加工？

5-2　电解磨削的加工特点如何？

5-3　电解珩磨的原理如何？电解研磨的原理如何？试绘图分别加以说明。

5-4　什么是超声辅助电解加工？

5-5　什么是超声辅助电火花加工技术？其有何特点？

5-6　超声辅助电火花加工的加工原理是什么？试举例说明。

5-7　简述 LIGA 技术的原理，并比较 LIGA 技术和准 LIGA 技术的特点。

第 6 章 增材制造技术

增材制造(additive manufacturing，AM)技术俗称“3D 打印”技术，是不同于减材制造(subtractive manufacturing，SM)的一种新型制造方法。增材制造法采用转化 3D 物体为 2D 图形组合的降维处理技术，使工件的成形大为简化，因此只需传统切削加工 30%～50%的工时和 20%～35%的成本，就能直接制作复杂的 3D 工件。增材制造法在机械制造业引起了巨大的反响，被誉为制造业的一场革命。

增材制造技术指在计算机控制下，从 CAD 电子模型中离散得到“点”或“面”的几何信息，再与成形工艺参数信息结合，控制材料有规律、精确地由点到面、由面到体地堆积成零件。早在 1892 年，Blanther 主张用分层方法制作三维地图模型。1979 年东京大学的中川威雄教授，利用分层技术制造了金属冲裁模、成形模和注塑模。20 世纪 70 年代末到 80 年代初期，美国 3M 公司的 Alan J. Hebert(1978 年)、日本的小玉秀男(1980 年)、美国 UVP 公司的 Charles W. Hull(1982 年)和日本的丸谷洋二(1983 年)等，在不同的地点各自独立地提出了快速成形(rapid prototyping，RP)技术的概念，即利用连续层的选区固化产生三维实体的新思想。Charles W. Hull 在 UVP 公司的继续支持下，完成了一个能自动制造零件的被称为“光固化成形”(stereo lithography，SL 或 stereo lithography apparatus，SLA)的完整系统 SLA-1，1986 年该系统获得专利，这是 RP 技术发展的一个里程碑。同年，Charles W. Hull 和 UVP 公司的股东一起建立了 3D Systems 公司，随后许多关于快速成形的概念和技术在 3D Systems 公司中发展成熟。1984 年 Michael Feygin 提出了“分层实体制造”或称为“纸叠层成形”(laminated object manufacturing，LOM)的方法，并于 1985 年组建了 HeLisys 公司，1990 年前后开发了第一台商业机型 LOM-1015。1986 年，美国 Texas 大学的研究生 C. Deckard 提出了“激光选区烧结”(selective laser sintering，SLS)的思想，稍后组建了 DTM 公司，于 1992 年开发了基于 SLS 的商业成形机(Sinterstation 系列)。Scott Crump 在 1988 年提出了“熔融沉积成形”(fused deposition modeling，FDM)的思想，1992 年开发了第一台商业机型 3D-Modeler。

增材制造技术自 20 世纪产生以来，主要围绕树脂、塑料、纸、蜡较易成形材料的成形工艺进行研究，但由于成形材料所限，其应用难以进一步拓展。目前，金属、陶瓷等材料直接制造功能零件是增材制造技术中的研究热点和重要发展方向。具有代表性的工艺是光固化成形法、熔融沉积成形法、激光选区烧结法、三维立体打印法、材料喷射成形法，以及一些在此基础上发展起来的增材制造技术等。

6.1 增材制造自由成形工艺流程

采用以 3D 打印机为核心的增材制造装备能实现 3D 打印自由成形，其工艺流程如图 6-1 所示。可见，3D 打印自由成形过程有三个阶段。

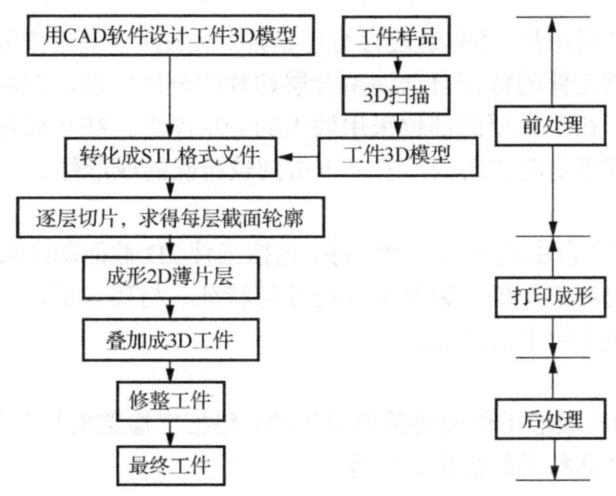

图 6-1　3D 打印自由成形工艺流程

1. 前处理

前处理包括工件的 3D CAD 模型的建立、CAD 模型文件的近似处理和分层切片。其中，3D CAD 模型是 3D 打印自由成形的依据和起点，可以用 3D CAD 软件设计，或由工件样品扫描，用反求工程的方法重构。CAD 模型文件的近似处理是将 3D CAD 模型文件转化为通用 STL 格式文件，以便 3D 打印机接收和操作。CAD 模型的分层切片是将 3D 模型转化为一系列 2D 截面图形，以便生成 3D 打印机的控制指令。

1) 3D CAD 模型的建立

工件的 3D CAD 模型的建立方法有两种。

(1) 用 3D CAD 软件设计 3D 模型。

(2) 由工件样品扫描，用反求工程的方法重构 3D 模型。现在通用的 3D CAD 设计软件，如 UG、Pro/Engineer 和 SolidWorks 等均可用于自由成形工件的 3D 模型的设计。用反求工程方法重构模型时，首先需对已有工件样品进行 3D 扫描，获取有关数据。

2) CAD 模型文件的近似处理

3D 打印机通用的近似处理方法是 STL 格式化处理，即用一系列的小三角形平面来逼近自由曲面。三角形的大小是可以选择的，从而能得到不同的曲面近似精度。经过上述近似处理的 3D 模型文件称为 STL 格式模型，它由一系列相连的空间三角形组成，典型的 CAD 软件都有自动转换和输出 STL 格式模型的接口。

3) CAD 模型的分层切片

分层切片是指将工件的 STL 格式的 3D 模型转化为一系列 2D 截面图形，并根据这些图形生成 3D 打印机的控制指令。

3D 打印机上一般都配备了分层切片软件，切片处理的实质是将几何模型用轮廓线表达，这些轮廓线代表模型在切片层上的边界，它由一系列以 Z 轴正方向为法向的平面与 STL 格式模型经相交计算所得的交点连接而成。根据这些轮廓线可以确定 3D 打印成形的路径，并生成 3D 打印机的控制指令。

切片的厚度称为分层厚度，通常取为恒定值，这种分层切片方式称为等厚度分层切片。分层厚度越小，成形工件的精度和表面品质越好，但成形时间也越长。分层厚度的范围为 0.015～0.6mm，通常为 0.1mm 左右。

除了上述等厚度分层切片，还有适应性分层切片和 CAD 模型直接分层切片等方式。其中，适应性分层切片是根据工件的特征自动调整分层切片的分层厚度，在精细、重要的特征部位采用较小的分层厚度，在不重要的部位采用较大的分层厚度，在一般部位采用恒定的分层厚度。这种分层切片的优点是能在高成形效率下得到较精确的成形件。

2. 打印成形

打印成形是 3D 打印自由成形的关键工序，包括工件 2D 截面薄片层的制作与叠加，用 3D 打印机逐层沉积成形材料来实现。针对工件的几何特征、材质、用途和性能要求，应选择最适合的打印机类型和最佳的工艺路线。

3. 后处理

后处理是 3D 打印机成形工件的善后修整工序，包括支撑结构与工件的分离、后固化、后烧结、打磨、抛光、修补和表面强化处理等。

6.2 增材制造技术的典型工艺与应用

6.2.1 熔融沉积成形

熔融沉积成形是一种将各种热熔性的丝状材料（如蜡、ABS、尼龙等）加热熔化成形的方法，又可积为熔丝成形（fused filament modeling，FFM）或熔丝制造（fused filament fabrication，FFF），由美国学者 Scott Crump 于 1988 年提出，并由美国 Stratasys 公司推出商品化机器。

1. 工艺原理

FDM 工艺是利用热塑性材料的热熔性、黏结性，在计算机控制下层层堆积成形的。熔融沉积成形工作原理如图 6-2 所示。将实心丝材原材料缠绕在供料辊上，由电动机驱动辊子旋转，辊子与丝材间的摩擦力使丝材导向套向喷头的出口送进，丝材经过喷头内的加热器后被加热熔融并从喷头口中喷出，在计算机控制下层层堆积起来，冷却固化后最终形成三维实体。为保证原型主件在成形过程中始终保持稳定性或便于后处理操作，FDM 工艺在原型制作时一般还需同时制作辅助支撑。

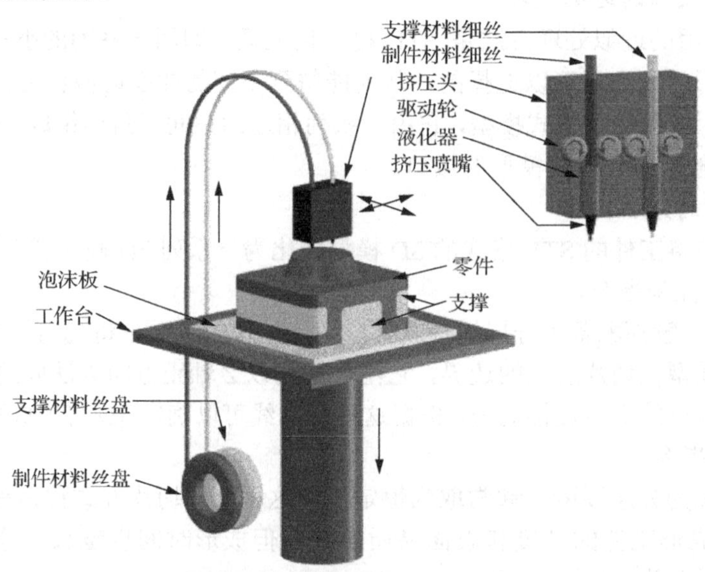

图 6-2 熔融沉积成形工作原理

2. 工艺特点

FDM 技术的主要优点如下。

(1) 成形材料广泛。除了 ABS、石蜡、人造橡胶、铸蜡和聚酯热塑性塑料等低熔点非金属材料，还可以使用低熔点金属、陶瓷等丝材。

(2) 成本相对较低。由于 FDM 技术采用熔融加热装置而不是激光器，设备与运行成本低，且原材料利用率高、无污染，成形过程无化学变化，成形成本较低。

(3) 后处理简单。支撑结构容易剥离，无须化学清洗，目前在用的水溶性支撑材料使得支撑结构更易剥离；制件的翘曲变形较小，后续矫正工作少。

但 FDM 技术也有一些不足，如下所述。

(1) FDM 技术只适合制作中、小型模型制件，在成形件表面有较明显的一层层条纹。

(2) 由于丝束是在熔融状态下一层层铺覆的，截面轮廓层之间的黏结力有限，因此原型制件垂直方向的强度较弱。

(3) FDM 技术需要设计、制作支撑结构，并且需对整个轮廓截面进行扫描和铺覆，因此成形时间较长。

3. 应用举例

目前，FDM 工艺与技术已被广泛应用于航空航天、家电、通信、电子、汽车、医学、机械、建筑、玩具等领域产品的开发与设计过程，如产品外观的评估、方案的选择、装配的检查、功能的测试、用户看样订货、塑料件开模前的校验设计、少量产品的制造等。用熔融沉积成形工艺可以制造多种材料的原型或零件(图 6-3)，如蜡型、塑料原型、陶瓷零件等。传统方法需几个星期、甚至几个月才能制造出来的复杂产品原型，用 FDM 工艺，无需任何刀具和模具，几小时或一至两天即可完成。

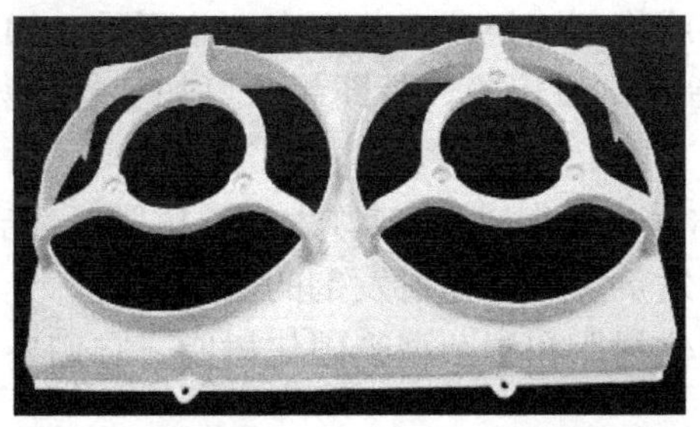

图 6-3　熔融沉积成形工艺制造的零件

6.2.2　光固化成形工艺

光固化成形工艺又称为光敏树脂液相固化成形、光固化立体造型或立体光刻成形，由 Charles W. Hull 发明并于 1986 年获美国专利，1988 年美国 3D Systems 公司推出商品化的世界上第一台快速原型成形机 SLA-250。SLA 基于实体分层制造原理，以液态光敏树脂为原料，通过 CNC 下的激光或紫外光束使光敏树脂逐层凝固成形。该工艺能简捷、全自动地制造出表面质量和尺寸精度较高、几何形状较复杂的物件。

1. 工艺原理

图 6-4 为 SLA 工艺原理图。液槽中盛满液态光敏树脂，光束在偏转镜作用下，在液体表面上扫描，扫描的轨迹及激光的有无由计算机控制，光束光斑扫描到的液体产生光聚合固化。

成形开始时，工作平台置于液面以下，其距离等于单个光束光斑能固化光敏树脂的厚度，液面始终保持在光束的聚焦平面上，聚焦后的光斑在液面上按 CNC 指令逐点扫描即逐点固化。当一层图形扫描完成后，未被光束照射的地方仍是液态树脂。然后升降台带动工作平台下降一层高度，已成形的固化层面上又布满一层液态树脂，刮平器将黏度较大的树脂液面刮平，进行下一层的扫描，新固化的一层固态树脂牢固地黏在先固化的树脂上，如此重复直到整个零件制造完毕，得到三维实体原型。

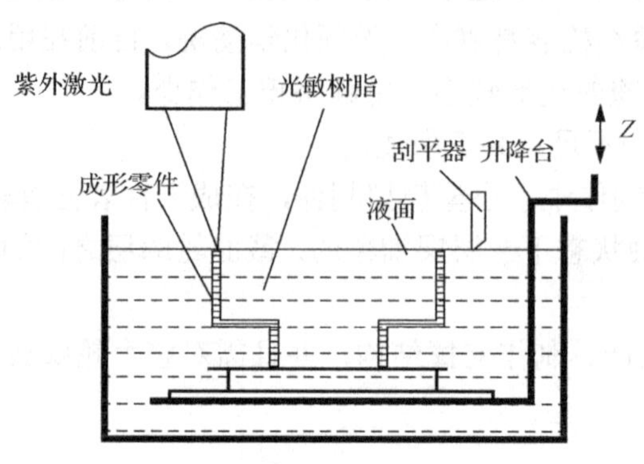

图 6-4 SLA 工艺原理

2. 工艺特点

SLA 工艺目前是研究最深入、技术最成熟、应用最广泛的增材制造工艺之一。该工艺工作系统工作稳定，成形速度快，尺寸精度较高，工件的尺寸精度能达到或小于±0.05mm，原材料利用率接近 100%；能制造出形状特别复杂(如空心零件)和比较精细(如首饰、工艺品等)的零件；制造出的原型件，可快速翻制各种模具或实体零件。SLA 工艺主要用于制造高精度塑料件、铸造用蜡模、样件或模型。但该工艺也有一些不足，如可供选择的材料种类有限，必须是光敏树脂；液态树脂固化后较脆、易断裂，可加工性不好，不能直接作为零件进行应用。

SLA 工艺的成形材料称为光固化树脂(或称为光敏树脂)，光固化树脂材料中主要包括低聚物、反应性稀释剂及光引发剂。根据光引发剂的引发机理，光固化树脂可分为三类：自由基光固化树脂、阳离子光固化树脂和混杂型光固化树脂。它们各有优缺点，目前的趋势是使用混杂型光固化树脂。

6.2.3 三维立体打印

粉末材料三维立体打印(three dimension printing，3DP)又称为三维印刷或喷涂黏结，是由美国麻省理工学院的 E. M. Sachs 教授等开发的一种快速成形工艺，并于 1993 年申请了 3 个专利。3DP 的工作过程类似于喷墨打印机，其工艺过程与 SLS 类似，区别是材料粉末不是通过激光烧结连接而成的，而是通过喷头喷涂黏结剂将零件的截面“印刷”在材料粉末上面并黏结成形的。

1. 工艺原理

图 6-5 是以粉末作为成形材料的 3DP 工艺过程：铺粉辊将少量的粉末铺平于成形缸的工作台面上，喷头在 CNC 装置控制下有选择性地将黏结剂喷在粉末上，使其黏结，形成模型的一层轮廓截面；一层黏结完毕后，成形缸下降一个距离(等于层厚：0.013～0.1mm)，供粉缸

上升一个高度，推出若干粉末，并被铺粉辊推到成形缸中、铺平并被压实；喷头进行新粉的黏结工作，如此循环往复，直到模型制件加工成形。升起工作台，取出已加工好的原型制件。

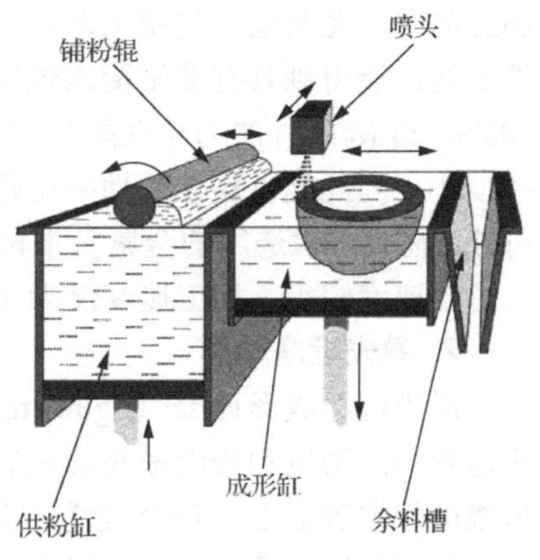

图 6-5　三维立体打印成形原理

2. 工艺特点

3DP 技术的最大特点是成形速度极快、成形材料价格低，特别适合做桌面型的增材制造设备；适用材料广，并且可以在黏结剂中添加有色颜料，因此可制作彩色原型制件，这也是该技术颇具竞争力的特点之一；成形过程中不需单独设计支撑，多余粉末的支撑去除方便，因此尤其适合于内腔复杂的原型制件制作。该技术的缺点是：成形制件的强度较低、精度和表面粗糙度较低，不适合构件结构复杂和细节较多的薄型制件；模型强度较低，因此，只能用作概念型模型而不能用于功能性试验。

3DP 技术中所用材料包括粉末成形材料和喷头喷射材料。粉末成形材料并不是由简单的粉末构成的，包括粉末材料、与之匹配的黏结溶液和后处理材料等，其中粉末材料范围比较广泛，如石英砂、陶瓷粉末、石膏粉末、聚合物粉末(如聚甲基丙烯酸甲酯、聚甲醛、聚苯乙烯、聚乙烯、石蜡等)、金属氧化物粉末(如金、铂、铜、氧化铝等)和淀粉等。喷头喷射材料有熔化的热塑性材料、蜡或黏结剂、硅胶等。

除此之外，3DP 用粉末材料根据硬化原理、环保、成本和使用等因素，还要添加一些润滑剂、黏结剂、快干剂、黏度调节剂、染料及一些防止打印头堵塞的助剂等。

3. 应用实例

目前，3DP 技术在模具制造、工业设计等领域被用于制造模型，后逐渐用于一些产品的直接制造，该技术在医疗产业、珠宝、鞋类、建筑、工程和施工(AEC)、汽车、航空航天、牙科、教育、土木工程和微型机电制造方面得到广泛应用。

6.2.4　金属零件增材制造方法

1. 激光选区熔化

激光选区熔化工艺又称为选择性激光熔化成形(selected laser melting，SLM)，该工艺成形的金属零件致密度高，力学性能好，目前零件质量已达到铸件水平。世界上第一台 SLM 设备由德国 MCP 公司于 2003 年年底推出。近几年来，英国、德国、法国等国外发达国家先后开发出高温合金、AlSi10Mg 合金、Ti6Al4V 合金等的精密激光选区熔化成形技术商业化设备，并开展了应用基础研究。

激光选区熔化成形技术是一种先进的激光增材制造技术，零件的三维数模完成切片分层处理并导入设备后，水平刮板首先把薄薄的一层金属粉末均匀地铺在基板上，高能量激光束按照三维数模当前层的数据信息选择性地熔化基板上的粉末，成形出零件当前层的形状，然后水平刮板在已加工好的层面上再铺一层金属粉末，高能束激光按照数模的下一层数据信息进行选择熔化，如此往复循环直至完成整个零件的制造。

激光选区熔化工艺突破了传统的去除加工思路，有效解决了传统加工工艺不可达部位的加工问题，尤其适合传统工艺，如锻造、铸造、焊接等无法制造的内部有异型复杂结构的零件制造；能得到具有非平衡态过饱和固溶体及均匀细小金相组织的实体，致密度几乎能达到100%，SLM 零件的力学性能与锻造工艺所得相当。此外，激光选区熔化工艺由于激光光斑直径很小，因此能以较低的功率熔化高熔点金属，使得用单一成分的金属粉末来制造零件成为可能，而且可供选用的金属粉末种类也大大拓展了。激光选区熔化成形技术也存在一些不足，如进给速度较小，加工速度仅为 20mm^3/s，导致成形效率较低。

2. 激光近净成形

激光近净成形(laser engineered net shaping，LENS)技术是一种新的增材制造技术，可以快速获得致密度和强度较高的金属零件。LENS 技术采用高能激光束聚焦于由金属粉末注射形成的熔池表面上，整个装置处于惰性气体的保护之下，通过激光束的扫描运动，使金属粉末材料逐层堆积而形成或修复零件，如图 6-6 所示。与激光选区熔化技术的不同之处是，LENS 技术采用的金属粉末不需要低熔点黏结剂，所采用的高功率激光器产生的激光可直接熔化金属粉末，实现熔覆作用。

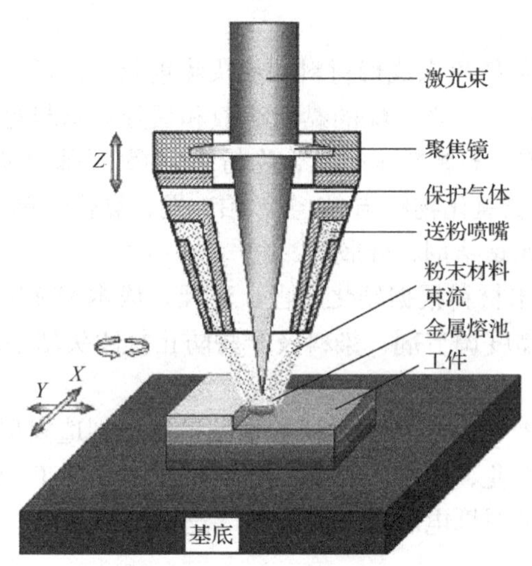

图 6-6　LENS 工艺原理图

LENS 技术在加工异质材料(功能梯度材料、复合材料)方面有特有优势，采用 LENS 技术可以很容易地实现零件不同部位具有不同的成分和性能，不需反复成形和中间热处理等步骤；激光直接制造属于快速凝固过程，金属零件完全致密、组织细小，其成形件的力学性能可以达到或超过相应铸件及锻件水平。其缺点是加工过程需要惰性气体保护，成本较高；制件成形效率较低，堆积速率较慢，成形件表面质量较为粗糙，需通过后加工来提高表面质量。该技术的缺点是需使用高功率激光器，设备造价昂贵；成形时热应力较大，成形精度不高。

激光近净成形技术可用于制造成形金属注射模、修复模具和大型金属零件、制造大尺寸薄壁形状的整体结构零件，也可用于加工活性金属(如钛、镍、钽、钨)及其他特殊金属。目前，已成功制造了不锈钢、镍基高温合金、工具钢、钛合金以及镍铝金属间化合物等材料零件，还制备了 304 不锈钢-A690 合金、Fe-Cu、Ti-V 和 Ti-Mo 梯度材料零件，显示出其在功能梯度材料制备方面的独特优势。

3. 电子束熔丝沉积

电子束熔丝沉积技术是近年来发展起来的一种新型增材制造技术，与其他快速成形技术一样，电子束熔丝沉积工艺需要对零件的三维 CAD 模型进行分层处理，并生成加工路径。图 6-7 是实现电子束熔丝沉积工艺的原理图，电子束聚焦于基板上，形成小熔池，熔化同步送进的金属丝材，电子束因扫描运动而离开熔化点后，熔化的金属沉积、覆盖于基板上，然后电子束再在基板的下一个位置形成小熔池，继续熔化金属丝，熔化金属按照预定路径逐层堆积，并与前一层面形成冶金结合，直至形成致密的金属零件。

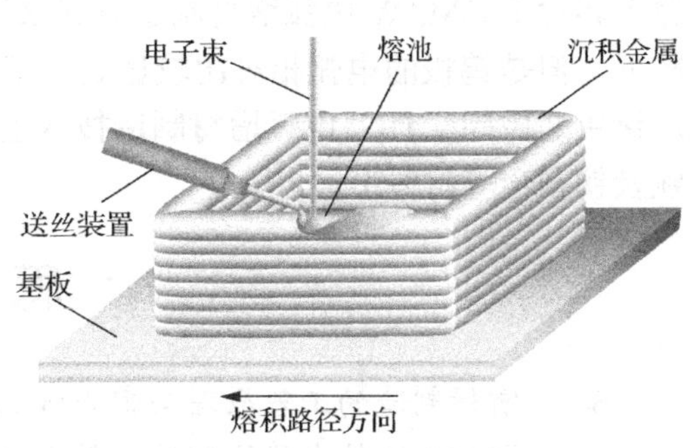

图 6-7　电子束熔丝沉积工艺原理图

电子束熔丝沉积技术具有一些独特的优点，主要表现在以下几个方面：成形速度快、保护效果好、材料利用率高、能量转化率高、成本低、零件性能好。对钛合金及铝合金，最大成形速度可以达到 15kg/h。

4. 电弧增材制造

电弧增材制造(wire and arc additive manufacture，WAAM)技术以电弧为载能束，采用逐层堆焊的方式制造金属实体构件，该技术主要基于 TIG、MIG、SAW 等焊接技术发展而来，成形零件由全焊缝构成，化学成分均匀、致密度高。

现有的技术成形大尺寸复杂结构件时表现出一定的局限性，为了应对大型化、整体化航天结构件的增材制造需求，基于堆焊技术发展起来的低成本、高效率电弧增材制造技术受到部分学者关注。开放的成形环境对成形件尺寸无限制，成形速率可达每小时几千克，但电弧增材制造的零件表面波动较大，成形件表面质量较低，一般需要二次表面机加工，相比激光、电子束增材制造，电弧增材制造技术的主要应用目标是大尺寸复杂构件的低成本、高效快速近净成形。

1) 熔化极气体保护焊(GMAW)电弧增材制造

熔化极气体保护焊(GMAW)电弧增材制造技术又分为熔化极惰性气体保护焊(metal inert gas arc welding，MIG)和熔化极活性气体保护焊(metal active gas arc welding，MAG)。利用电极和母材导通时击穿空气产生的电弧作为热源将金属丝材熔化，作为熔覆材料，随后熔覆层快速冷却凝固形成熔覆层。而两者的区别仅在于使用的保护气体不同，一种是惰性气体，通常是 Ar 气体、He 气体；另一种则是混合了活性气体，通常是 CO_2 和 Ar 的混合气体。这种电弧增材制造方式基本能够适用于所有的金属材料，同时负载持续率高，熔覆的效率比较高。但是电弧的稳定性相对较差，容易受到影响而导致参数的变化。

2) 非熔化极气体保护焊(TIG)电弧增材制造

非熔化极气体保护焊(TIG)电弧增材制造过程由于用钨极作为电极，制造过程中钨极作为电极是不发生熔化的，而是需要单独的送丝系统将金属丝材按照需求送至电极与母材之间产生的电弧中，使得金属丝材受热熔化，按照规划的路径层层熔覆，冷却后形成所需工件，与 GMAW 电弧增材制造最大的区别在于电极不发生熔化，需要添加熔敷金属材料。TIG 电弧增材制造的成本相对来说较高，同时其钨极承载电流的能力较差，因为过大的电流可能会引起钨极熔化和蒸发，导致其微粒有可能进入熔池，造成污染(夹钨)。所以制造过程中设定的热输入相对于 GMAW 电弧增材制造方式来说会小一些，也就导致了熔深较浅，熔覆的效率相对较低。但是钨极的电弧相对比较稳定，不易受到影响，所以堆积金属的形貌更好，外观成形质量更好控制。TIG 电弧增材制造技术主要应用在有色金属及其合金、不锈钢、高温合金、钛及钛合金等材料上。

思 考 题

6-1　增材制造的工艺原理与常规加工工艺有何区别？具有什么特点？

6-2　增材制造技术能给制造业带来什么效益？主要有哪些应用？

6-3　增材制造技术的工艺流程是什么？有何特点？

6-4　增材制造技术的典型工艺流程有哪些？

6-5　熔融沉积成形的工艺特点有哪些？

6-6　光固化成形的工艺特点有哪些？

6-7　什么是 3DP 工艺？它有什么特点？

6-8　金属零件增材制造有哪些方法？各自的特点是什么？

第二篇　自动化制造技术

自动化制造系统是在较少的人工干预下，将原材料加工成零件并组装成产品，在加工过程和装配过程中实现工艺过程自动化的制造系统。工艺过程涉及的范围很广，它包括工件的装卸、存储和输送；刀具的装配、调整、输送和更换；工件的切削加工、排屑、清洗、测量和热处理；切屑的输送、净化处理和回收；将零件装配成产品等。主要涉及加工装备自动化、物流存储自动化和加工刀具自动化等相关内容。

第7章　加工装备自动化

加工装备自动化是指在加工过程中所用的加工设备能够高效、精密、可靠地自动进行加工，此外还应能进一步集中工序且具有一定的柔性。高效就是生产率要达到一定高的水平；精密即成品公差带的分散度小，成品的实际公差带要压缩到图样中规定的 1/2 或更小，期望成品不必分组选配，从而实现完全互装配，便于实现“准时方式”的生产；可靠就是其设备已能达到极少故障，具有长时间工作的能力。此外，设备能进一步集中工序，在一台设备或一个自动化加工系统中完成一个工件从坯料到总装前的全部工序，提高加工经济性。设备还可能有一定的柔性，以适应少量品种的生产，甚至有较大的柔性，以适应多品种的生产。

按照加工规模和加工自动化程度，对加工装备的自动化程度要求也不一样，如图 7-1 所示。

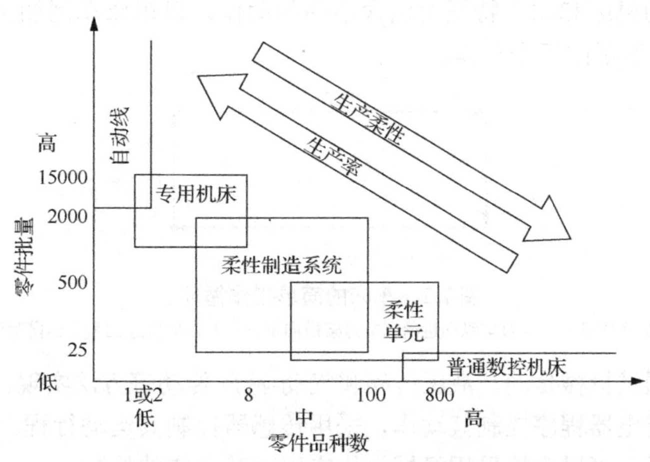

图 7-1　生产规模与装备类型的关系图

产品数量越少、规模越大的生产类型更适合刚性自动线生产，如现有的大型专业生产企业，设备生产线产品形式相对固定，更新产品类型困难。刚性自动线具有高的生产率，在社会产品不丰富的时代，发挥了极大的作用。柔性制造增加了生产零件的品种，适应小批量、多品种的生产要求，满足了产品生产的个性化需求。

7.1　单机自动化

单机自动化是大批量生产提高生产率、降低成本的重要途径。单机自动化往往具有投资省、见效快等特点，因而在大批量生产中被广泛采用。

7.1.1　自动化机床的生产率分析

当自动化机床连续生产时，加工单个工件的时间是由切削时间和辅助时间之和组成的，即

$$t_g = t_q + t_f \tag{7-1}$$

式中，t_g为加工一个工件的时间(min)；t_q为刀具对工件进行切削的时间(min)，包括切入和切出时间；t_f为空程辅助时间(min)，包括机床执行机构的快速空行程时间，以及装卸、定位夹紧、测量等辅助时间。

因此，由工作循环时间所决定的生产率Q(件/min)为

$$Q = \frac{1}{t_g} = \frac{1}{t_q + t_f} \tag{7-2}$$

显然，为了提高生产率必须同时减少 t_q 和 t_f。一方面采用先进的加工方法、先进刀具和提高切削用量等措施减少切削时间；另一方面在拟订自动化方案时，尽可能减少空程辅助时间，例如，选取较高的空行程速度，尽量减少工作循环中的辅助动作，减少定位夹紧、装卸料和测量工件的时间，或使某些辅助时间重合等。

7.1.2　加工循环自动化

加工循环是指在工件的一个工序的加工过程中，机床刀具和工件相对运动的循环过程。加工循环依据不同的机床和加工特征而包含不同的动作。以车床车削加工为例，一个简单的自动循环包括图 7-2 所示的五个动作。

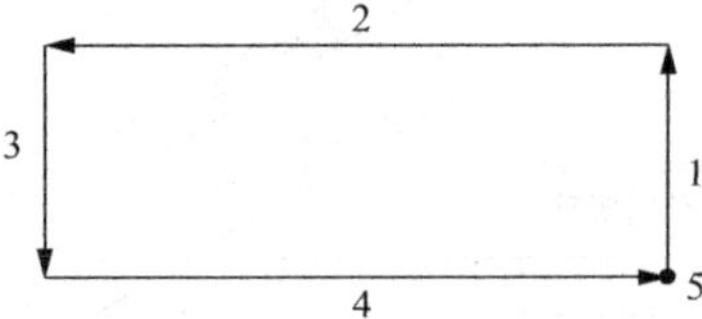

图 7-2　车床的简单工作循环

1-刀架横向进刀；2-刀架纵向进给；3-刀架横向退出；4-刀架快速回程；5-自动停止

自动循环可以通过机械传动、液压传动和气动-液压传动等方法实现。对于比较复杂的加工循环，一般采用继电器程序控制其动作，采用传感器控制其运动行程。对于图 7-2 所示的比较简单的工作循环，可以直接采用机械机构实现对其动作的控制。

7.1.3　装卸工件自动化

工件的自动装卸是自动化机床不可缺少的功能，也是其区别于半自动化机床的主要方法。当机床实现了加工循环自动化之后，还只是半自动化机床，因为每当完成一个加工循环后必须停车，由工人进行装卸工件，经过再次起动，才能进行下一次加工循环。在半自动化机床上配备自动装卸工件装置以后，由于能够自动完成装卸工作，因而自动加工循环可以连续进行，即可成为自动化机床。

自动装卸工件装置通常称自动上料装置，它所完成的工作包括将工件自动安装到机床夹具上，并且在加工完成后从夹具中卸下工件。

根据原材料或毛坯形式、类型的不同，自动上料装置可分为以下三种类型。

1. 卷料自动上料装置

当以卷状的线材、带材作为毛坯时，在加工时将卷料装上自动送料机构，材料从轴卷上拉出来，经过自动校直被送向加工位置。在一卷材料用完之前，送料和加工是连续进行的。

2. 棒料自动上料装置

当采用棒料作为毛坯时，将一定长度的棒料装在机床上，按每一个工件所需的长度自动送料。在用完一根棒料之后，需要进行一次手工装料。

3. 单件毛坯自动上料装置

当采用锻件或将棒料预先切成单件坯料作为毛坯时，机床上设置专门的件料上料装置。

前两种自动上料装置多用于冲压机床和通用(单轴和多轴)自动机，第三种使用得比较多，下面主要介绍单件毛坯的自动上料装置。

根据其工作特点和自动化程度的不同，单件毛坯自动上料装置有料仓式上料装置和料斗式上料装置两种。料仓式上料装置是一种半自动的上料装置，不能使工件自动定向，需要用人工定时将一批工件按照一定的方向和位置，顺序排列在料仓中，然后由送料机构将工件逐个送到机床夹具中。

料斗式上料装置是自动化的上料装置，工人将单个工件成批地任意倒进料斗后，料斗中的定向机构能将杂乱堆放的工件进行自动定向，使之按规定的方位整齐排列，并按一定的生产节拍把工件送到机床夹具中。

图 7-3 为两种上料装置的原理示意图。料仓式上料装置一般由料仓 3、输料槽 2、送料器 1、上料杆 4 和卸料杆 5 组成。当工件的加工循环时间较长时，为了简化结构，可以适当加长输料槽使之兼有料仓的作用(图 7-3(a))。

料斗式上料装置适用于小型零件或毛坯，工件任意地堆放在料斗 6 内，通过定向机构 7 将工件按一定方向顺序送入输料槽 2 中，然后由送料器 1 送到机床的加工位置。在料斗上还设有剔除器 8，用以防止定向不正确的工件混入输料槽。

料仓式上料装置虽然需要工人周期性地将工件按规定的方向和顺序进行装料，但结构比较简单，工作可靠性较强，适用于工件外形较复杂、尺寸和质量较大以及加工周期比较长的情况。料斗式上料装置由于能够实现工件的自动定向，因而能进一步减轻工人的体力劳动，便于多机床管理。这种自动定向的料斗多适用于工件外形比较简单、体积和质量都比较小，而且生产节拍短、要求频繁上料的场合。

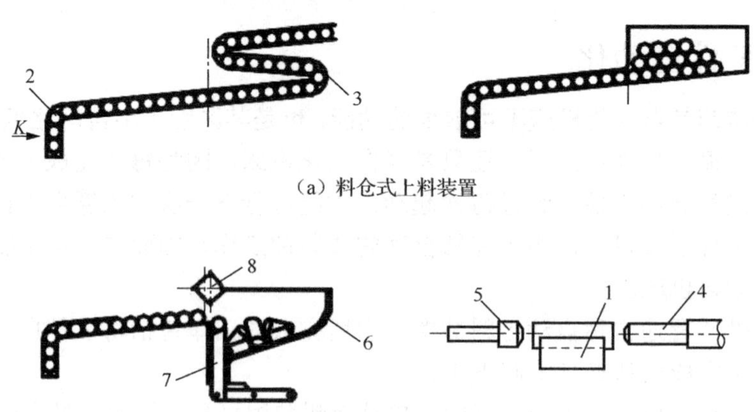

图 7-3　自动上料装置原理图

1-送料器；2-输料槽；3-料仓；4-上料杆；5-卸料杆；6-料斗；7-定向机构；8-剔除器

近年来，在各种类型的自动化机床上，广泛应用了机械手来实现装卸工件自动化。这里所说的机械手，就是一种能实现较为复杂的动作循环的上下料装置，它从料仓或输料槽中抓取工件，直接送入机床夹具中；当工件加工完成后，也能从夹具中把工件卸到固定的地点。

7.2　数控机床和数控加工中心

7.2.1　数控机床

数控机床(numerical control machine tools)是综合应用了计算技术、自动控制、精密测量和机床设计等技术而发展起来的，是采用数字化信息对机床运动及其加工过程进行自动控制的自动化机床。

数控机床以数字指令形式对机床进行程序控制和辅助功能控制，并对机床相关切削部件的位移量进行坐标控制。与普通机床相比，改变了用行程开关控制运动部件位置的程控机床控制方式。数控机床不但具有适应性强、效率高、加工质量稳定和精度高的优点，而且易实现多坐标联动，能加工出普通机床难以加工的曲线和曲面。数控加工是实现多品种、中小批量生产自动化的最有效方式。

数控机床主要由输入介质、数控装置、伺服系统、反馈系统和机床等组成，其组成框图如图 7-4 所示。

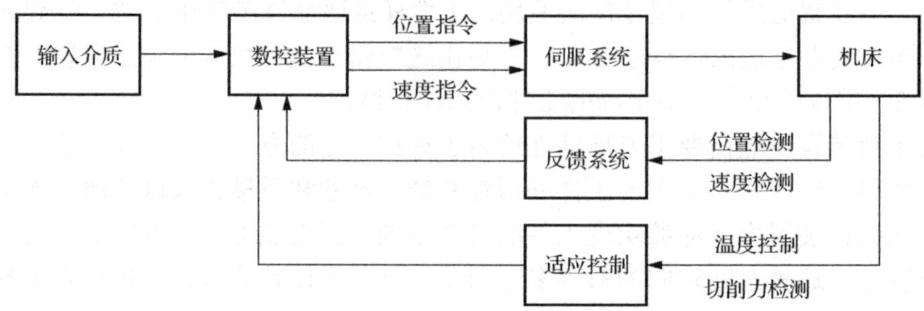

图 7-4　数控机床的组成

按照工艺用途分，数控机床可以分为以下三类。

1. 一般数控机床

这类机床和普通机床一样，有数控车床、数控铣床、数控钻床、数控镗床、数控磨床等，每一类都有很多品种。例如，在数控磨床中，有数控平面磨床、数控外圆磨床、数控工具磨床等。这类机床的工艺可能性与普通机床相似，不同的是它能加工形状复杂的零件。这类机床的控制轴数一般不超过三个。

2. 多坐标数控机床

有些形状复杂的零件用三坐标的数控机床还是无法加工，如螺旋桨、飞机曲面零件的加工等。此时需要三个以上坐标的合成运动才能加工出需要的形状，为此出现了多坐标数控机床。多坐标数控机床的特点是数控装置控制轴的坐标数较多，机床结构也比较复杂，现在常用的是 4～6 坐标的数控机床。

3. 加工中心机床

数控加工中心是在一般数控机床的基础上发展起来的。其装备有可容纳几把到几百把刀具的刀库和自动换刀装置。一般加工中心机床还装有可移动的工作台，用来自动装卸工件。工件经一次装夹后，加工中心机床便能自动地完成铣削、钻削、攻螺纹、镗削、铰孔等工序。

7.2.2　数控加工中心

1. 加工中心的概念和特点

加工中心是一种备有刀库并能按预定程序自动更换刀具，对工件进行多工序加工的高效数控机床。加工中心与普通数控机床的主要区别在于它能在一台机床上完成在多台普通数控机床上才能完成的工作。

现代加工中心有以下特征：第一，加工中心是在数控机床的基础上增加自动换刀装置形成的，使工件在一次装夹后，可以自动地、连续地完成对工件表面的多工步加工，工序高度集中；第二，加工中心一般带有自动分度回转工作台或主轴箱可自动转角度，从而使工件一次装夹后，可自动完成多个表面或多个角度位置的多工序加工；第三，加工中心能自动改变机床的主轴转速、进给量和刀具相对工件的运动轨迹及其他辅助功能；第四，加工中心如果带有交换工作台，工件在工作位置的工作台进行加工的同时，另外的工件在装卸位置的工作台进行装卸，不影响正常的加工工件。

由于加工中心具有上述特征，故而可以大大减少工件装夹、调整和测量时间，使加工中心的切削时间利用率高于普通机床 3～4 倍，大大提高了生产率；同时避免了工件多次定位所产生的累积误差，提高了加工精度。

2. 加工中心的组成

加工中心自问世以来，世界各国出现了各种类型的加工中心，虽然外形结构各异，但从总体来看主要结构如图 7-5 所示。

1) 基础部件

基础部件是加工中心的基础结构，由床身、立柱和工作台等组成，它们主要承受加工中心的静载荷以及在加工时产生的切削负载。基础部件必须要有足够的刚度，它们一般都是加工中心中体积和质量最大的部件。

图 7-5　加工中心的结构

1-床身；2-立柱；3-刀库；4-机械手；5-主轴箱；6-工作台

2) 主轴部件

主轴部件由主轴箱、主轴电机、主轴和主轴轴承组成。主轴的起、停和改变转速等动作均由数控系统控制，并且通过装在主轴上的刀具参与切削运动，是切削加工的功率输出部件。

3) 数控系统

加工中心的数控部分由 CNC 装置、可编程控制器、伺服驱动装置以及操作面板等组成，是执行顺序控制动作和完成加工过程的控制中心。

4) 自动换刀系统

自动换刀系统由刀库、机械手等部件组成。当需要换刀时，数控系统发出指令，由机械手(或其他装置)将刀具从刀库中取出并装入主轴孔。刀库有盘式、鼓式和链式等多种形式，容量从几把到几百把不等。机械手根据刀库和主轴的相对位置及结构不同有单臂、双臂和轨道等形式。有的加工中心不用机械手而直接利用主轴或刀库的移动实现换刀。

5) 辅助装置

辅助装置包括润滑、冷却、排屑、防护、液压、气动和检测系统等部分。这些装置虽然不直接参与切削运动，但对于加工中心的加工效率、加工精度和可靠性起着保障作用，也是加工中心中不可缺少的部分。

6) 自动托盘交换系统

有的加工中心为进一步缩短非切削时间，配有两个自动交换工件的托盘，一个完成工作台上待加工工件的安装，另一个则位于工作台外进行工件装卸。当一个工件完成加工后，两个托盘位置自动交换，进行下一个工件的加工，这样可以减少辅助时间，提高加工效率。

3．加工中心的类型

加工中心按主轴在加工时的空间位置可分为卧式加工中心、立式加工中心、立卧两用加工中心。

1) 卧式加工中心

卧式加工中心是指主轴轴线水平设置的加工中心。卧式加工中心一般具有 3～5 个运动坐标，常见的是三个直线运动坐标加一个回转运动坐标(回转工作台)，它能够在工件一次装夹后完成除安装面和顶面以外的其余四个面的镗、铣、钻、攻螺纹等加工，最适合加工箱体类工件。

2) 立式加工中心

立式加工中心主轴的轴线为垂直设置的，其结构多为固定立柱式。工作台为十字滑台，适合加工盘类零件。一般具有三个直线运动坐标，并可在工作台上安置一个水平轴的数控转台来加工螺旋线类零件。立式加工中心的结构简单、占地面积小、价格低。配备各种附件后，可满足大部分工件的加工需求。

3) 立卧两用加工中心

某些加工中心具有立式和卧式加工中心的功能，工件一次装夹后能完成除安装面外所有侧面和顶面等五个面的加工，也称为五面加工中心、万能加工中心或复合加工中心。常见的立卧两用加工中心有两种形式：一种是主轴可以旋转 90°，既可以像立式加工中心那样工作，也可以像卧式加工中心那样工作；另一种是主轴不改方向，而工作台可以带着工件旋转 90°，完成对工件五个表面的加工。

立卧两用加工中心的加工方式可以使工件的形位误差降到最低，省去了二次装夹的工装，从而提高了效率，降低了加工成本。但由于五面加工中心存在着结构复杂、造价高、占地面积大的缺点，所以使用上不如其他类型的加工中心普遍。

7.3　刚性自动化生产线

将自动化机床或加工中心组成流水线，工件在机床之间的输送、工件在加工过程中必要的位置改变，以及工件在机床夹具内的定位和夹紧等过程自动完成，实现自动化，并且将所有机床和输送、转位装置的工作联合成一个统一的工作循环，就形成了一条刚性自动化生产线(简称刚性自动线)。

7.3.1　自动线的特征及关键设备

自动线是在流水线的基础上发展起来的。为了提高劳动生产率，改善工人的劳动条件，减少工人数量，不仅要求机床能自动地进行工作，而且要求装卸工件、定位夹紧、工件在工序间的输送以及切屑的排出等都能自动地进行。在自动线的工作过程中，工件以一定的生产节拍，按照工艺顺序自动地经过各个工位，在不需工人直接参与的情况下，自行完成预定的工艺过程，最后生成合乎设计要求的制品。由此可见，在工艺上自动线虽与流水线有相似之处，但也具有自己的特点。自动线的主要特点是：它具有较高的自动化程度和统一的自动控制系统，并具有比流水线更为严格的生产节奏性等。

自动线的关键设备主要指：自动化加工设备、控制系统和刀具。

(1) 自动化加工设备。组成刚性自动线的加工设备有组合机床和专用机床，它们是针对某一种或某一组零件的加工工艺而设计和制造的。刚性自动化设备一般采用多面、多轴和多刀同时加工，因此自动化程度和生产率均很高。在生产线的布置上，加工设备按工件的加工工艺顺序依次排列。

(2) 控制系统。刚性自动线的控制系统对全线机床、工件输送装置、切屑输送装置进行集中控制，控制系统一般采用传统的电气控制方式(继电器-接触器)，目前倾向于采用可编程序逻辑控制器。

(3) 刀具。加工机床上的切削刀具由人工安装、调整，实行定时强制换刀。如果出现刀具破损、折断的情况，则进行应急换刀。

7.3.2 自动线的组成实例

自动线由基本工艺设备以及各种辅助设备、控制系统等所组成。根据工件的具体情况、工艺要求、工艺过程、生产率要求和自动化程度等因素，自动线的结构及其复杂程度常常有很大的差别。图 7-6 为加工箱体类零件的组合机床自动线。

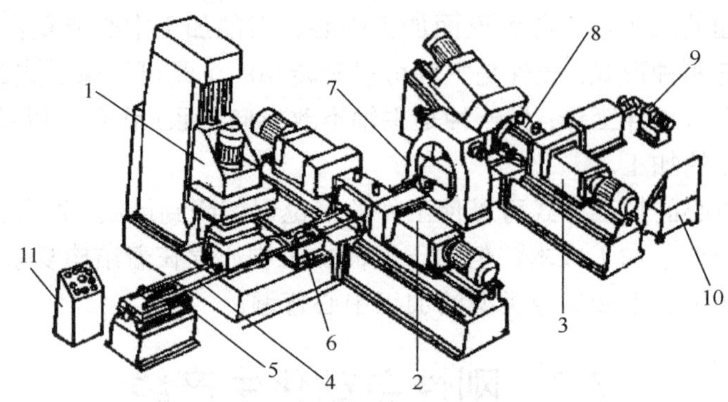

图 7-6 组合机床自动线

1、2、3-组合机床；4-工件输送带；5-输送带传动装置；6-转位台；7-转位鼓轮；8-夹具；9-切屑输送装置；10-液压站；11-操纵台

从图 7-6 中可以看出，该自动线主要由三台组合机床 1、2 和 3，工件输送带 4，输送带传动装置 5，转位台 6，转位鼓轮 7，夹具 8，液压站 10，操纵台 11，以及切屑输送装置 9 等所组成。自动线按生产节拍，实现物料(毛坯、零件等)的按顺序加工。这种刚性自动线的产品类型相对固定，对新产品开发的响应能力不足。

7.3.3 自动线的类型

从自动线的结构特点出发，自动线可从以下两方面予以分类。

1. 按所用工艺设备类型分类

1) 通用机床自动线

这类自动线多数是在流水线的基础上，利用现有通用机床进行自动化改装后联成的。有时在这类自动线中，除以通用机床为主以外，也采用少数专用机床联入自动线中。用通用的单轴或多轴自动机联成的自动线也应当归于这种类型。通常这类自动线多用于加工盘类、环类、轴、套、齿轮等中小尺寸的零件。

2) 专用机床自动线

这类自动线所采用的工艺设备以专用机床为主。由于专用机床是针对某一种(或某一组)产品零件的某一工序而设计制造的，因而建线费用较高。这类自动线主要针对结构比较稳定、生产纲领比较大的产品。

3) 组合机床自动线

这类自动线是用组合机床联成的自动线，在大批量生产中日益得到普遍的应用。由于组合机床本身具有一系列优点，特别是与一般专用机床相比，其设计周期短，制造成本低，而且已经在生产中积累了较丰富的实践经验，因此组合机床自动线能收到较好的使用效果和经济效益。这类自动线在目前大多用来进行钻、扩、铰、镗、攻螺纹和铣削等工序。

2. 根据自动线中有无储料装置分类

1) 刚性连接的自动线

在这类自动线中没有储料装置，机床按照工艺顺序依次排列，工件由输送装置强制性地从一个工位移送到下一个工位，直到加工完毕。自动线全线的所有机床由输送设备和控制系统连成整体，工件的加工和输送过程具有严格的节奏性。当某一台机床发生故障而停歇时，就要引起全线停歇。因此，这种自动线中的机床和辅助设备数量越多，即自动线越长，因故障而停歇的时间损失就越大。刚性连接自动线采用的机床和各种辅助设备都要具有良好的稳定性和可靠性。

2) 柔性连接的自动线

在这类自动线中设有必要的储料装置。根据实际需要，可以在每台机床之间设置储料装置，也可以相隔若干台机床设置储料装置，将自动线分为若干工段。这样，在储料装置前后的两台机床(或两段)就可以彼此独立地工作。由于储料装置中储备着一定数量的工件，当某一台机床(或某一段)因故停歇时，其余的机床可以在一定的时间内继续工作；或当前后相邻两台机床的生产节拍相差较大时，储料装置可以在一定时间内起着调剂平衡的作用，不致使工作节拍短的机床总要停下来等候。

7.4　自动线的辅助设备

1. 工件输送装置

工件输送装置是自动线中最重要的辅助设备，它将被加工工件从一个工位传送到下一个工位，为保证自动线按生产节拍连续地工作提供条件，并从结构上把自动线的各台自动化机床联系成为一个整体。

工件输送装置的形式与自动线工艺设备的类型和布局、被加工工件的结构和尺寸特性以及自动线工艺过程的特性等因素有关，因而其结构形式也是多样的。

在加工某些小型旋转体零件(如盘状零件、环状零件、圆柱滚子、活塞销、齿轮等)的自动线中，常采用输料槽作为基本输送装置。输料槽有利用工件自重输送和强制输送两种形式。自重输送的输料槽又称为滚道，不需要其他动力源和特殊装置，因而结构简单，对于小型旋转体工件，大多采用以自重滚送的办法实现自动输送。

2. 自动线上的夹具

自动线上所采用的夹具可归纳为两种类型，即固定式夹具与随行式夹具。

固定式夹具即附属于每一个加工工位，不随工件输送而移动的夹具。固定安装于机床的某一部件上，或安装于专用的夹具底座上。这类夹具也分为两种类型：一种是用于钻、镗、铣、攻螺纹等加工的夹具，工件安装到夹具中以后在加工过程中固定不动；另一种是工件和夹具在加工时尚须做旋转运动。前者多用于箱体、壳体、盖、板等类型的零件加工或组合机床自动线中，后者多用于旋转体零件的车、磨、齿形加工等自动线中。

随行式夹具为随工件一起输送的夹具，适用于缺少可靠的输送基面、在组合机床自动线上较难用输送带直接输送的工件。此外，对于有色金属工件，在自动线中直接输送时其基面容易磨损，也须采用随行式夹具。

3. 转位装置

工件在加工过程中，有时需要翻转或转位以改换加工面。在通用机床或专用机床自动线中加工中小型工件时，其翻转或转位常常在输送过程或自动上料过程中完成。在组合机床自动线中，则需设置专用的转位装置。这种装置可用于工件的转位，也可以用于随行式夹具的转位。

4. 储料装置

为了使自动线能在各工序的节拍不平衡的情况下连续工作一段较长的时间，或者在某台机床更换调整刀具或发生故障而停歇时，保证其他机床仍能正常工作，必须在自动线中设置必要的储料装置，以保持工序间(或工段间)具有一定的工件储备量。

储料装置通常可以布置在自动线的各个分段之间，也有布置在每台机床之间的。对于加工某些小型工件或加工周期较长的工件的自动线，工序间的储备量也常建立在连接工序的输送设备(如输料槽、提升机构及输送带)上。根据被加工工件的形状大小、输送方式及要求的储备量的大小不同，储料装置的结构形式也不相同。

5. 排屑装置

在切削加工自动线中，切屑源源不断地从工件上流出，如果不及时排出，就会堵塞工作空间，使工作条件恶化，影响加工质量，甚至使自动线不能连续地工作。因此将切屑从加工地点排出，并将它收集起来运离线外，是一个不容忽视的问题。排屑装置是自动线不可缺少的辅助装置。

7.5　柔性制造单元

随着对产品多样化、降低制造成本、缩短制造周期和适时生产等需要的日趋迫切，以及以数控机床为基础的自动化生产技术的惊人发展，1967 年 Molins 公司研制了第一个柔性制造系统(flexible manufacturing system，FMS)，在以后的几十年中，FMS 逐步从试验阶段进入商品化阶段，并广泛应用于制造业的各个领域，成为企业提高产品竞争力的重要手段。FMS 是一种在批量加工条件下，高柔性和高自动化程度的制造系统。它之所以获得迅猛发展，是因为它综合了高效率、高质量及高柔性的特点，解决了长期以来中小批量和中大批量、多品种产品生产自动化的技术难题。

柔性制造单元(FMC)由 1～3 台数控机床或加工中心，工件自动输送及更换系统，刀具存储、输送及更换系统，设备控制器和单元控制器等组成。单元内的机床在工艺能力上通常是相互补充的，可混流加工不同的零件，由单元层和设备层两级计算机控制，对外具有接口，可组成柔性制造系统。由于 FMC 的投资和设备的占地面积都比 FMS 少很多，而综合经济效益相接近，更适合资金有限的中小企业。目前众多厂商已把 FMC 列为发展的重点。

7.5.1　柔性制造单元的组成形式

柔性制造单元与刚性生产线相比，显著的特点是物料流动的柔性大大增加，目前比较典型的输送模式有托盘交换式 FMC 和基于搬运机器人的 FMC 两种。

1. 托盘交换式 FMC

图 7-7 为托盘交换式 FMC，由加工中心(备有链式回转刀库)、工件托盘、托盘交换装置

等几部分组成。

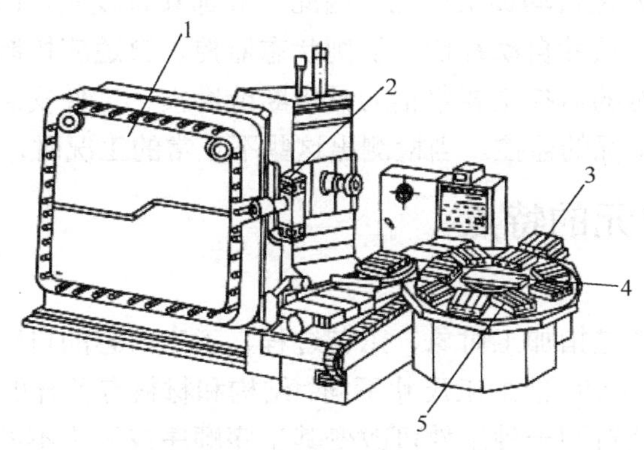

图 7-7　托盘交换式 FMC

1-刀库；2-换刀机械手；3-装卸工位；4-托盘交换装置；5-托盘库

托盘是固定工件的器具，工件和随行式夹具被安装在托盘上。单元主机是一台卧式加工中心，刀库容量为 70 把，采用双机械手换刀，配有 8 工位自动交换托盘库。托盘库为环形转盘，托盘库台面支承在圆柱环形导轨上，由内侧的环链拖动回转，链轮由电动机驱动。托盘的选择和定位由可编程序控制器控制，托盘库具有正反向回转、随机选择及跳跃分度等功能。托盘的交换由设在环形台面中央的液压推拉机构实现。托盘库旁设有工件装卸工位，机床两侧设有自动排屑装置。

2. 基于搬运机器人的 FMC

基于搬运机器人的 FMC 形式如图 7-8 所示。搬运机器人 3 在车削中心 1 和缓冲储料装置(毛坯台 4、成品台 5)之间进行工件的自动交换。工件毛坯及成品到仓库的运输由自动导向小车 6 完成。由于工业机器人的抓取力和抓取尺寸范围的限制，基于搬运机器人的 FMC 主要适用于小件或回转体零件。

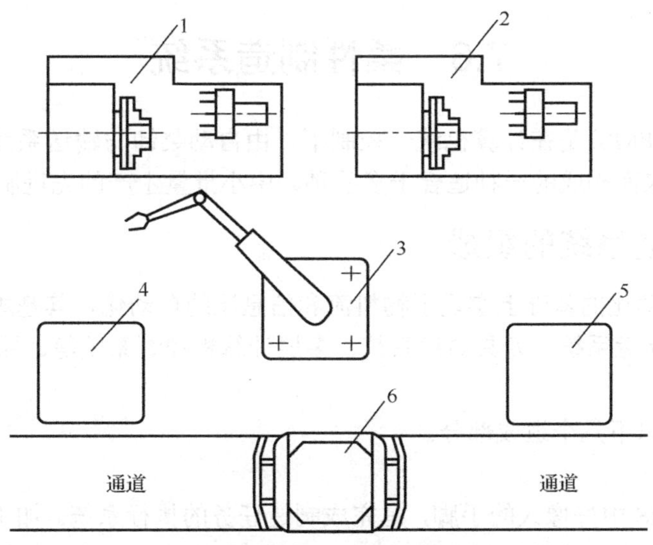

图 7-8　基于搬运机器人的 FMC

1、2-车削中心；3-搬运机器人；4-毛坯台；5-成品台；6-自动导向小车

由于 FMC 属于无人化自动加工单元，因此一般都具有较完善的自动检测和自动监控功能，如刀尖位置的检测、尺寸自动补偿、切削状态监控、自适应控制、切屑处理以及自动清洗等功能。其中切削状态的监控主要包括刀具折断或磨损、工件安装错误的监控或定位不准确、超负荷及热变形等工况的监控。当检测出这些不正常的工况时，便自动报警或停机。

7.5.2　柔性制造单元的特点

1. 加工柔性

柔性制造单元的柔性是指加工对象、工艺过程、工序内容的自动调整性能。加工对象的可调整性即产品的柔性，FMC 能加工尺寸不同、结构和材料有差异的“零件族”的所有工件。工艺过程的可调整性包括对同一种工件可改变其工序顺序或采用不同的工序顺序。工序内容的可调整性包括同一种工件在同一台加工中心上可采用的加工工步、装夹方式和工步顺序、切削用量的可调整性。

2. 自动化

柔性制造单元使用数控机床进行加工，采用自动输送装置实现工件的自动运输和自动装卸，由计算机对工件的加工和输送进行控制，实现了制造过程的自动化。

3. 加工精度和效率高，加工质量稳定

由于柔性制造单元由数控设备构成，所以其具备数控设备的效率高、加工质量稳定和精度高的特点。

4. 投资和占地面积小

柔性制造单元虽然具有柔性的特点，但由于受其设备数量的限制，设备种类比较少，所以一个柔性制造单元不可能同时具备加工主体结构不同的各类零件的能力。柔性制造单元一般针对某一类零件设计，能够满足该成组零件的加工要求，如轴类零件柔性加工单元、箱体类零件柔性加工单元。柔性制造单元一般用于中小企业的成批生产中。

7.6　柔性制造系统

柔性制造系统(FMS)是在计算机统一控制下，由自动装卸与输送系统将若干台数控机床或加工中心连接起来而构成的一种适合于多品种、中小批量生产的先进制造系统。

7.6.1　柔性制造系统的组成

FMS 在加工自动化的基础上实现了物料流和信息流的自动化，其基本组成部分有：自动化加工设备、工件储运系统、刀具储运系统、多层计算机控制系统等。图 7-9 为典型的柔性制造系统示意图。

FMS 一般具有以下几个组成部分。

1. 加工系统

加工系统在 FMS 中好像人的手脚，是完成制造任务的执行系统。加工系统一般由两台以上的数控机床、加工中心或柔性制造单元等加工设备和辅助设备构成，辅助设备包括清洗设备、检验设备、动平衡设备等。系统中的设备在工件、刀具和控制三个方面都具有可与其他子系统相连接的标准接口。加工系统的性能直接影响 FMS 的性能，加工系统在 FMS 中是耗资最多的部分。

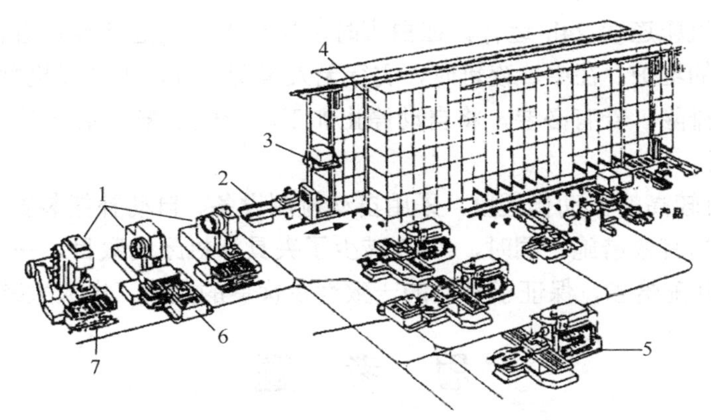

图 7-9　典型的柔性制造系统示意图

1、5-加工中心；2-仓库进出站；3-堆垛机；4-自动化仓库；6-自动导向小车；7-托盘交换站

2. 物流系统

物流系统包括运送工件、刀具、夹具、切屑及冷却润滑液等加工过程中所需“物流”的搬运装置、存储装置和装卸与交换装置。搬运装置有传送带、轨道小车、无轨小车、搬运机器人、上下料托盘等。存储装置主要由设置在搬运线始端或末端的自动仓库和设在搬运线内的缓冲站构成，用以存放毛坯、半成品或成品。装卸与交换装置负责 FMS 中物料在不同设备或不同工位之间的交换或装卸，常见的装卸与交换装置有托盘交换器、换刀机械手、堆垛机等。

3. 控制和管理系统

FMS 的控制与管理系统实质上是实现 FMS 加工过程以及物料流动过程的控制、协调、调度、监测和管理的信息流系统。由计算机、工业控制机、可编程控制器、通信网络、数据库和相应的控制与管理软件构成，是 FMS 的神经中枢，也是各子系统之间的联系纽带。

7.6.2　柔性制造系统的特点

1. 产品类型适应性强

FMS 能实现具有一定相似性的不同产品的加工，能适应市场需求和工艺要求的迅速变化，满足多品种、中小批量生产的要求。同时，对临时需要的备用零件或不同产品可以随时投入，混合在一起生产，而不会干扰 FMS 正常的生产活动。

2. 设备利用率高

由于 FMS 通过计算机对系统资源进行优化配置和调度，工件的输送、装夹和加工同时进行，其机床利用率高。在一般情况下，FMS 中一组机床的生产量是单机作业环境下用相同数目机床所获得的生产量的 3 倍。

3. 产品制造周期短

FMS 与常规加工车间相比，在制品库存大大地减少。有报告提出，在设备相同条件下，在制品可减少 80%。这是零件等待切削加工的时间减少的结果，其原因可以归结为计算机的有效调度以及零件生产中的工序集中。

4. 劳动生产率高

由于在 FMS 中加工、换刀、装夹、检测和物流搬运全部由计算机自动控制，所需人员可减少 30%～50%。机床连续 24h 运行，在白班时，操作人员通过计算机进行调度和监控，工人给设备进行必要的维护；在中、夜班时，实行无人看管运行，由计算机独立监控加工情况，出现故障时可自动排除，若有必要，将自动停止加工。一般说来，生产率可提高 50%。

5. 产品质量高

由于 FMS 具有较高的自动化程度，采用自动检测设备、自动补偿装置，能及时发现质量问题，并采取相应的有效措施。同时，FMS 减少了夹具和机床的数目，夹具结构设计合理且耐用，零件与机床匹配恰当，保证了产品的一致性及优良的品质，也大大减少了返修的费用。

思 考 题

7-1　什么是数控机床？同普通机床相比，数控机床有哪些优点？

7-2　什么是 FMS？其硬件系统如何？FMS 有哪些特点？

7-3　试从投资、效率、制造精度、自动化程度、生产规模等方面比较刚性自动线和柔性制造系统的异同。

第 8 章　物流存储自动化

物流系统是机械制造系统的重要组成部分之一，它的作用是将制造系统中的物料(如毛坯、半成品、成品、工夹具等)及时地输送到有关设备或仓储设施处。在制造系统中，物料首先输入物流系统，然后由物料输送系统送至指定位置。物流系统与生产制造的关系，如同人体中血液循环系统与内脏器官的关系一样，物流系统是生产制造各环节组成有机整体的纽带，又是生产过程维持延续的基础。

8.1　自动化制造物流系统的定义

自动化制造物流系统是指生产过程中控制物料流动的设备及系统。在自动化制造系统中，物流系统是指对工件、工具和配套装置及材料进行移动与存储的系统，主要完成物料的存储、输送、装卸、管理等功能。

按照物流的对象不同，物流系统可分为工件流、工具流和配套流三种形式。其中工件流一般由原材料、半成品、成品构成；工具流是指刀具、夹具等参与加工的工件的流动；配套流包含托盘、辅助材料、备件等。在制造系统中，各种物料的流动贯穿于整个制造过程中。

8.2　工件储运系统

自动化制造物流包含自动化制造过程中需要的各种物料的流动，如工件或工件托盘、刀具、夹具、切屑、冷却液等的流动。工件储运系统是自动化制造物流系统的主要组成部分，如图 8-1 所示，它将工件毛坯或半成品及时、准确地送到指定加工位置，并将加工好的成品送进仓库或装卸站。工件储运系统为自动化加工设备服务，使自动化制造系统得以正常运行，以发挥出系统的整体效益。

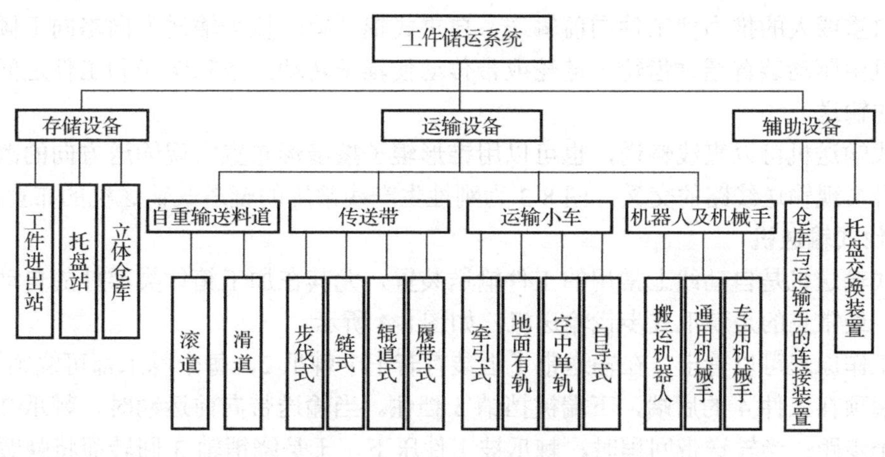

图 8-1　工件储运系统的组成

工件储运系统由存储设备、运输设备和辅助设备等组成。

1. 存储设备

存储是指将工件毛坯、制品或成品在仓库中暂时保存起来，以便根据需要取出，投入制造过程，立体仓库是典型的自动化仓储设备。

2. 运输设备

运输是指工件在制造过程中的流动，如工件在仓库或托盘站与工作站之间的输送，以及在各工作站之间的输送等。广泛应用的自动输送设备有传送带、运输小车、机器人及机械手等。

3. 辅助设备

辅助设备是指立体仓库与运输小车、小车与机床工作站之间的连接或工件托盘交换装置。其中，小车是一种能够自动识别工位和自动接收指令信号的运输装置。目前常用的有有轨导向小车和无轨导向小车两种。立体仓库、托盘交换站等与小车的接口装置也属于辅助设备。

8.2.1　传送链自动化输送设备

在制造系统中，输送设备起着人与工位、工位与工位、加工与存储、加工与装配之间的衔接作用，同时具备物料的暂存和缓冲功能。

1. 辊道式输送机

辊道式输送机是一种结构比较简单的输送机械，由一系列以一定间隙排列的辊子组成，利用辊子的转动来输送工件，图 8-2 为链条驱动的辊道式输送机原理。为保证工件在辊子上移动时的稳定性，输送的工件或托盘的底部必须有沿输送方向的连续支承面，一般该支承面至少应该接触四个辊子。

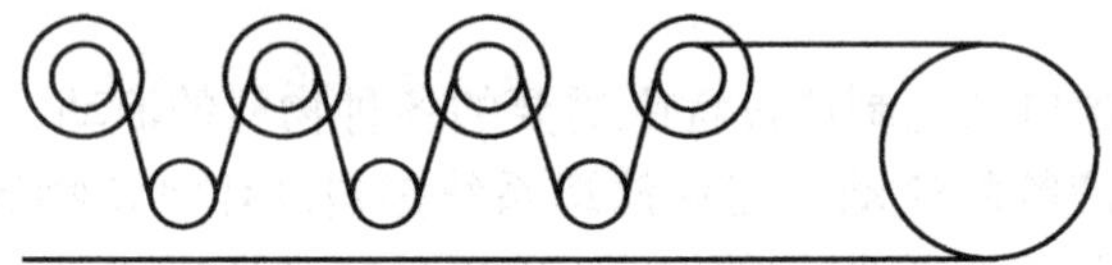

图 8-2　链条驱动的辊道式输送机示意图

辊道式输送机一般分为无动力辊子输送机和动力辊子输送机两类。无动力辊子输送机依靠工件的自重或人的推力使工件向前输送，自重式辊子输送机沿输送方向略向下倾斜。动力辊子输送机由驱动装置通过齿轮、链轮或带传动使辊子转动，依靠辊子和工件之间的摩擦力实现工件的输送。

辊道式输送机可以直线输送，也可以用锥形辊子按扇形布置实现输送方向的改变或采用滚珠工作台实现输送线路的交叉，图 8-3 为刚性生产线常用的辊道式输送机的布置图。

2. 步伐式输送机

步伐式输送机是自动线上常用的工件输送装置，尤其在加工箱体类零件的自动线中使用最为普遍。最常见的是棘爪式步伐输送机，如图 8-4 所示。

从其工作原理可以看出，在输送带 1 上装有若干个棘爪 2，每个棘爪都可绕销轴 3 转动，棘爪的前端顶在工件 4 的后端，下端被挡销 5 挡住。当输送带向前运动时，棘爪 2 就带动工件移动一个步距；当输送带回程时，棘爪被工件压下，于是绕销轴 3 回转而将弹簧 6 拉伸，并从工件下面滑过，待退出工件之后，棘爪又复而抬起。

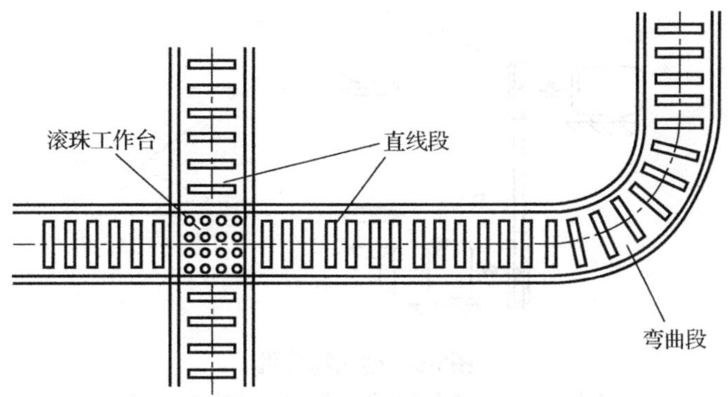

图 8-3　辊道式输送机布置图

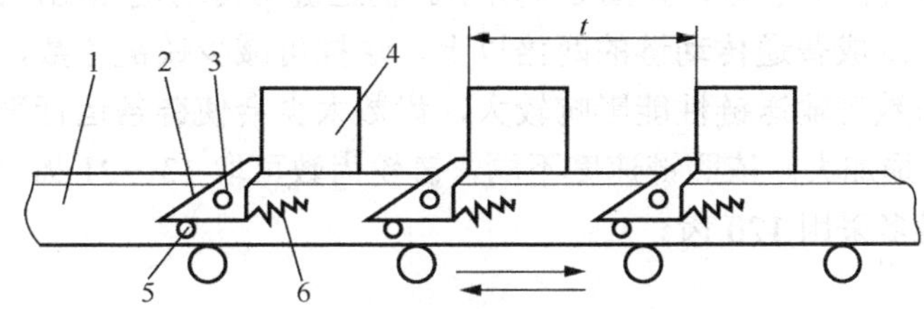

图 8-4　棘爪式步伐输送机动作原理图

1-输送带；2-棘爪；3-销轴；4-工件；5-挡销；6-弹簧

棘爪式步伐输送机动作简单，但当输送速度较高时，工件在到达终点时往往因惯性作用向前超程而不能保证位置精度。此外，由于切屑掉入，偶尔也有棘爪卡死、输送失灵的现象。为克服棘爪式步伐输送机的上述缺点，可以采用回转式步伐输送机，如图 8-5 所示。

回转式步伐输送机具有两个方向的限位，拨爪 2 刚性固定在输送摆杆上，工作时输送摆杆先回转一个角度，让拨爪卡住工件 3 的两端，再向前输送一个步距。输送完成后，输送摆杆 1 反转使拨爪 2 脱开工件，然后退回原位准备下一个工作循环。这种输送机可以保证终止位置准确，输送速度较高。

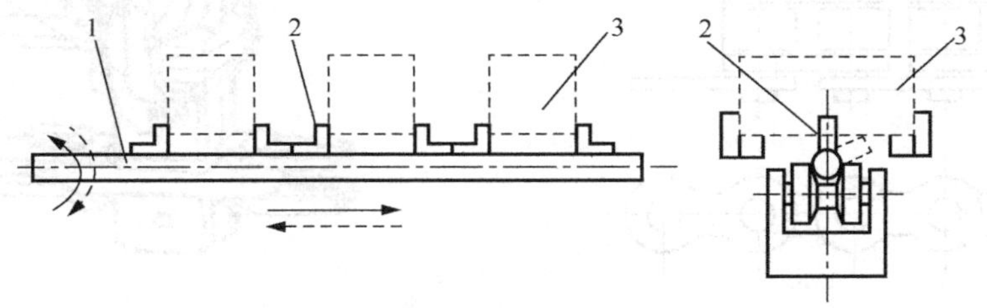

图 8-5　回转式步伐输送机示意图

1-输送摆杆；2-拨爪；3-工件

3. 链式输送机

链式输送机有多种形式，使用也非常广泛。简单的链式输送机由链条、链轮、电动机、减速器等组成，如图 8-6 所示。长距离输送的链式输送机还有张紧装置和链条支撑导轨。链条由驱动链轮牵引，链条下面有导轨，支撑着链节上的套筒辊子。货物直接压在链条上，随着链条的运动而向前移动。

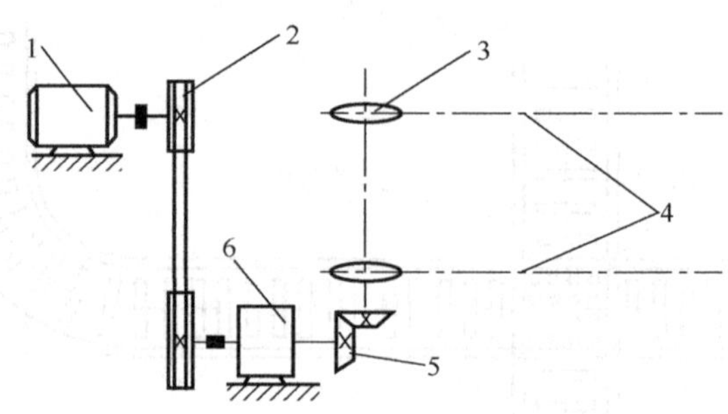

图8-6　链式输送机

1-电动机；2-带；3-链轮；4-链条；5-锥齿轮；6-减速器

输送链条多采用套筒滚子链，如图 8-7 所示。输送链与传动链相比，链条较长，重量大，一般将输送链的节距制成普通传动链的两倍以上，这样可减少铰链个数，减小链条质量，提高输送性能。链轮齿数对输送链性能影响较大，齿数太少会使链条运行平稳性变差，而且冲击、振动、噪声、磨损加大。依照链速度不同，链轮齿数可取 13～21 齿。链轮齿数过多会导致机构庞大，一般最多采用 120 齿。

4. 悬挂输送机

悬挂输送机是一种简单的架空输送机械，利于空间的利用。例如，在电泳工艺中，工件通过悬挂输送机进入电泳池，增加了空间利用率，减少了平面链进入电泳池的弊端。其结构如图 8-8 所示。承载滑架上有滚轮，承受货物的重力，沿轨道滚动。吊具挂在滑架小车上，如果货物重量超过滑架小车的承载能力，可以用平衡梁把货物挂到两个或四个滑架小车上。悬挂输送机适用于车间内成件物料的空中输送，在喷涂、电镀等中应用相当广泛。悬挂输送机节省了空间，更容易实现整个工艺流程的自动化。

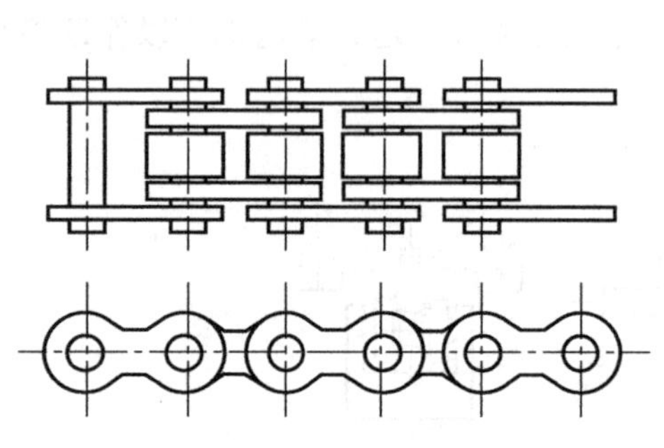

图 8-7　输送链示意图

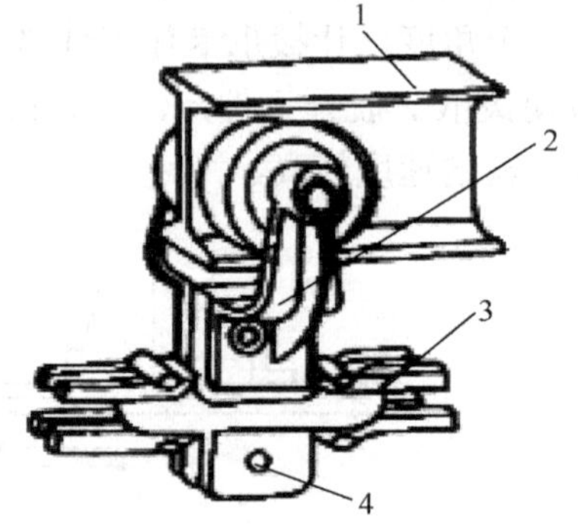

图 8-8　通用悬挂输送机的结构

1-轨道；2-滑架小车；3-牵引链条；4-挂具

8.2.2　传输小车自动输送设备

1. 有轨导向小车

有轨导向小车(rail guide vehicle，RGV)是依靠铺设在地面上的轨道对装有工件的小车进行导向和输送的系统，有自驱动式和它驱动式两种驱动方式。自驱动式有轨导向小车有电动机，通过车上小齿轮和安装在铁轨一侧的齿条啮合，利用交、直流伺服电动机驱动。它驱动式有轨导向小车由外部链索牵引，结构如图 8-9 所示。

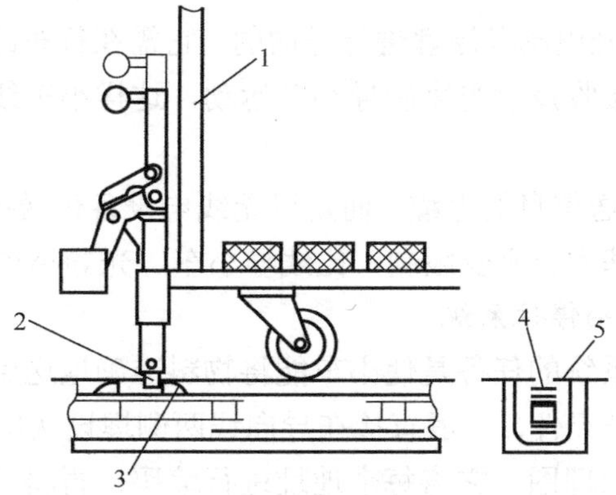

图 8-9　它驱动式有轨导向小车结构图

1-车辆；2-导向销；3-拖钩；4-牵引链；5-轨道

在小车底盘的前后各装一导向销，地面上修有一组固定路线的沟槽，导向销嵌入沟槽内，保证小车行进时沿着沟槽移动。前面的销杆除作定向用外，还作为链索牵动小车的推杆。推杆是活动的，可在套筒中上下滑动。链索每隔一定距离有一个推头，小车前面的推杆可灵活地插入或脱开链索的推头，由设置在沟槽内适当地点的接近开关和限位开关控制。推杆脱开链索的推头，小车就会停止。

2. 自动导向小车

自动导向小车(automated guide vehicle，AGV)是一种由蓄电池驱动、装有非接触导向装置，在计算机的控制下自动完成运输任务的物料运载工具。AGV 是柔性物流系统中物料运输工具的发展趋势。

1) AGV 的结构组成

AGV 主要由车架、蓄电池、充电装置、电气系统、驱动装置、转向装置、自动认址与精确停位系统、通信单元和自动导向系统等组成。AGV 的外形如图 8-10 所示。

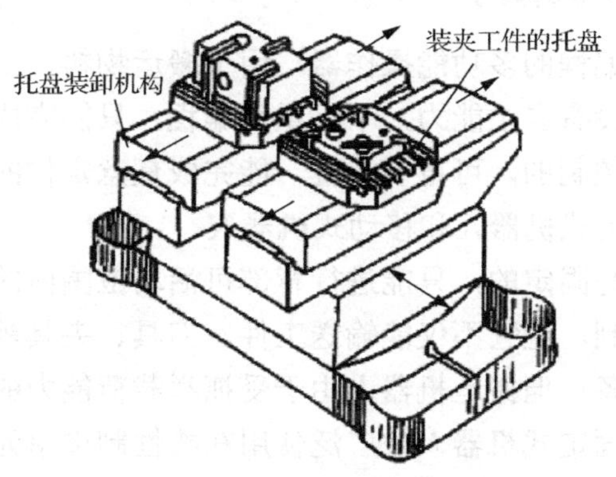

图 8-10　自动导向小车外形图

2) AGV 的分类

按导向方式的不同可将 AGV 分为以下几种类型。

(1)线导小车：是利用电磁感应制导原理进行导向的。它需在行车路线的地面下埋设环形感应电缆来制导小车运动，目前线导小车在工厂中应用最广泛。

(2) 光导小车：是采用光电制导原理进行导向的。它需在行车路线上涂上能反光的荧光线条，小车上的光敏传感器接收反射光来制导小车运动，这样小车线路易于改变，但对地面环境要求高。

(3) 遥控小车：没有传送信息的电缆，而是以无线电设备传送控制命令和信息的。遥控小车的活动范围和行车路线基本上不受限制，比线导小车、光导小车柔性好。

3) AGV 自动认址与精确停位系统

自动认址与精确停位系统的任务是使小车能将物料准确地送到位。自动认址系统中首先在工位上安置地址信息发送元件，一般直接在导向线两侧埋设认址的感应线圈。图 8-11 为绝对地址的感应线圈地址码原理图。它将每个地址进行编码，再将若干线圈以不同方式连接，产生不同方向的磁通，用“0”或“1”表示地址码。上述地址信号由安装在小车上的接收线圈接收，经放大整形送入计数电路或逻辑判别电路，判断正确后，发出命令使小车减速、停车，或前后微量调整，实现精确停位。

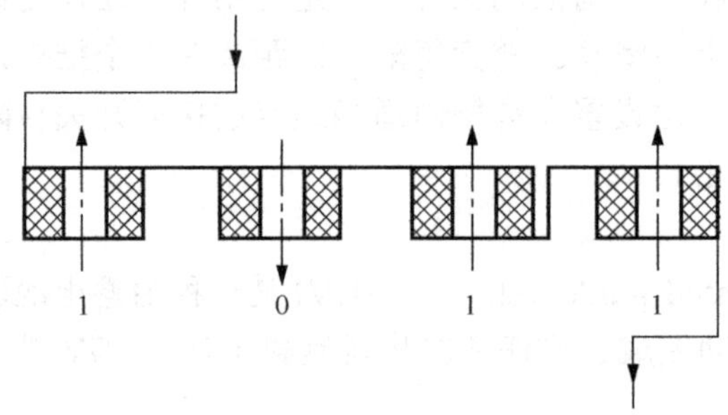

图 8-11 AGV 绝对地址的感应线圈地址码原理图

8.2.3 搬运机器人及机械手

搬运机器人是一种可编程的多功能操作器，用于搬运物料、工件和工具。机器人和机械手的主要区别在于机械手没有自主能力，不可重复编程，只能完成定位点不变的简单的重复动作；机器人是由计算机控制的，可重复编程，能完成任意定位的复杂运动。搬运机器人按照其是否可以移动分为固定式机器人和移动式机器人。

固定式机器人的本体是固定的，只能进行背部可活动范围内的输送作业。固定式机器人虽然在输送距离上受到限制，但它不仅能输送工件、刀具、夹具等各种物体，而且可装卸工件，是柔性较大的输送设备。但搬运机器人由于受抓举载荷能力的限制，通常用来搬运与装卸中、小型工件或工具。固定式机器人被广泛使用在柔性制造单元内部，同时完成搬运和上下料工作。

固定式机器人一般由主构架(手臂)、手腕、驱动系统、测量系统、控制器及传感器等组成。图 8-12 是工业机器人的典型结构。机器人手臂具有 3 个自由度，机器人作业空间由手臂运动范围决定。图 8-13 为行走机器人的结构示意图。

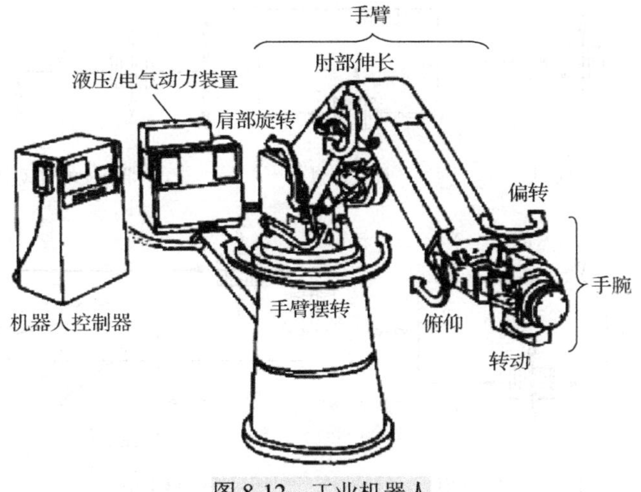

图 8-12　工业机器人

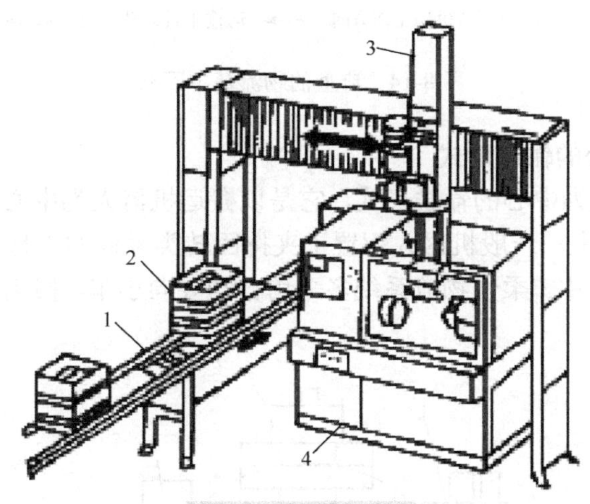

图 8-13　行走机器人

1-输送机；2-工件；3-机械臂；4-机床

8.2.4　柔性物流系统

1. 柔性物流输送形式

物料输送系统是为 FMS 服务的，它决定着 FMS 的布局和运行方式。由于大部分的 FMS 工作站点多，输送线路长，输送的物料种类不同，因此物流系统的整体布局比较复杂。一般可以采用基本回路来组成 FMS 的输送系统，图 8-14 是几种典型的物流基本回路。

直线型输送形式适用于按照规定的顺序从一个工作站到下一个工作站的工件输送，输送设备做直线运动，在输送线两侧布置加工设备和装卸站。直线型输送形式的线内储存量小，常需配合中央仓库及缓冲站。环型输送形式的加工设备、辅助设备等布置在封闭的环型输送线的内外侧。输送线上可采用各类连续输送机、输送小车、悬挂输送机等输送设备。在环型输送线上，还可增加若干条支线，作为储存或改变输送线路之用。故其线内储存量较大，可不设置中央仓库。网络型输送形式的输送设备通常采用自动导向小车。自动导向小车的导向线路埋设在地下，输送线路具有很大的柔性，故加工设备敞开性好，物料输送灵活，在中、小批量的产品或新产品试制阶段的 FMS 中应用越来越广。网络型输送形式的线内储存量小，一般需设置中央仓库和托盘自动交换器。

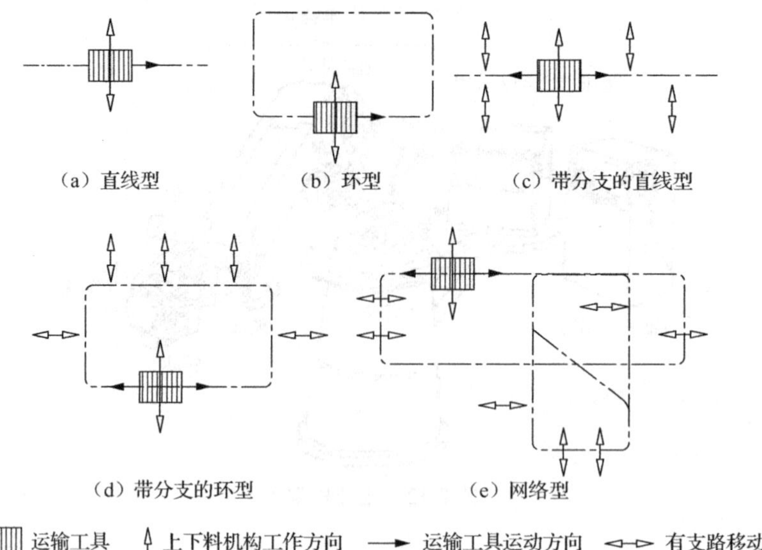

图 8-14　典型的物流基本回路

2. 以机器人为中心的输送形式

图 8-15 是以机器人为中心的输送形式，它是以搬运机器人为中心的，加工设备布置在机器人搬运范围内的圆周上。一般机器人配置了夹持回转类零件的夹持器，因此它适用于加工各类回转型零件的 FMS 中。柔性物流系统多采用自动导向小车、搬运机器人等柔性好的输送设备进行工件输送。

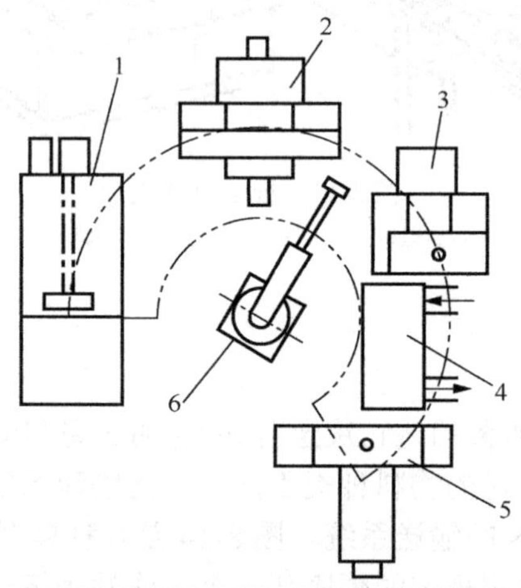

图 8-15　以机器人为中心的输送形式

1-车削中心；2-数控铣床；3-钻床；4-缓冲站；5-加工中心；6-搬运机器人

3. 托盘及托盘交换器

1) 托盘

在柔性物流系统中，工件一般是用夹具定位夹紧的，而夹具被安装在托盘上，因此托盘是工件与机床之间的硬件接口。为了使工件在整个 FMS 中有效地完成任务，系统中所有的机床和托盘必须统一接口。托盘结构形状一般类似于加工中心的工作台，通常为正方形结构，它带有大倒角的棱边和 T 形槽，以及用于夹具定位和夹紧的凸榫。

2) 回转式托盘交换器

回转式托盘交换器通常与分度工作台相似，有二位、四位和多位形式。多位的回转式托盘交换器可以存储若干个工件，所以也称为缓冲工作站或托盘库。二位的回转式托盘交换器如图 8-16 所示，其上有两条平行的导轨供托盘移动导向用，托盘交换器有两个工作位置，机床加工完毕后，交换器从机床工作台移出装有工件的托盘，然后旋转 180°，再将装有未加工工件的托盘送到机床的加工位置。

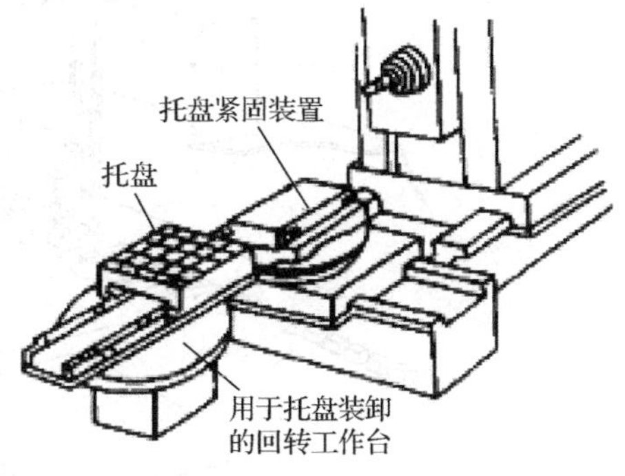

图 8-16　二位的回转式托盘交换器

8.2.5　自动化仓库

柔性物流系统以自动化仓库为中心，依据计算机管理系统的信息，实现毛坯、半成品、成品、配套件或工具的自动存储、自动检索、自动输送等功能。自动化仓库有多种形式，常见的有平面仓库和立体仓库两种。自动化立体仓库是一种先进的仓储设备，其目的是将物料存放在正确的位置，以便于随时向制造系统供应物料。自动化立体仓库在自动化制造系统中起着十分重要的作用。

1. 平面仓库

平面仓库是一种货架布置在输送平面内的仓库，平面仓库一般存储大型工件。平面仓库的布局形式如图 8-17 所示。

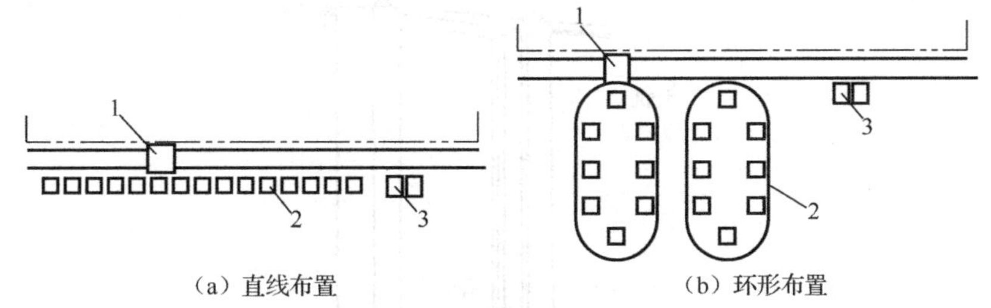

图 8-17　平面仓库布局形式

1-运输小车；2-托盘站；3-装卸站

图 8-17(a)是直线型平面仓库，它的托盘站沿输送线直线排列，有小车完成自动存取和输送。图 8-17(b)是由两台八工位环形储料架组成的平面仓库，储料架做环形运动，可以在任意空位入库存储或根据控制指令选取工件出库。

2. 立体仓库

自动化立体仓库主要由库房、货架、堆垛起重机、外围输送设备、自动控制装置等组成。图 8-18 为自动化立体仓库，高层货架成对布置，货架之间有巷道，根据仓库规模大小可以有一到若干条巷道。入库和出库一般都布置在巷道的某一端，有时也可以设计成由巷道的两端入库和出库。每条巷道都有巷道堆垛起重机。巷道的长度一般有几十米，货架的高度视厂房高度而定，一般有十几米。货架通常由一些尺寸一致的货格组成。货架的材料一般采用金属型材，货架上的托板用金属板或木板(轻型零件)，多数采用金属板。进入高仓位的零件通常先装入标准的货箱内，再将货箱装入高仓位的货格中。每个货格存放的零件或货箱的重量一般不超过 1t，其体积不超过 $1m^3$，大型和重型零件因提升困难，一般不存入立体仓库中。

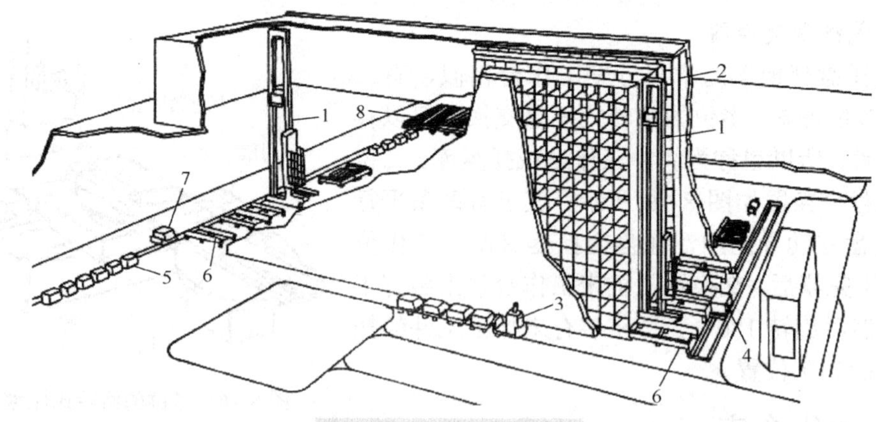

图 8-18　自动化立体仓库

1-堆垛起重机；2-高层货架；3-场内 AGV；4-场内 RGV；5-中转货位；6-出入库传送滚道；7-场外 AGV；8-中转货场

3. 堆垛起重机

堆垛起重机是立体仓库内部的搬运设备。堆垛起重机可采用有轨或无轨方式，其控制原理与运输小车相似。高度很高的立体仓库常采用有轨堆垛起重机。为增加稳定性，采用两条平行导轨，即天轨和地轨(图 8-19)。堆垛起重机的运动有沿巷道的水平移动、升降台的垂直上下升降和货叉的伸缩。堆垛起重机上有检测水平移动和升降高度的传感器，以辨认货物的位置，一旦找到需要的货位即在水平和垂直方向上制动，货叉将货物自动推入货格，或将货物从货格中取出。

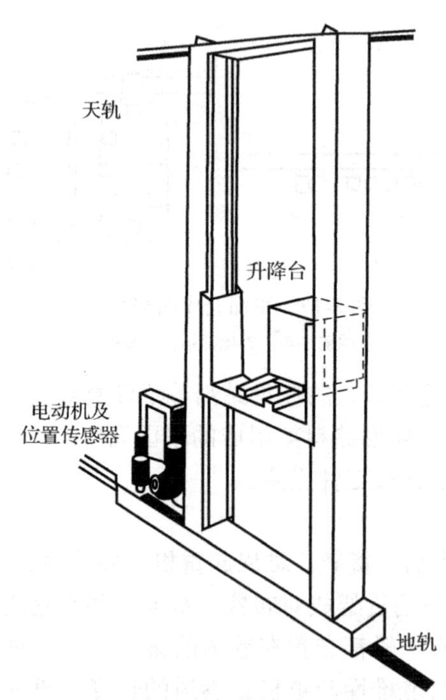

图 8-19　巷道式堆垛起重机

堆垛起重机上有货格状态检测器。它采用光电检测方法，利用零件表面对光的反射作用，探测货格内有无货箱，防止取空或存货干涉。

思　考　题

8-1　简述物流系统的功用和组成。

8-2　为什么悬挂输送机和有轨导向小车也可在柔性物流系统中使用？

8-3　自动导向小车与有轨导向小车的主要区别在哪里？

8-4　简述托盘和托盘交换器的作用。

8-5　自动化立体仓库有哪些优点？

8-6　自动化立体仓库主要由哪几部分组成?每一部分的作用是什么？

第 9 章　加工刀具自动化

加工刀具自动化是指为各加工设备及时提供所需要的刀具，从而实现刀具供给自动化，使自动化制造系统的自动化程度进一步提高。在刚性自动线中，被加工零件品种比较单一，生产批量比较大，属于少品种大批量生产。为了提高自动线的生产率、简化制造工艺，采用复合刀具、仿形刀具和专用刀具加工，并采用多轴、多面同时加工。刀具的更换是定时强制换刀，由调整工人进行。刀具供给部门准备刀具，并进行预调。调整工人逐台机床更换全部刀具，直至全线所有刀具都已更换。在 FMS 中，被加工零件品种较多。当零件加工工艺比较复杂且工序高度集中时，需要的刀具种类、规格、数量是很多的。随着被加工零件的变化和刀具的磨损、破损，需要进行定时强制换刀和随机换刀。由于在系统运行过程中，刀具频繁地在各机床之间、机床和刀库之间进行交换，因此，刀具流的运输、管理和监控是很复杂的。

9.1　刀库和换刀装置

在机械加工中，大部分零件都要进行多工序加工。在不能自动换刀的数控机床的整个加工过程中，真正用于切削的时间只占整个工作时间的 30%左右，其中有相当一部分时间用在了装卸、调整刀具的辅助工作上，所以，采用自动化换刀装置有利于充分发挥数控机床的作用。

9.1.1　刀库

刀库是自动换刀系统中最主要的装置之一，它是储存加工所需的各种刀具的仓库，具有接受刀具传送装置送来的刀具和将刀具给予刀具传送装置的功能。加工中心上刀库的类型有鼓轮式刀库、链式刀库、格子箱式刀库和直线式刀库等，如图 9-1 所示。

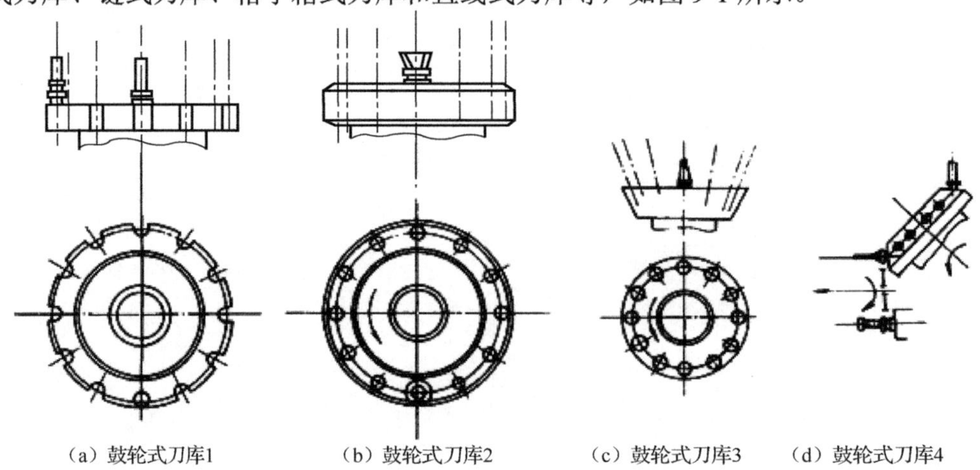

（a）鼓轮式刀库1　（b）鼓轮式刀库2　（c）鼓轮式刀库3　（d）鼓轮式刀库4

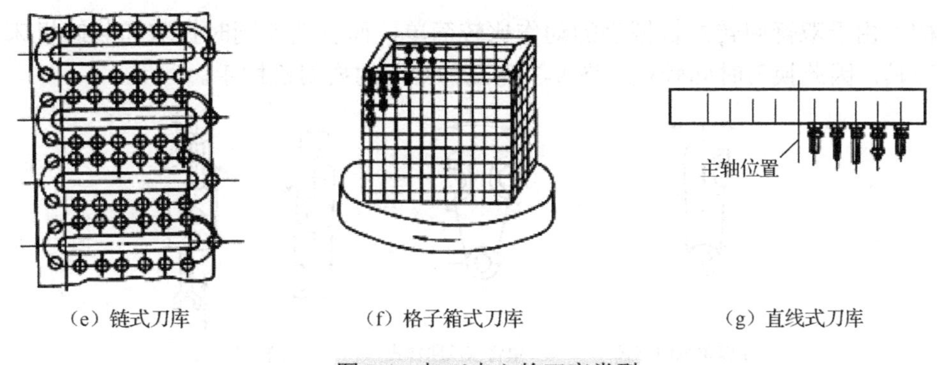

（e）链式刀库　（f）格子箱式刀库　（g）直线式刀库

图 9-1　加工中心的刀库类型

9.1.2　换刀装置

数控机床的自动换刀系统中，实现刀库与机床主轴之间传递和装卸刀具的装置称为换刀装置。刀具的交换方式通常分为由刀库与机床主轴的相对运动实现刀具交换和利用机械手实现刀具交换两类。刀具的交换方式及其具体结构对机床的生产率和工作可靠性有着直接的影响。

1. 利用刀库与机床主轴的相对运动实现刀具交换

此装置在换刀时必须首先将用过的刀具送回刀库，然后再从刀库中取出新刀具，这两个动作不可能同时进行，因此换刀时间较长。图 9-2 所示的数控立式镗铣床就是采用这类刀具交换方式的实例。由图 9-2 可见，该机床的鼓轮式刀库的结构较简单，换刀过程却较为复杂。它的选刀和换刀由三个坐标轴的数控定位系统来完成，因而每交换一次刀具，工作台和主轴箱就必须沿着三个坐标轴做两次来回运动，因而增加了换刀时间。另外，由于刀库放置于工作台上，减少了工作台的有效使用面积。

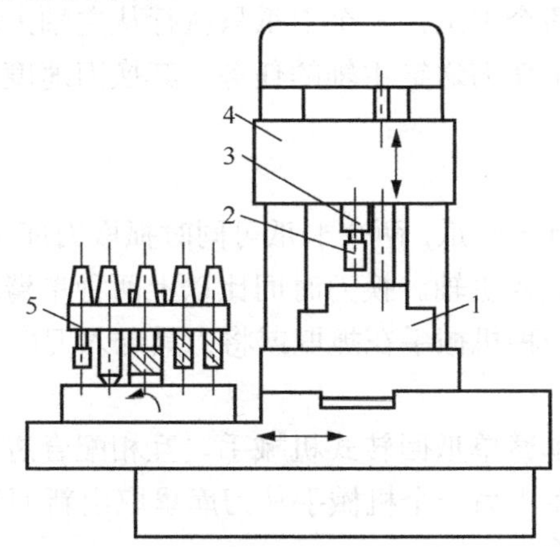

图 9-2　利用刀库与机床主轴的相对运动进行自动换刀的数控机床

1-工件；2-刀具；3-主轴；4-主轴箱；5-刀库

2. 利用机械手实现刀具交换

采用机械手实现刀具交换的方式应用得最为广泛，这是因为机械手换刀有很大的灵活性，而且可以减少换刀时间。在各种类型的机械手中，双臂机械手集中体现了以上的优点。在刀库远离机床主轴的换刀装置中，除机械手外，还要有中间搬运装置。这几种机械手均可完成抓刀、拔刀、回转、插刀、返回等动作。为了防止刀具掉落，各种机械手的活动爪都必须带有自锁机构。由于双臂回转式机械手的动作比较简单，而且能够同时抓取和装卸机床主轴及刀库中的刀具，因此换刀时间较短。图 9-3 为几种常用的换刀机械手。

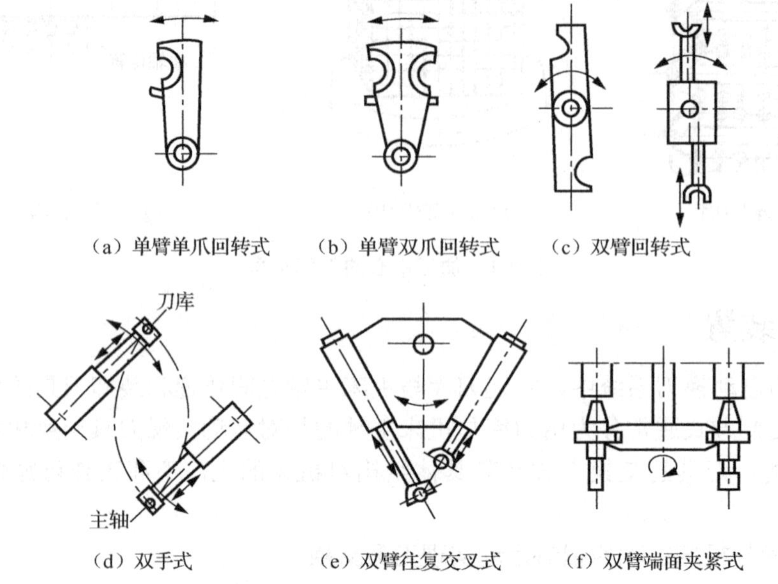

(a) 单臂单爪回转式　(b) 单臂双爪回转式　(c) 双臂回转式

(d) 双手式　(e) 双臂往复交叉式　(f) 双臂端面夹紧式

图 9-3　各种形式的机械手

1) 单臂单爪回转式机械手

这种机械手的手臂可以回转不同的角度进行自动换刀，手臂上只有一个卡爪，无论在刀库上或是在主轴上，均靠这一个卡爪来装刀及卸刀，因此换刀时间较长。

2) 单臂双爪回转式机械手

这种机械手的手臂上有两个卡爪，一个卡爪只执行从主轴上取下旧刀送回刀库的任务，另一个卡爪则执行由刀库取出新刀送给主轴的任务，其换刀速度比上述单臂单爪回转式机械手高。

3) 双臂回转式机械手

这种机械手的两臂上各有一卡爪，两个卡爪可同时抓取刀库及主轴上的刀具，回转 180° 后又同时将刀具放回刀库及装入主轴。换刀时间比以上两种单臂机械手短，是最常用的一种形式。图 9-3(c) 右边所示的一种机械手在抓取或将刀具送入刀库及主轴时，两臂可伸缩。

4) 双手式机械手

这种机械手相当于两个单臂单爪回转式机械手，互相配合进行自动换刀。其中一个机械手从主轴上取下旧刀送回刀库，另一个机械手从刀库里取出新刀装入机床主轴。

5) 双臂往复交叉式机械手

这种机械手的两个手臂可以往复运动，并交叉成一定的角度。一个手臂从主轴上取下旧刀送回刀库，另一个手臂从刀库中取出新刀装入主轴。整个机械手可沿某导轨直线移动或绕某个转轴回转，以实现刀库与主轴的换刀工作。

6) 双臂端面夹紧式机械手

这种机械手只是在夹紧部位上与前几种不同。前几种机械手均靠夹紧刀柄的外圆表面来抓取刀具，这种机械手则靠夹紧刀柄的两个端面来抓取刀具。

9.2　刀具识别方法及装置

目前绝大多数数控系统都具有刀具任选功能，因此目前多数加工中心都采用任选刀具的换刀方法。刀具(或刀套)识别装置在自动换刀系统中的作用是：根据数控系统的指令迅速准确地从刀具库中选中所需的刀具，以便调用。因此应合理解决换刀时刀具的选择方式，以及刀具的编码和刀具的识别问题。

9.2.1　刀具编码方式

为刀库中的每把刀具进行编码后，即可以将刀具随机存放于刀库的任一刀套中，这样刀库中的刀具可以在不同的工序中重复使用，用过的刀具也不必严格放回原刀套中，避免了因为刀具存放在刀库中的顺序差错而造成的事故，也缩短了换刀时间，简化了自动换刀系统的控制，接触式编码环刀具识别装置的刀具夹头如图 9-4 所示。

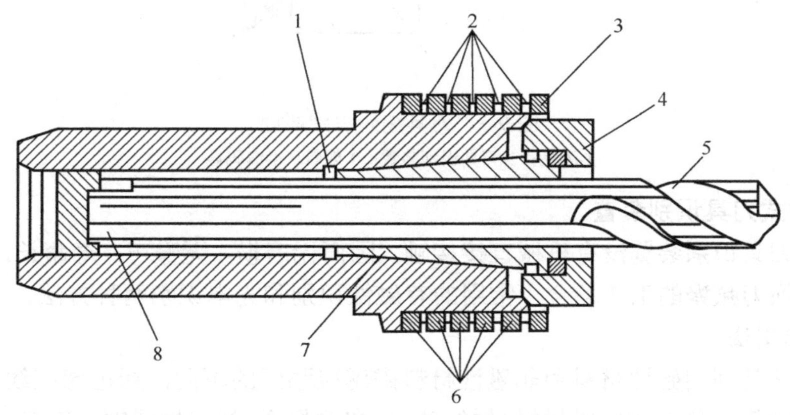

图 9-4　接触式编码环刀具识别装置的刀具夹头

1-刀具夹头；2-隔环；3-锁紧环；4-锁紧螺母；5-刀具；6-编码环；7-锁紧套；8-柄部

在刀夹前部装有表示刀具编码的五个环，由隔环将其等距分开，再由锁紧环固定。编码环既可以是整体的，也可由圆环组装而成。编码环的直径大小分别表示二进制的“1”和“0”，通过这两种圆环的不同排列，可以得到一系列代码。例如，由五个大小直径的圆环即可组成 31($2^5-1=31$)种刀具(通常不许使用全部为“0”的代码，以免与刀套中没有刀具的状况相混淆)。

9.2.2　刀具识别装置

刀具识别装置是自动换刀系统中的重要组成部分，有接触式识别装置和非接触式识别装置两种。其原理基本相似，主要是通过刀具编码装置的隔环与编码环位置的不同，输出相应的信号，经检测信号检测后确定刀具编码，并与数控程序中的刀具编号相比较，最终选取到正确的刀具。

1. 接触式刀具识别装置

接触式刀具识别装置应用较广，特别适应于空间位置较小的编码，其识别原理如图 9-5 所示。如前所述，装在刀柄 1 上的编码环，大直径表示二进制的“1”，小直径表示二进制的

“0”，在刀库附近固定刀具识别装置 2，从中伸出几个触针 3，触针数量与刀柄上的编码环对应。每个触针与一个继电器相连，当编码环是大直径时与触针接触，继电器通电，其二进制码为“1”。当编码环为小直径时与触针不接触，继电器不通电，其二进制码为“0”。当各继电器读出的二进制码与所需刀具的二进制码一致时，由控制装置发出信号，使刀库停转，等待换刀。接触式刀具识别装置结构简单，但由于触针有磨损，故寿命较短，可靠性较差，且难以快速选刀。

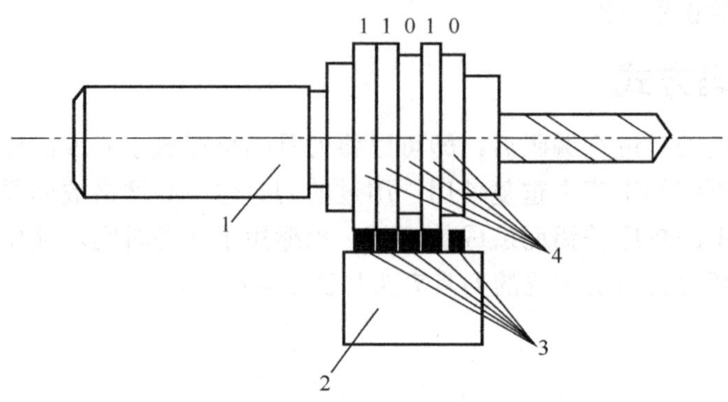

图 9-5　刀具编码识别原理

1-刀柄；2-刀具识别装置；3-触针；4-编码环

2. 非接触式刀具识别装置

非接触式刀具识别装置没有机械直接接触，因而无磨损，无噪声，寿命长，反应速度快，适应于高速、换刀频繁的工作场合，常用的有磁性识别和光电识别两种方法。

1）磁性识别法

磁性识别法是利用磁性材料和非磁性材料磁感应强弱的不同，通过感应线圈读取代码。编码环的直径相等，分别由导磁材料(如低碳钢)和非导磁材料(如黄铜、塑料等)制成，规定前者二进制码为“1”，后者二进制码为“0”。图 9-6 为一种用于刀具编码的磁性识别刀具。刀柄 3 上装有非导磁材料编码环 4 和导磁材料编码环 2，非接触式识别装置 1 由一组检测线圈 6 组成。在检测线圈 6 的一次线圈 7 中输入交流电压时，若编码环为导磁材料，则磁感应较强，在二次线圈 5 中产生较大的感应电压，否则，感应电压小，根据感应电压的大小即可识别刀具。

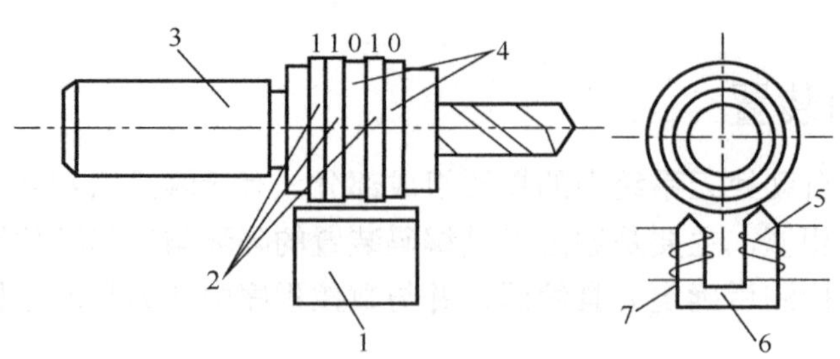

图 9-6　磁性识别刀具

1-非接触式识别装置；2-导磁材料编码环；3-刀柄；4-非导磁材料编码环；5-二次线圈；6-检测线圈；7-一次线圈

2）光电识别法

光电刀具识别装置指利用光导纤维良好的光导特性，采用多束光导纤维来构成阅读头。其基本原理是：用紧挨在一起的两束光纤来阅读二进制码的一位时，其中一束光纤将光源投射到能反光或不能反光(被涂黑)的金属表面上，另一束光纤将反射光送至光电转换元件转换成电信号，以判断正对着这两束光纤的金属表面有无反射光。一般规定有反射光为“1”，无反射光为“0”。所以，若在刀具的某个磨光部位按二进制规律涂黑或不涂黑，即可给刀具编码。近年来，图像识别技术也开始用于刀具识别，还可以利用 PLC 控制技术来实现随机换刀等。

9.3　排屑自动化

在自动化制造系统中，对切屑的排出、输送和切削液的净化、循环利用非常重要，这对环境保护、节省费用、增加废物利用价值有重要意义。

切屑的处理包括三个方面的内容：把切屑从加工区域清除出去；把切屑输送到系统以外；把切屑从切削液中分离出去。

9.3.1　切屑排出

从加工区域清除切屑有下列几种方法。

(1)靠重力或刀具回转离心力将切屑甩出，靠切屑的自重落到机床下面的切屑输送带上。床身结构应易于排屑，例如，倾斜床身或将机床安置在倾斜的基座上，并利用切屑挡板或保护板使加工空间完全密闭，防止切屑飞散，使之容易聚集。这种方法便于清除切屑，同时也使环境安全、整洁。

(2)用大流量切削液冲洗加工部位，将切屑冲走，然后用过滤器把切屑从切削液中分离出来。

(3)采用压缩空气吹屑。

(4)采用真空吸屑，此方法最适合于干式磨削工序和铸铁等脆性材料在加工时形成的粉末状切屑，在每个加工工位附近，安装与主吸管相通的真空吸管。

9.3.2　切屑输送

切屑输送机一般设置在机床底座下的地沟中。从加工区域排出来的切屑和切削液直接落入地沟，由切屑输送机运出系统。切屑输送机有机械式、流体式和空压式，机械式应用范围广，适合于各种类型的切屑。

图 9-7 为常用的螺旋式切屑输送机的结构原理图。电动机经减速装置驱动安装在排屑槽中的螺旋杆。螺旋杆转动时，槽中的切屑由螺旋杆推动连续向前运动，最终排入切屑收集箱内。螺旋杆有两种形式：一种是用扁形钢条卷成螺旋弹簧状；另一种是在轴上焊接螺旋形钢板。螺旋杆 3 和减速器 1 用万向联轴器 2 连接，这样螺旋杆可随着磨损而下降，保证螺旋杆和排屑槽紧密贴合。螺旋式切屑输送机长度可调节，螺旋杆可一节一节地连接起来，常在一台机床或几台机床上设置一台螺旋式切屑输送机，也可贯穿全线。螺旋式切屑输送机结构简单，占据空间小，排屑性能良好，但只适合于水平或小角度倾斜直线方向排屑，不能大角度倾斜、提升或转向排屑。

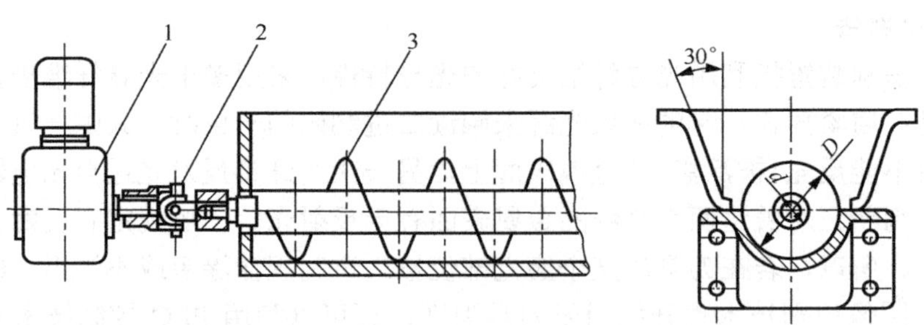

图 9-7 螺旋式切屑输送机

1-减速器；2-万向联轴器；3-螺旋杆

9.3.3 切屑分离

(1) 将切屑连同切削液一起排送到切削处理站。通过孔板或漏网时，切削液漏入沉淀池中，通过迷宫式隔板及过滤器进一步清除悬浮杂物后被泵重新送入压力主管路。留在孔板上的切屑可用刮板式切屑输送机将其排出和集中起来。

(2) 切屑和切削液一起直接送入沉淀池，然后用排屑装置将切屑运到池外，这种方法适用于切削液冲洗切屑而在自动线上使用任何排屑装置的场合。

图 9-8 为带刮板式切屑输送装置的单独冷却站。切屑和切削液一起沿着斜槽 2 进入沉淀池的接收室。在沉淀池内，大部分切屑向下沉淀，顺着挡板 6 落到刮板式切屑输送装置 1 上，随即将切屑排到池外。切削液流入液室 7，再通过两层网式隔板 5 进入液室 8。已经净化的切削液可由泵 3 通过吸管 4 送入压力管路，以供再次使用。

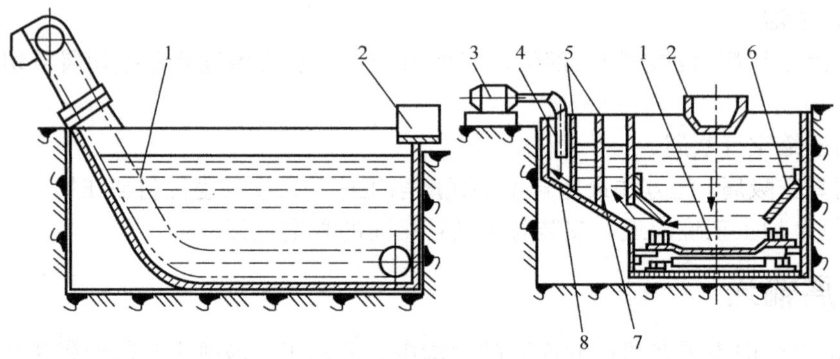

图 9-8 带刮板式切削输送装置的单独冷却站

1-刮板式切削输送装置；2-斜槽；3-泵；4-吸管；5-网式隔板；6-挡板；7、8-液室

对于极细碎的切屑或磨屑的处理，一般在切削站内采用电磁带式切屑输送装置，将碎屑或粉屑吸在皮带上排到池外。从浮化池中分离出细的铝屑是很困难的，因为它们不容易沉淀，可使用专门的纸质或布质的过滤器，纸带或布带不断地从一个滚筒缠到另一个滚筒上，从而将沉淀在带表面上的铝屑不断地清除掉。

思 考 题

9-1　简述常用的刀库形式。

9-2　自动换刀装置有哪几种类型?

9-3　简述刀具编码的原理。

9-4　如何实现排屑自动化?

9-5　刀具识别装置的原理是什么?

第三篇　先进机器人技术

第 10 章　工业机器人技术概述

工业机器人是集机械、电子、控制、计算机、传感器、人工智能等多学科先进技术于一体的现代制造业的重要自动化装备，它涉及机械工程学、电气工程学、微电子工程学、计算机工程学、控制工程学、信息传感器学、声学工程学、仿生学以及人工智能工程学等多门学科。工业机器人是机器人学的一个分支，它代表了机电一体化的最高成就。随着科学技术的不断发展，工业机器人已被广泛应用于柔性制造系统(FMS)、计算机集成制造系统(CIMS)。工业机器人的应用，有利于提高产品的质量与数量，改善工人的工作环境，减轻工人的劳动强度，提高劳动生产率，降低生产成本，对促进现代制造业的崛起有着十分重要的意义。

10.1　工业机器人发展概述

10.1.1　工业机器人的定义

机器人问世已有几十年，但对机器人的定义仍然仁者见仁，智者见智，目前还没有形成统一的意见。根本原因在于机器人涉及人的概念，成为一个难以回答的哲学问题。就像机器人一词最早诞生于科幻小说一样，人们对机器人充满了幻想。也许正是由于机器人定义的模糊，才给人们提供了充分的想象和创造空间。以下为从不同角度出发给出的一些具有代表性的工业机器人定义。

(1) 美国机器人协会(RIA)将工业机器人定义为：“工业机器人是一种用于移动各种材料、零件、工具或专用装置的，通过程序动作来执行各种任务的，并具有编程能力的多功能操作机。”

(2) 日本机器人协会(JIRA)提出：“工业机器人是一种带有存储件和末端操作器的通用机械，它能够通过自动化的动作替代人类劳动。”

(3) 我国将工业机器人定义为：“工业机器人是一种自动化的机器，所不同的是这种机器具备一些与人或者生物相似的智能能力，如感知能力、规划能力、动作能力和协同能力，是一种具有高度灵活性的自动化机器。”

(4) 国际标准化组织(ISO)将工业机器人定义为：“工业机器人是一种能自动控制，可重复编程，多功能、多自由度的操作机，能搬运材料、工件或操持工具来完成各种作业。”目前国际大都遵循 ISO 所下的定义。

10.1.2 工业机器人的特点

由以上定义不难发现，工业机器人具有四个显著特点。

(1)具有特定的机械结构，其动作具有类似于人或其他生物的某些器官(肢体、感受等)的功能。

(2)具有通用性，可从事多种工作，可灵活改变动作程序。

(3)具有不同程度的智能，如记忆、感知、推理、决策、学习等。

(4)具有独立性，完整的机器人系统在工作中可以不依赖于人的干预。

工业机器人的基本工作原理是：通过操作机上各运动构件的运送，自动地实现手部作业的动作功能及技术要求。因此在基本功能及基本工作原理上，工业机器人与机床有如下相同之处。

(1)两者的末端执行器都有位姿变化要求，例如，机床在加工过程中，刀具相对工件有位姿变化要求，机器人的手部在作业过程中相对基座也有位姿变化要求。

(2)两者都通过坐标运动来实现末端执行器的位姿变化要求。

工业机器人与机床的主要区别在于如下两点。

(1)机床以按直角坐标形式运动为主，而机器人以按关节形式运动为主。

(2)机床对刚度、精度的要求很高，其灵活性相对较低；而机器人对灵活性的要求很高，其刚度、精度相对较低。

10.1.3 工业机器人技术的发展

机器人技术一词虽然出现得较晚，但这一概念在人类的想象中早已出现。制造机器人是机器人技术研究者的梦想，它体现了人类重塑自身的一种强烈愿望。自古以来，有不少科学家和杰出工匠都曾制造出具有人类特点或具有模拟动物特征的机器人雏形。

我国西周时期的能工巧匠偃师就研制出了能歌善舞的伶人，这是我国最早的涉及机器人概念的记录文字；春秋后期，著名的木匠鲁班曾制造过一只木鸟，能在空中飞行“三日而不下”，体现了我国劳动人民的聪明才智。

“机器人”这一术语是 18 世纪初捷克作家卡雷尔·恰佩科在其讽刺剧《罗莎姆的万能机器人》中首先提出的。1942 年，美国科幻作家艾萨克·阿西莫夫在他的科幻小说中提出了“机器人三定律”，这三条定律后来成为学术界默认的研发原则。

现代机器人出现于 20 世纪中叶，当时数字计算机已经出现，电子技术也有了长足的发展，在产业领域出现了受计算机控制的可编程的数控机床，与机器人技术相关的控制技术与零部件加工也已有了扎实的基础。同时，人类需要开发自动机械，代替人去从事一些在恶劣环境下的作业。正是在这一环境下，机器人技术的研究与应用得到了快速发展。

1954 年，美国人戴沃尔制造出世界上第一台可编程的机械手，并注册了专利。这种机械手能按照不同的程序从事不同的工作，因此具有通用性和灵活性。

1967 年，日本川崎重工公司和丰田公司分别从美国购买了工业机器人 Unimation 和 Verstran 的生产许可证，日本从此开始了机器人的研究和制造。20 世纪 60 年代后期，喷漆弧焊机器人问世并逐步开始应用于工业生产。

1968 年，美国斯坦福研究所公布了其成功研发的机器人 Shakey，由此拉开了第三代机器人研发的序幕。Shakey 带有视觉传感器，能根据人的指令发现并抓取积木，不过控制它的计算机有一个房间那么大。Shakey 可以称为世界上第一台智能机器人。

1979 年，日本山梨大学牧野洋发明了平面关节型机器人 SCARA，该机器人此后在装配作业中得到了广泛应用。随后，工业机器人在日本得到了巨大发展，日本也因此而赢得了“机器人王国”的美称。

1998 年，丹麦乐高公司推出机器人 Mind-storms 套件，让机器人制造变得跟搭积木一样相对简单又能任意拼装，使机器人开始走入个人世界。

1999 年，日本索尼公司推出机器狗——爱宝(Aibo)，当即销售一空，从此娱乐机器人迈进普通家庭。

2010 年，意大利柯马(COMAU)宣布 SMART5 PAL(图 10-1)研制成功，该机器人专为码垛作业设计，采用新的控制单元 C5G，有效载荷范围为 180～260kg，作业半径为 3.1m，同时共享机器人家族的中空腕技术和机械配置选项；该机器人符合人体工程学，采用一流的碳纤维杆，整体采用轻量化设计，线速度高，能有效减少和优化时间节拍。

同年，德国 KUKA 公司的机器人产品——气体保护焊接专家 KR5 arc HW(Hollow Wrist)赢得了全球著名的红点奖，如图 10-2 所示。其机械臂和机械手上有一个 50mm 宽的通孔，可以保护机械臂上的整套气体软管的敷设。由此不仅可以避免气体软管组件受到机械性损伤，而且可以防止其在机器人改变方向时随意甩动。

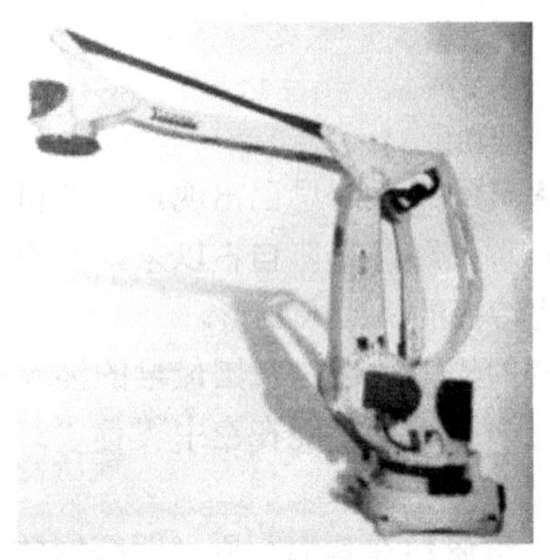

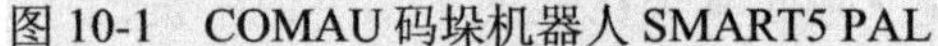
图 10-1　COMAU 码垛机器人 SMART5 PAL

图 10-2　KUKA 焊接机器人 KR5 arc HW

我国的工业机器人研究开始于 20 世纪 70 年代，由于当时经济体制等因素的制约，发展比较缓慢，研究和应用水平也比较低。1985 年，随着工业发达国家开始大量应用和普及工业机器人，我国在“七五”时期的科技攻关计划中将工业机器人列入了发展计划，由当时的机械工业部牵头组织了点焊、弧焊、喷漆、搬运等型号的工业机器人攻关，其他部委也积极立项支持，形成了中国工业机器人的第一次发展浪潮。

进入 20 世纪 90 年代后，为了实现高技术发展与国家经济主战场的密切衔接，“863 计划”确定了特种机器人与工业机器人及其应用工程并重、以应用带动关键技术和基础研究的发展方针。经过广大科技工作者的辛勤努力，开发了 7 种工业机器人系列产品、102 种特种机器人，实施了 100 余项机器人应用工程。

在 20 世纪 90 年代末期，我国建立了 9 个机器人产业化基地和 7 个科研基地，包括沈阳自动化研究所的新松机器人公司、哈尔滨工业大学的博实自动化设备有限公司、北京机械工业自动化研究所机器人开发中心、海尔机器人有限公司等。产业化基地的建设带来了产业化的希望，为发展我国机器人产业奠定了基础。经过广大科技人员的不懈努力，目前我国已经能够生产具有国际先进水平的平面关节型装配机器人、直角坐标机器人、弧焊机器人、点焊机器人、搬运码垛机器人和自动导向小车(AGV)等一系列产品，其中一些品种实现了小批量生产。一批企业根据市场的需求，自主研制或与科研院所合作进行机器人产业化开发。如奇瑞汽车与哈尔滨工业大学合作进行点焊机器人的产业化开发、昆山华恒焊接股份有限公司与东南大学等合作开发弧焊机器人、广州数控设备有限公司开发焊接机器人、盐城宏达集团有限公司开发弧焊机器人。

近年来，我国机器人技术得到迅猛发展，我国智能机器人自 2010 年以后需求激增，自 2013 年开始超过日本，2014 年超过欧洲，至 2016 年，中国智能机器人全年销售量为 8.7 万台，占全球总销售量的 30%，已连续三年成为全球最大的工业机器人消费市场。

机器人使用密度是指每万名工人配套使用工业机器人的数量，该指标是反映一个国家制造业水平的重要参数。2017 年，中国工业机器人密度为 97 台/万人，首次超过全球的平均水平。国际机器人联合会(IFR)预计，中国工业机器人密度将在 2021 年突破 130 台/万人，达到发达国家的平均水平。IFR 预测，2021 年中国工业机器人市场规模将突破 70 亿美元；服务机器人的市场规模有望接近 40 亿美元；特种机器人的市场将规模突破 11 亿美元。

10.1.4　工业机器人的分类与应用

1. 按机器人的技术等级划分

关于工业机器人的分类，国际上没有制定统一的标准。有的按负载重量分，有的按控制方式分，有的按自由度分，有的按结构分，有的按应用领域分。例如，机器人首先在制造业大规模应用，所以机器人曾被简单地分为两类，即用于汽车、IT、机床等制造业的机器人称为工业机器人，其他的机器人称为特种机器人。随着机器人应用的日益广泛，这种分类显得过于粗糙。现在除工业领域外，机器人技术已经广泛地应用于农业、建筑、医疗、服务、娱乐，以及空间和水下探索等多个领域。依据具体应用领域的不同，工业机器人又可分为物流、码垛、服务等搬运型机器人和焊接、车铣、修磨、注塑等加工型机器人等。

按照机器人的技术发展水平可以将工业机器人分为三代。

1) 示教再现机器人

第一代工业机器人是示教再现型。这类机器人能够按照人类预先示教的轨迹、行为、顺序和速度重复作业，如图 10-3 所示。

示教可以由操作员手把手地进行(图 10-3(a))，例如，操作员握住机器人上的喷枪，沿喷漆路线示范一遍，机器人动作中记住这一连串运动，工作时，自动重复这些运动，从而完成给定位置的涂装工作。这种方式即“直接示教”。但是，比较普遍的方式是通过示教器示教(图 10-3(b))。操作员利用示教器上的开关或按键来控制机器人一步一步地运动，机器人自动记录，然后重复。目前在工业现场应用的机器人大多属于第一代。

(a) 手把手示教

(b) 示教器示教

图 10-3　示教再现型工业机器人

2) 感知机器人

第二代工业机器人具有环境感知装置，能在一定程度上适应环境的变化，目前已进入应用阶段。以焊接机器人为例，机器人焊接的过程一般是通过示教方式给出机器人的运动曲线，机器人携带焊枪沿着该曲线进行焊接。这就要求工件具有较好的一致性，即工件被焊接位置必须十分准确。否则，机器人携带焊枪所走的曲线和工件的实际焊缝位置会有偏差。为解决这个问题，第二代工业机器人(应用于焊接作业时)采用焊缝跟踪技术，通过传感器感知焊缝的位置，再通过反馈控制，机器人就能够自动跟踪焊缝，从而对示教的位置进行修正，即使实际焊缝相对于原始设定的位置有变化，机器人仍然可以很好地完成焊接工作。类似的技术正越来越多地应用于工业机器人。

3) 智能机器人

第三代工业机器人称为智能机器人，具有发现问题和自主解决问题的能力，尚处于试验研究阶段。作为发展目标，这类机器人具有多传感器，不仅可以感知自身的状态，如所处的位置、自身的故障情况等，而且能够感知外部环境的状态，如自动发现路况、测出协作机器的相对位置、相互作用的力等。更重要的是，能够根据获得的信息进行逻辑推理、判断决策，在变化的内部状态与变化的外部环境中，自主决定自身的行为。这类机器人具有高度的适应性和自治能力。尽管经过多年来的不懈研究，人们研制了很多各具特点的试验装置，提出了大量新思想、新方法，但现有工业机器人的自适应技术还是十分有限的。

2. 按机器人的机构特征划分

工业机器人的机械配置形式多种多样，典型机器人的机构运动特征是用其坐标特性来描述的。按基本动作机构，工业机器人通常可分为直角坐标机器人、柱面坐标机器人、球面坐标机器人和多关节型机器人等类型。

1) 直角坐标机器人

直角坐标机器人具有空间上相互垂直的多个直线移动轴(通常为 3 个，图 10-4)，通过直角坐标方向上的 3 个独立自由度确定其手部的空间位置，其动作空间为一个长方体。直角坐标机器人结构简单，定位精度高，空间轨迹易于求解；但其动作范围相对较小，设备的空间因数较低，实现相同的动作空间要求时，机体本身的体积较大。

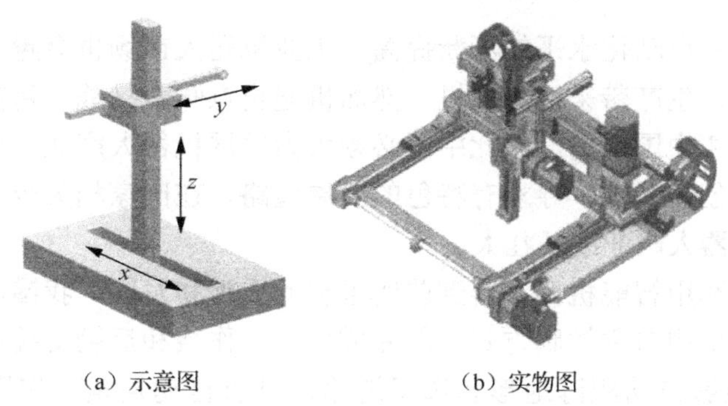

（a）示意图　　　　　　　　（b）实物图

图 10-4　直角坐标机器人

2）柱面坐标机器人

柱面坐标机器人的空间位置机构主要由旋转基座、垂直移动和水平移动轴构成(图 10-5)，具有一个回转自由度和两个平移自由度，其动作空间呈圆柱体。这种机器人结构简单、刚性好，但缺点是在机器人的动作范围内，必须有沿轴线前后方向的移动空间，空间利用率较低。著名的 Verstran 机器人就是典型的柱面坐标机器人。

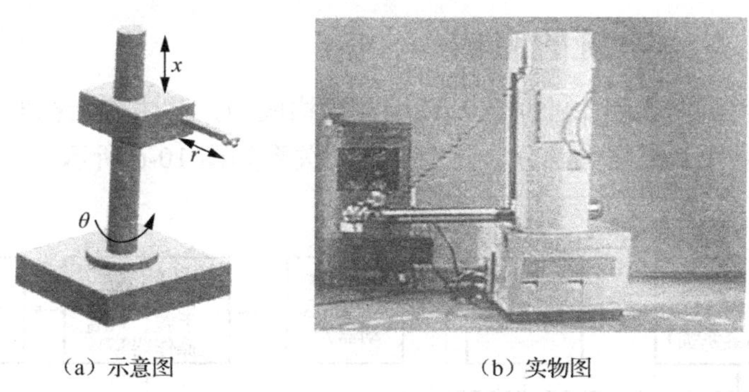

（a）示意图　　　　　　　　（b）实物图

图 10-5　柱面坐标机器人

3）球面坐标机器人

球面坐标机器人的空间位置分别由旋转、摆动和平移 3 个自由度确定，动作空间形成球面的一部分。其机械手能够做前后伸缩移动、在垂直平面上摆动以及绕底座在水平面上转动。著名的 Unimation 机器人就是这种类型的机器人。其特点是结构紧凑，所占空间体积小于直角坐标机器人和柱面坐标机器人，但仍大于多关节型机器人。

4）多关节型机器人

多关节型机器人由多个旋转和摆动机构组合而成。这类机器人的结构紧凑、工作空间大、动作最接近人的动作，对涂装、装配、焊接等多种作业都有良好的适应性，应用范围越来越广。不少著名的机器人都采用了这种形式，其摆动方向主要有铅垂方向和水平方向两种，因此这类机器人又可分为垂直多关节型机器人和水平多关节型机器人。

10.1.5　我国机器人技术发展的趋势

工业机器人作为最典型的机电一体化数字化装备，技术附加值很高，应用范围很广，作为先进制造业的支撑技术和信息化社会的新兴产业，将对未来生产和社会发展起着越来越重要的作用。国外专家预测，机器人产业是继汽车、计算机之后出现的一种新的大型高技术产业。随着我国工业企业自动化水平的不断提高，工业机器人市场也会越来越大，这就给工业机器人的研究、开发、生产带来巨大商机。然而机遇也意味着挑战，目前全球各大工业机器人供应商都已大力开拓中国市场，因此中国必须大力发展机器人产业，通过发挥中国的生产制造优势，提高自主创新能力，寻求有特色的发展道路，在国家相关政策的支持下，扶持和鼓励一大批民族的机器人产业成长壮大。

在国防领域中，军用智能机器人得到前所未有的重视和发展，我国研制出第二代军用智能机器人，其特点是采用自主控制方式，能完成侦察、作战和后勤支援等任务，在战场上具有看、嗅等能力，能够自动跟踪地形和选择道路，具有自动搜索、识别和消灭敌方目标的功能。

在服务领域中，我国一直花时间致力于研究开发和广泛应用服务智能机器人，以清洁机器人为例，随着科学技术的进步和社会的发展，人们希望更多地从烦琐的日常事务中解脱出来，这就使得清洁机器人进入家庭成为可能。

10.2　工业机器人系统

10.2.1　工业机器人系统的组成

机器人系统是由机器人和作业对象及环境共同构成的，其中包括机器人机械系统、驱动系统、控制系统和感知系统四大部分，它们之间的关系如图 10-6 所示。

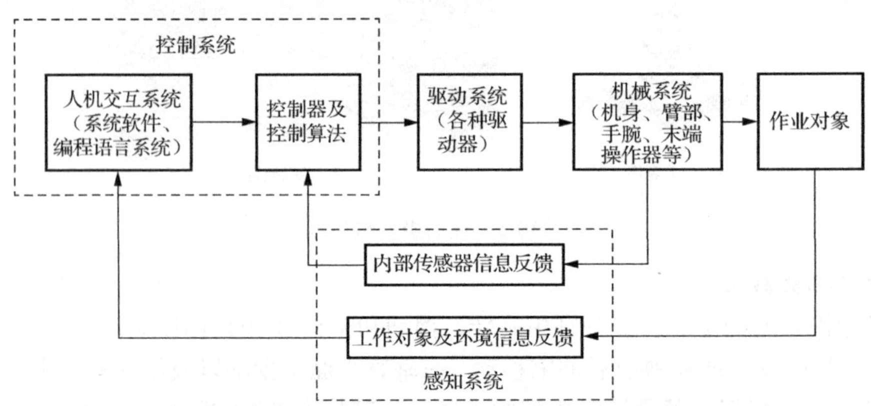

图 10-6　机器人系统组成及各部分之间的关系

1. 机械系统

工业机器人的机械系统一般包括机身、臂部、手腕、末端操作器等部分，每一部分都有若干个自由度，构成一个多自由度的机械系统。此外，有的机器人还具备行走机构(mobile mechanism)。若机器人具备行走机构，则构成行走机器人；若机器人不具备行走及腰转机构，则构成单机器人臂(single robot arm)。末端操作器是直接装在手腕上的一个重要部件，它可以是两手指或多手指的手爪，也可以是喷漆枪、焊枪等作业工具。工业机器人的机械系统的作用相当于人的身体(骨骼、手、臂、腿等)。工业机器人典型结构如图 10-7 所示。

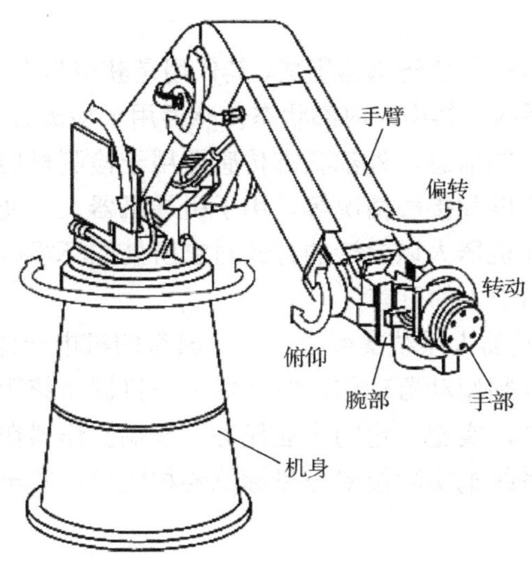

图 10-7　工业机器人典型结构

2. 驱动系统

驱动系统主要指驱动机械系统动作的驱动装置。根据驱动源的不同，驱动系统可分为电气、液压、气压驱动系统以及把它们结合起来应用的综合系统。该部分的作用相当于人的肌肉。

电气驱动系统在工业机器人中应用得最普遍，可分为步进电动机驱动系统、直流伺服电动机驱动系统和交流伺服电动机驱动系统三种。早期多采用步进电动机驱动，后来发展了直流伺服电动机驱动，现在交流伺服电动机驱动也开始广泛应用。上述驱动单元有的用于直接驱动机构运动，有的通过谐波减速器减速后驱动机构运动，其结构简单紧凑。

液压驱动系统运动平稳，且负载能力大，对于重载的搬运和零件加工机器人，采用液压驱动系统比较合理。但液压驱动系统存在管道复杂、清洁困难等缺点，因此，它在装配作业中的应用受到限制。

无论电气还是液压驱动的机器人，其手爪的开合都是采用气动形式的。

气压驱动机器人结构简单、动作迅速、价格低廉，但由于空气具有可压缩性，其工作速度稳定性差。但是，空气的可压缩性可使手爪在抓取或卡紧物体时的顺应性提高，防止力度过大而造成被抓物体或手爪本身的破坏。气压系统压力一般为 0.7MPa，因而抓取力小，只有几十牛到几百牛。

3. 控制系统

控制系统的任务是根据机器人的作业指令程序及从传感器反馈回来的信号，控制机器人的执行机构，使其完成规定的运动和功能。如果机器人不具备信息反馈特征，则该控制系统称为开环控制系统；如果机器人具备信息反馈特征，则该控制系统称为闭环控制系统。该部分主要由计算机硬件和控制软件组成。软件主要由人与机器人进行联系的人机交互系统和控制算法等组成。该部分的作用相当于人的大脑。

4. 感知系统

感知系统由内部传感器和外部传感器组成，其作用是获取机器人的内部和外部环境信息，并把这些信息反馈给控制系统。其中，内部状态传感器用于检测各关节的位置、速度等变量，为闭环伺服控制系统提供反馈信息。外部状态传感器用于检测机器人与周围环境之间的一些状态变量，如距离、接近程度和接触情况等，用于引导机器人，便于其识别物体并做出相应处理。外部状态传感器可使机器人以灵活的方式对它所处的环境做出反应，赋予机器人一定的智能。该部分的作用相当于人的五官。

由图 10-6 可以看出，机器人系统实际上是一个典型的机电一体化系统，其工作原理为：控制系统发出动作指令，控制驱动器动作，驱动器带动机械系统运动，使末端操作器到达空间某一位置和实现某一姿态，实施一定的作业任务。末端操作器在空间的实时位姿由感知系统反馈给控制系统，控制系统把实际位姿与目标位姿相比较，发出下一个动作指令，如此循环，直到完成作业任务。

10.2.2 工业机器人的主要技术参数

1. 自由度

自由度(degree of freedom)是指机器人所具有的独立坐标轴运动的数目，不包括末端操作器的开合自由度。机器人的一个自由度对应一个关节或一个轴，所以自由度与关节或轴的概念是相等的。自由度是表示机器人动作灵活程度的参数，自由度越多就越灵活，但结构也越复杂，控制难度越大，所以机器人的自由度要根据其用途设计，一般为 3～6 个。机器人关节自由度大于末端操作器自由度的机器人称为有冗余自由度的机器人。冗余自由度增加了机器人的灵活性，可方便机器人躲避障碍物和改善机器人的动力性能，如图 10-8 所示。冗余自由度会降低系统的位置精度，增加系统成本和系统控制难度。

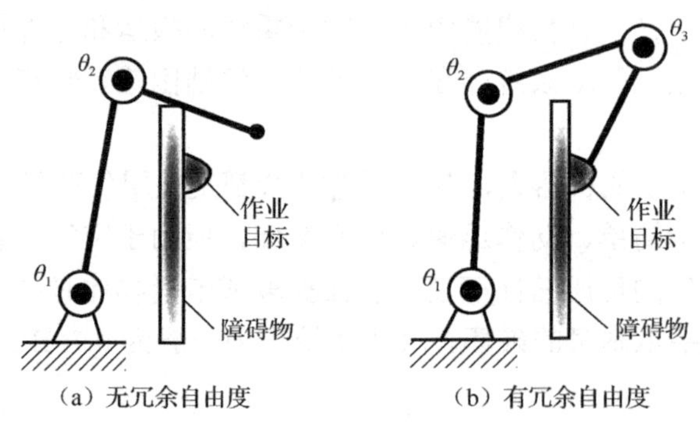

图 10-8 冗余自由度便于机器人躲避障碍物

2. 定位精度和重复定位精度

定位精度和重复定位精度是机器人的两个精度指标。定位精度是指机器人末端操作器的实际位置与目标位置之间的偏差，由机械误差、控制算法误差与系统分辨率等部分组成。重复定位精度是指在同一环境、同一条件、同一目标动作、同一命令之下，机器人连续重复运动若干次时，其位置的分散情况，是关于精度的统计数据。因重复定位精度不受工作载荷变化的影响，故通常用重复定位精度这一指标作为衡量示教再现型工业机器人水平的重要指标。工业机器人具有定位精度低、重复精度高的特点，例如，MOTOMAN SV3 机器人的定位精度为±0.2mm，而重复定位精度为±0.03mm。

3. 作业范围

作业范围是机器人运动时手臂末端或手腕中心所能到达的所有点的集合。由于末端操作器的形状和尺寸是多种多样的，为真实反映机器人的特征参数，故作业范围是指不安装末端操作器时的工作区域。作业范围的大小不仅与机器人各连杆的尺寸有关，而且与机器人的总体结构形式有关。

作业范围的形状和大小是十分重要的，机器人在执行某作业时可能会因存在手部不能到达的作业死区(dead zone)而不能完成任务。图 10-9 为 MOTOMAN SV3 机器人的作业范围。

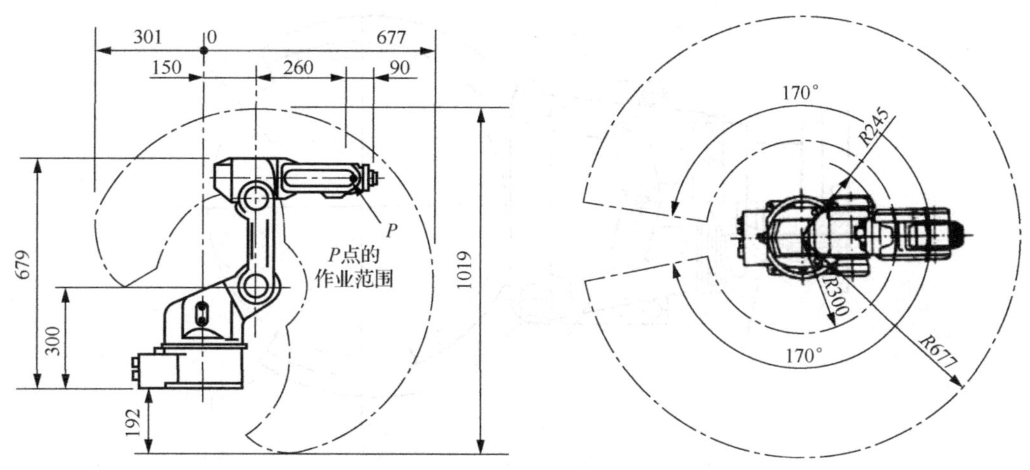

图 10-9　MOTOMAN SV3 机器人的作业范围(单位：mm)

4. 最大工作速度

生产机器人的厂家不同，最大工作速度的含义也可能不同，有的厂家指工业机器人主要自由度上最大的稳定速度，有的厂家指手臂末端最大的合成速度，对此通常都会在技术参数中加以说明。最大工作速度越高，工作效率就越高。但是，工作速度高就要花费更多的时间加速或减速，或者对工业机器人的最大加速率或最大减速率的要求就更高。

5. 承载能力

承载能力是指机器人在作业范围内的任何位置上以任意姿态所能承受的最大质量。承载能力不仅取决于负载的质量，而且与机器人运行的速度和加速度的大小与方向有关。为保证安全，将承载能力这一技术指标确定为高速运行时的承载能力。通常，承载能力不仅指负载质量，也包括机器人末端操作器的质量。

10.2.3　工业机器人的各部分机械结构

工业机器人的机械结构主要包括手部(末端操作器)、手腕、手臂和机身结构四部分。工业机器人机械系统的设计是工业机器人设计的重要部分，其他系统的设计应有各自的独立要求，但必须与机械系统相匹配，相辅相成，这样才能组成一个完整的机器人系统。

1. 工业机器人的手部

机器人必须有“手”，这样它才能根据计算机发出的“命令”执行相应的动作。“手”不仅是一个执行命令的机构，它还应该具有识别的功能，这就是我们通常所说的“触觉”。机器人的手一般由方形的手掌和节状的手指组成。为了使机器人手具有触觉，在手掌和手指上都装有带有弹性触点的触敏元件，当手指触及物体时，触敏元件发出接触信号，否则就不发出信号。由于被握工件的形状、尺寸、重量、材质及表面状态等不同，因此工业机器人的手爪是多种多样的，并大致可分为夹持式取料手、吸附式取料手和专用工具(如焊枪、喷嘴、电磨头等)三类。

1)夹持式取料手

夹持式取料手与人手相似，是工业机器人广泛应用的一种手部形式。它一般由手指、驱动机构、传动机构、支架组成，如图 10-10 所示。

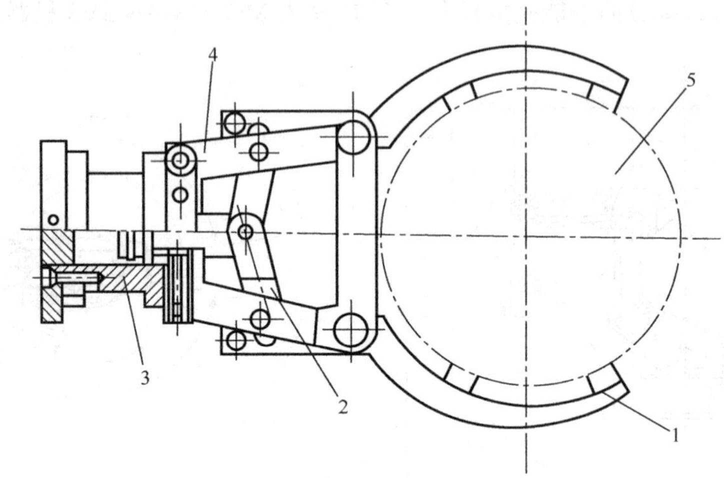

图 10-10　夹持式取料手的组成

1-手指；2-传动机构；3-驱动机构；4-支架；5-工件

手指是直接与工件接触的部件。手部的松开和夹紧工作，就是通过手指的张开与闭合来实现的。一般情况下机器人的手部有两个手指，也有三个或多个手指的，它们的结构形式常取决于被夹持工件的形状和特性。传动机构是向手指传递运动和动力，以实现夹紧和松开动作的机构。该机构根据手指开合的动作特点分为回转型和平移型两类。

2)吸附式取料手

吸附式取料手靠吸附力取料，根据吸附力的不同，分为气吸附和磁吸附两种。吸附式取料手适用于大平面(单面接触无法抓取)、易碎(玻璃、磁盘)、微小(不易抓取)的物体，因此使用面很广。

(1)气吸附式取料手。

气吸附式取料手是工业机器人常用的一种吸持工件的装置。它由吸盘(一个或多个)、吸盘架及进排气系统组成，是利用吸盘内的压力和大气压之间的压力差而工作的。气吸附式取料手与夹持式取料手相比，具有结构简单、重量轻、吸附力分布均匀等优点，对于薄片状物体，如板材、纸张、玻璃等的搬运更有其优越性，广泛应用于非金属材料或不可有剩磁的材料的吸附。气吸附式取料手的另一个特点是，对工件表面没有损伤，且对被吸持工件预定的位置精度要求不高，但要求物体表面较平整光滑，清洁，无孔，无凹槽，被吸工件材质致密，没有透气空隙。按形成压力差的方法，气吸附式取料手可分为真空吸附取料手、气流负压气吸附取料手、挤压排气负压气吸附取料手等几种。图 10-11 为真空吸附取料手的原理图。

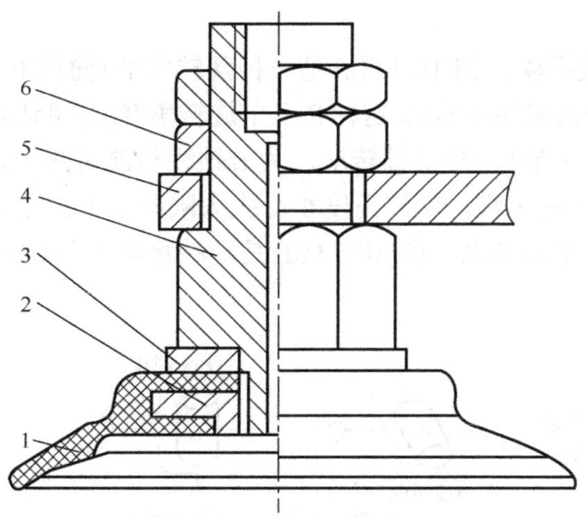

图 10-11　真空吸附取料手的原理图

1-橡胶吸盘；2-固定环；3-垫片；4-支撑杆；5-基板；6-螺母

(2) 磁吸附式取料手。

磁吸附式取料手是利用永久电磁铁或电磁铁通电后产生的磁力来吸附工件的，其应用较广泛。磁吸附式取料手与气吸附式取料手都不会破坏被吸附表面质量。磁吸附式取料手相较于气吸附式取料手的优越之处是：有较大的单位面积吸力，对工件表面粗糙度及通孔、沟槽等无特殊要求。图 10-12 为几种电磁式吸盘示意图。

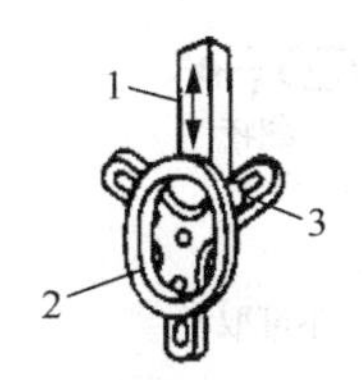

(a) 吸取滚动轴承底座用的电磁式吸盘

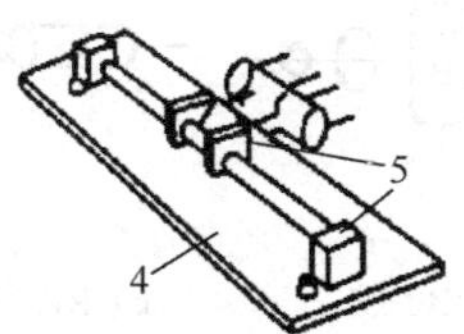

(b) 吸取钢板用的电磁式吸盘

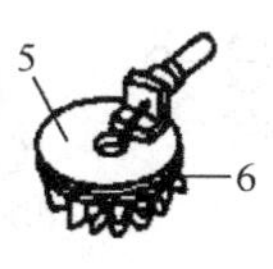

(c) 吸取齿轮用的电磁式吸盘

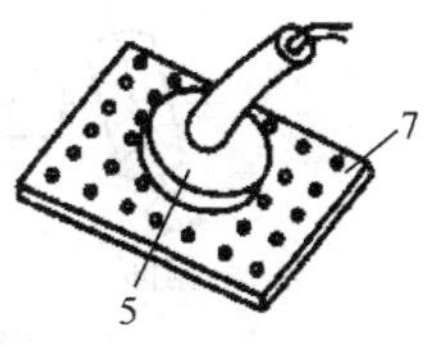

(d) 吸附多孔钢板用的电磁式吸盘

图 10-12　几种电磁式吸盘示意图

1-手臂；2-滚动轴承座；3-手部电池吸盘；4-钢板；5-电磁式吸盘；6-齿轮；7-多孔钢板

3) 专用工具

机器人配上各种专用的末端执行器后，就能完成各种动作，目前有许多由专用电动、气动工具改型而成的操作器，如拧螺母机、焊枪、电磨头、电铣头、抛光头、激光切割机等。这些专用工具形成一整套系列供用户选用，使机器人能胜任各种工作。

2. 工业机器人的手腕

工业机器人的手腕是连接手部与手臂的部件，它的主要作用是支撑手部，调节或改变手部的方位，因此它具有独立的自由度，以满足机器人手部完成复杂动作的要求。机器人一般需要 6 个自由度才能使手部达到目标位置且处于所期望的姿态，手腕上的自由度主要是实现手部所期望的姿态。手腕通常按自由度的数目可分为单自由度手腕、二自由度手腕和三自由度手腕等几种。

1)单自由度手腕

图 10-13 为单自由度手腕，图 10-13(a)是一种翻转关节(简称 R 关节)，绕 *Z* 轴转动。手臂纵轴线和手腕关节轴线构成共轴形式。这种 R 关节旋转角度大，可达到 360° 以上。图 10-13(b)是一种折曲关节(简称 B 关节)，绕 *Y* 轴转动，关节轴线与前后两个连接件的轴线相垂直，这种 B 关节因为受到结构上的干涉，旋转角度小，大大限制了方向角。图 10-13(c)是一种偏转关节(简称 Y 关节)，绕 *X* 轴转动。图 10-13(d)是一种移动关节(简称 T 关节)，绕 *X*、*Y*、*Z* 轴转动。

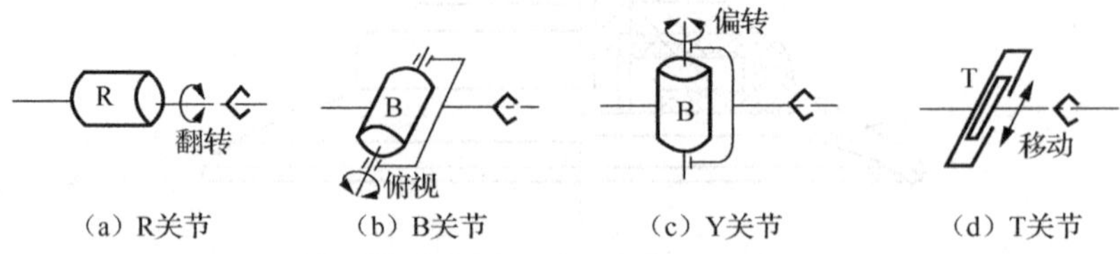

图 10-13　单自由度手腕

2)二自由度手腕

图 10-14 为二自由度手腕，二自由度手腕可以由一个 R 关节和一个 B 关节组成 BR 手腕，如图 10-14(a)所示。也可以由两个 B 关节组成 BB 手腕，如图 10-14(b)所示。但是，不能由两个 R 关节组成 RR 手腕，因为两个 R 共轴线，所以退化了一个自由度，实际只构成了单自由度手腕，如图 10-14(c)所示。

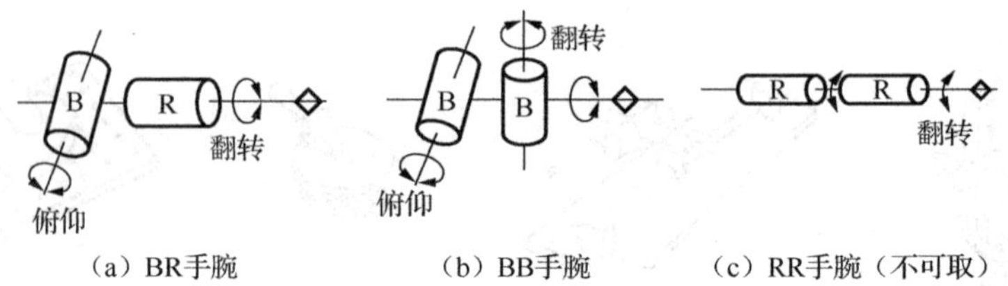

图 10-14　二自由度手腕

3)三自由度手腕

如图 10-15 所示，三自由度手腕可以由 B 关节和 R 关节组成许多种形式。图 10-15(a)为常见的 BBR 手腕，手部可以进行俯仰(P)、偏转(Y)和翻转(R)运动，即 RPY 运动。图 10-15(b)是一个 B 关节和两个 R 关节组成的 BRR 手腕，为了不使自由度退化，使手部产生 RPY 运动，第一个 R 关节必须进行如图 10-15(b)所示的偏置。图 10-15(c)是三个 R 关节组成的 RRR 手腕，它也可以实现手部的 RPY 运动。图 10-15(d)是 BBB 手腕，很明显，它已退化为二自由度手腕，只有 PY 运动，实际中不采用这种手腕。此外，B 关节和 R 关节排列的次序不同，也会产生不同的效果，同时产生了其他形式的三自由度手腕。为了使手腕结构紧凑，通常把两个 B 关节安装在一个十字接头上，这对于 BBR 手腕来说，大大减小了手腕的纵向尺寸。

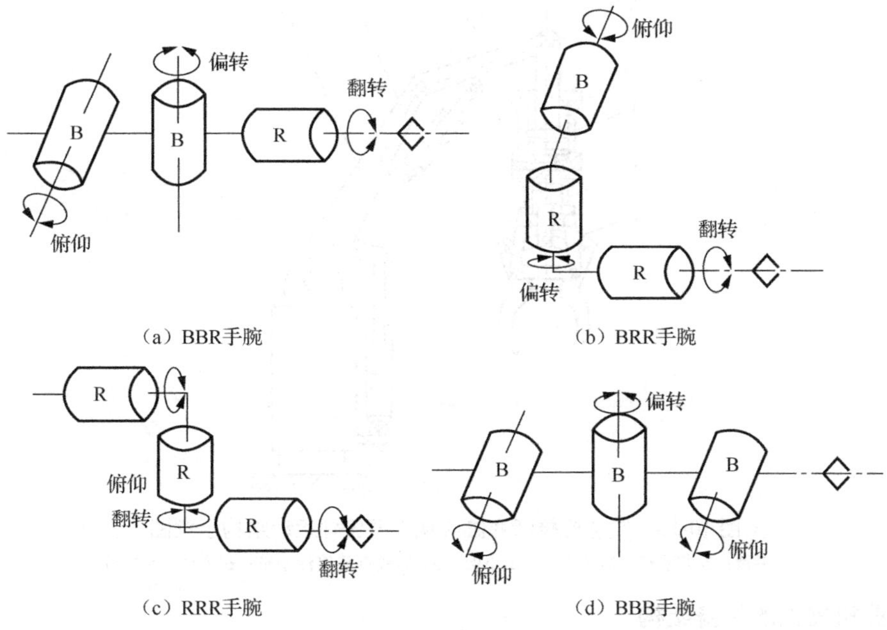

（a）BBR手腕　（b）BRR手腕

（c）RRR手腕　（d）BBB手腕

图 10-15　三自由度手腕

3. 工业机器人的手臂

手臂部件是机器人的主要执行部件，它的作用是支撑腕部和手部，并带动它们在空间运动。机器人的手臂由大臂、小臂(或多臂)组成。手臂的驱动方式主要有液压驱动、气动驱动和电动驱动几种形式，其中电动驱动形式最为通用。因而，一般机器人手臂有 3 个自由度，即手臂的伸缩、左右回转和升降(或俯仰)。机器人的臂部主要包括臂杆以及与其伸缩、屈伸或自转等运动有关的构件，如传动机构、驱动装置、导向定位装置、支撑连接和位置检测元件等。此外，还有与腕部或手臂的运动和连接支撑等有关的构件、配管/配线等。手臂的运动机构可实现直线、回转和俯仰运动。

1) 手臂直线运动机构

机器人手臂的伸缩、升降均属于直线运动，而实现手臂往复直线运动的活塞连杆机构等运动机构的应用较多，常用的有活塞油(气)缸、活塞缸和齿轮齿条机构、丝杠螺母机构等。

2) 手臂回转运动机构

实现机器人手臂回转运动的机构形式是多种多样的，常用的有叶片式回转缸、齿轮传动机构、链轮传动机构和连杆机构。下面以齿轮传动机构中活塞缸和齿轮齿条机构为例说明手臂的回转。齿轮齿条机构通过齿条的往复移动，带动与手臂连接的齿轮做往复回转，即可实现手臂的回转运动。带动齿条往复移动的活塞缸可以由压力油或压缩气体驱动。

3) 手臂俯仰运动机构

机器人手臂的俯仰运动一般采用活塞液压(气压)缸与连杆机构联用来实现。实现手臂的俯仰运动用的活塞缸位于手臂的下方，其活塞杆和手臂用铰链连接，缸体采用尾部耳环或中部销轴等方式与立柱连接，如图 10-16 所示。此外，也可采用无杆活塞缸驱动齿轮齿条或四连杆机构来实现手臂的俯仰运动。

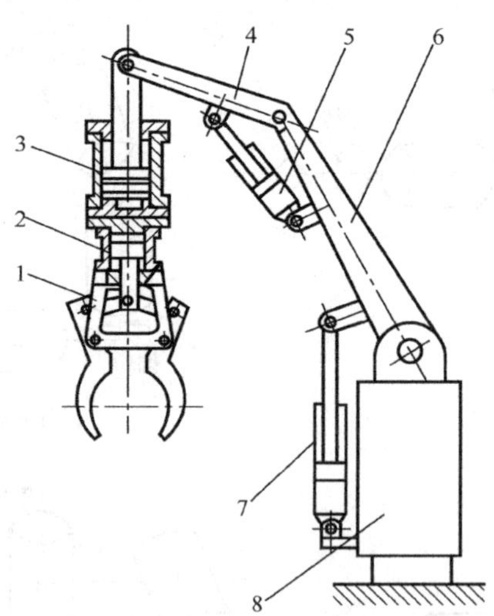

图 10-16　铰链连接活塞缸实现手臂俯仰运动结构示意图

1-手臂；2-夹紧缸；3-升降缸；4-小臂；5、7-铰链连接活塞缸；6-大臂；8-立柱

4. 工业机器人的机身结构

机器人的机身是直接连接、支撑和传动手臂及行走机构的部件。实现臂部各种运动的驱动装置和传动件一般都安装在机身上。臂部的运动越多，机身的受力越复杂。它既可以是固定式的，也可以是行走式的。对于固定机器人，机身直接连接在地面基础上，对于移动式机器人，机身则安装在移动机构上。它由臂部运动(伸缩、平移、回转和俯仰)机构及有关的导向装置、支撑件等组成。由于机器人的运动方式、使用条件、载荷能力各不相同，所采用的驱动装置、传动机构、导向装置也不同，致使机身结构有很大差异。

1) 回转机身结构

机器人的机身结构一般由机器人总体设计确定。例如，柱面坐标机器人把回转与升降这两个自由度归属于机身；球面坐标机器人把回转和俯仰这两个自由度归属于机身；多关节型机器人把回转自由度归属于机身；直角坐标机器人有时把升降(Z 轴)或水平(X 轴)移动自由度归属于机身。图 10-17 为链条链轮传动实现机身回转的原理图。图 10-17(a)为单杆活塞气缸驱动链条链轮传动机构，图 10-17(b)为双杆活塞气缸驱动链条链轮传动机构。

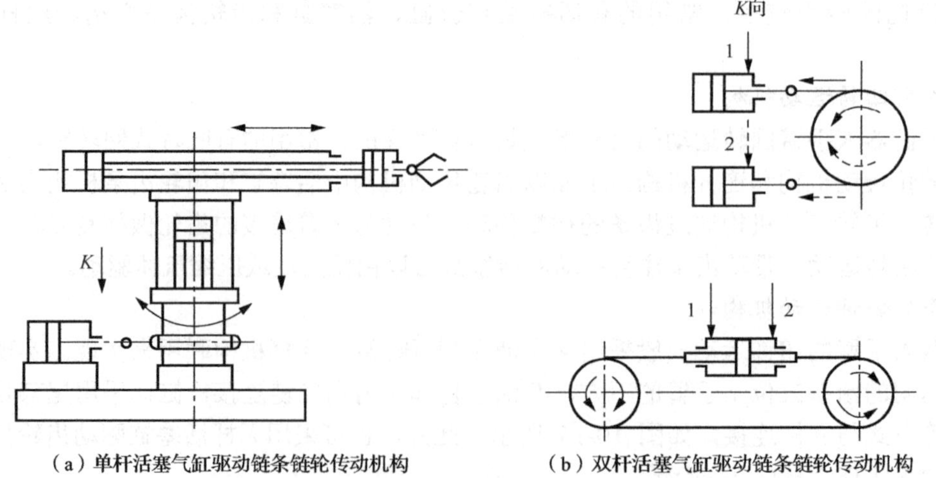

(a) 单杆活塞气缸驱动链条链轮传动机构　　(b) 双杆活塞气缸驱动链条链轮传动机构

图 10-17　链条链轮传动实现机身回转的原理图

1、2-活塞缸

2) 回转与俯仰机身

机器人手臂的俯仰运动一般采用活塞油(气)缸与连杆机构来实现，典型结构如图 10-18 所示。

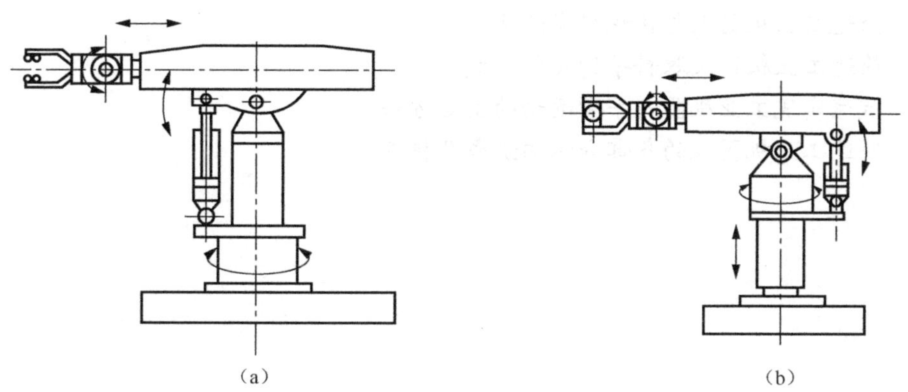

图 10-18　回转与俯仰机身

3) 机身设计要点

机身和臂部工作性能的优劣对机器人的载荷能力和运动精度影响很大，设计时应注意以下问题。

(1) 刚度。

刚度是指机身或臂部在外力作用下抵抗变形的能力，用外力和在外力方向上的变形量(位移)之比来度量，变形越小，刚度越大。在有些情况下，刚度比强度更重要。

首先根据受力情况，合理选择截面形状或轮廓尺寸。机身和臂部既受弯矩，又受扭矩，其截面应选用抗弯刚度和抗扭刚度较大的截面形状。一般采用具有封闭空心截面的构件。这不仅有利于提高结构刚度，空心内部还可以安装驱动装置、传动机构和管线等，使整体结构紧凑，外形美观。

需要考虑提高支撑刚度和接触刚度。支撑刚度主要取决于支座的结构形状。接触刚度主要取决于配合表面的加工精度和表面粗糙度。

合理布置作用力的位置和方向，尽量使各作用力引起的变形互相抵消。

(2) 精度。

机器人的精度最终表现在手部的位置精度上，影响精度的因素包括各部件的刚度，部件的制造和装配精度、定位和连接方式，尤其是导向装置的精度和刚度对机器人的位置精度影响很大。

(3) 平稳性。

机身和臂部质量大，载荷大，速度高，易引起冲击和振动，必要时应有缓冲装置吸收能量。设计时，运动部件应紧凑、质量轻，转动惯量小，以减少惯性力。同时必须注意各运动部件重心的分布情况。

(4) 其他。

此外，传动系统应尽量简短，以提高传动精度和效率。考虑各部件布置要合理，操作维护要方便。最后，还应考虑具体应用场合，在高温环境中应考虑热辐射的影响；腐蚀性环境中应考虑防腐问题；危险环境中应考虑防爆问题。

思 考 题

10-1　简述工业机器人与传统机床的区别。

10-2　简述工业机器人取料手的几种形式。

10-3　试述实现工业机器人手臂运动的主要方法。

10-4　简述工业机器人的各部分结构组成及特点。

参 考 文 献

白基成，郭永丰，杨晓冬，2015. 特种加工技术. 哈尔滨：哈尔滨工业大学出版社.

韩建海，2019. 工业机器人. 武汉：华中科技大学出版社.

兰虎，2014. 工业机器人技术及应用. 北京：机械工业出版社.

明平美，2019. 精密与特种加工技术. 北京：电子工业出版社.

辛宗生，魏国丰，2012. 自动化制造系统. 北京：北京大学出版社.

张根保，2017. 自动化制造系统. 4 版. 北京：机械工业出版社.

张光耀，王保军，2019. 工业机器人基础. 2 版. 武汉：华中科技大学出版社.

张建华，2012. 精密与特种加工技术. 北京：机械工业出版社.

赵东福，2013. 自动化制造系统. 北京：机械工业出版社.